荣 获

全国首届"兴农杯"优秀农村科[...]
中南五省（区）优秀科技图[...]
湖北省"三优"图书奖[...]
湖北省2012年度优秀科普[...]

常用新农药实用手册

（第五版）

主　编	向子钧			
副主编	方国斌	王京安	苏清实	
编著者	（以姓氏笔画为序）			
	方国斌	王京安	甘发林	卢殿友	向子钧
	向　敏	刘　振	刘朝军	朱国芳	朱　晖
	安维彬	李　涛	李维群	苏清实	闵　杰
	何正仁	汪应城	张占英	张凯雄	张植敏
	杨家祥	罗顺喜	郭茂胜	谢华伦	薛　俊
绘　图	彭　芳			

武汉大学出版社

图书在版编目(CIP)数据

常用新农药实用手册/向子钧主编. —5 版. —武汉：武汉大学出版社,2011.5(2013.8 重印)
ISBN 978-7-307-08752-1

Ⅰ.常… Ⅱ.向… Ⅲ.农药—手册 Ⅳ.S48-62

中国版本图书馆 CIP 数据核字(2011)第 084325 号

责任编辑：严 红 王春阁 责任校对：黄添生 版式设计：支 笛

出版发行：武汉大学出版社 (430072 武昌 珞珈山)
（电子邮件：cbs22@whu.edu.cn 网址：www.wdp.com.cn）
印刷：武汉珞珈山学苑印刷有限公司
开本：880×1230 1/32 印张：12.625 字数：349 千字 插页：1
版次：2006 年 1 月第 4 版 2011 年 5 月第 5 版
　　　2013 年 8 月第 5 版第 3 次印刷
ISBN 978-7-307-08752-1/S·38 定价：28.00 元

版权所有，不得翻印；凡购我社的图书，如有质量问题，请与当地图书销售部门联系调换。

荣 获

全国首届"兴农杯"优秀农村科技图书奖

中南五省(区)优秀科技图书奖

湖北省"三优"图书奖

湖北省2012年度优秀科普作品

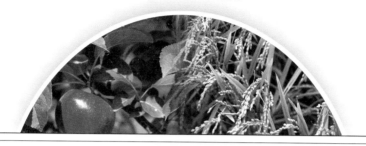

常用新农药实用手册

（第五版）

主　编	向子钧			
副主编	方国斌	王京安	苏清实	
编著者	（以姓氏笔画为序）			
	方国斌	王京安	甘发林	卢殿友	向子钧
	向　敏	刘　振	刘朝军	朱国芳	朱　晖
	安维彬	李　涛	李维群	苏清实	闵　杰
	何正仁	汪应城	张占英	张凯雄	张植敏
	杨家祥	罗顺喜	郭茂胜	谢华伦	薛　俊
绘　图	彭　芳			

武汉大学出版社

图书在版编目(CIP)数据

常用新农药实用手册/向子钧主编.—5 版.—武汉:武汉大学出版社,2011.5(2013.8 重印)
 ISBN 978-7-307-08752-1

Ⅰ.常… Ⅱ.向… Ⅲ.农药—手册 Ⅳ.S48-62

中国版本图书馆 CIP 数据核字(2011)第 084325 号

责任编辑:严 红 王春阁　　责任校对:黄添生　　版式设计:支 笛

出版发行:武汉大学出版社　　(430072 武昌 珞珈山)
　　　　　(电子邮件:cbs22@whu.edu.cn　网址:www.wdp.com.cn)
印刷:武汉珞珈山学苑印刷有限公司
开本:880×1230　1/32　印张:12.625　字数:349 千字　插页:1
版次:2006 年 1 月第 4 版　　2011 年 5 月第 5 版
　　2013 年 8 月第 5 版第 3 次印刷
ISBN 978-7-307-08752-1/S·38　　定价:28.00 元

版权所有,不得翻印;凡购我社的图书,如有质量问题,请与当地图书销售部门联系调换。

第 5 版前言

本书继 2005 年 4 月第 4 版之后，时隔 6 年，在农药管理方面发生了一些变化。

一是中华人民共和国农业部令第 9 号，发布了《关于修订（农药管理条例实施办法）的决定》，原《条例实施办法》第七条，第十三条，第十四条相关内容已经修改。

二是《湖北省植物保护条例》自 2009 年 8 月 1 日施行，规定农药经营实行许可制度，农药销售实行可追溯制度，农药广告实行审查制度，省农业行政主管部门实行农药主导推广公告制度。农业生产经营者应当正确使用高效、低毒、低残留农药；不得使用国家禁止使用的农药。

三是为了保障农产品质量安全，经国务院批准，国家发展改革委、农业部、国家工商总局、国家检验检疫总局、国家环保总局、国家安全监督总局于 2008 年 1 月 9 日联合发文，决定停止甲胺磷、对硫磷、甲基对硫磷、久效磷、磷胺等 5 种高毒农药的生产、流通和使用。以上这些法规规章内容进一步规范了农药生产经营和使用行为。

这次修订，我们仍然保持技术实用和新农药这两个特点，进一步丰富完善其内容。一方面删除了国家明文禁止的高毒农药和部分目前用量少的品种；另一方面，增加了近年来国家登记并已推广的新农药品种，全书共介绍农药 238 种。其他内容保持不变。

本书是一本农药实用书，适用于广大植保工作者、农药经营者、植保专业化防治组织和农村种植大户在实际工作中的应用与参考。

在第 5 版出版之际，我们深深地感谢武汉大学出版社的大力支持，特别感谢王春阁编审的热心举荐，严红编审的精心编辑和李义发主任的全心推广发行。我们恳切地期待着广大读者继续给予关注和支持，及时提出宝贵意见和建议。

编著者

2011 年 4 月

第 4 版前言

本书初版于 1989 年，第一次印刷 2 万册，很快销售一空，接着又再版两次，重印六次，总印数达 10 万册。承蒙有关部门和广大读者厚爱，本书出版后，先后荣获湖北省"三优"图书奖；中南五省（区）优秀科技图书奖；全国首届"兴农杯"优秀农村科技图书奖等。

近年来，随着农药工业的发展和对外开放，农药品种结构发生了较大变化，大量高效、低残留、低用量的新农药品种不断涌现，农药新品种、新剂型和复配品种不断得到开发和推广运用，而一些老农药品种逐渐被淘汰。因此，我们认为，本书有修订再版的必要。武汉大学出版社从支持"三农"出发，特意将本书列入出版计划，特别是出版社王春阁编审的大力推荐，促进了本书的尽快修订和出版，严红老师作为责任编辑，对文字进行了精心修改和编排，付出了艰辛的劳动，在此，谨向她们一并致以衷心的感谢。

这次修订，我们力求内容丰富，技术实用。前三章按农作物和农药分类，由相关专业编著人员分工负责；第四章"安全用药，中毒急救"的内容由武汉大学人民医院李发香主治医师撰写。本书在向使用者推荐新农药时，一方面增添了近年来已推广或经试验即将推广的新农药共 66 个品种；另一方面，删除了一部分老品种和禁用品种，而对部分虽属老品种，但在农业生产中还作为当家品种，至今仍被广大农民所经常使用的农药给予保留。全书共介绍农药 240 多种。

为了促进农药生产、销售和应用推广部门的相互了解与密切合作，我们编入了部分农药企业名录及其产品，以便用户有针对性地选择农药产品,与厂家联系业务,洽谈订货,使用户及时购买到对口农药,同时也使新农药品种尽快进入市场。

本书的修订与完善,在内容上更丰富,操作上更简便,适合广大农药管理工作者和农药经营者参考。但由于此次编写的几位同志工作太忙,时间较仓促,错误之处在所难免。因此,我们热切地期待着广大读者继续提出意见和建议。

编著者

2005年4月

第3版前言

本书于1989年出版以来,已经再版两次,重印六次,与上次再版时间相隔5年,这期间化学农药品种又发生了较大变化,大量高效、低残留、低用量的新农药品种不断涌现,农药新品种、新剂型和复配品种不断得到开发和推广运用,而一些老农药品种逐渐被淘汰。鉴于此,我们决定修订此书。

这次修订,我们仍然本着以技术实用为重点,进一步丰富其内容。一方面增添了近年来已推广或经试验即将推广的新农药共82个品种;另一方面,删除了部分目前用量少的老品种计34种,而一部分虽属老品种,但在农业生产中还作为当家品种,且至今仍被广大农民所经常使用的农药则给予保留。全书共介绍农药近200种。

为了有利于农药生产、经营和应用推广部门的相互了解与密切合作,我们编入了部分农药企业名录及其产品,以便农户有针对性地选择农药产品,与厂家联系业务,推广新产品,使用户及时购买到优质、高效农药,为农业生产丰收发挥保障作用。

本书的修订,采取分工协作的方式,由向子钧同志负责组织并统编。修订后在内容上虽更适合需要,但限于水平和与农药有关的信息量,仍未尽如人意。因此,我们恳切地期待着广大读者给予关注和支持,继续提出意见和建议。

编著者

1998年4月

再 版 前 言

本书于1989年出版，第一次印刷2万册，很快销售一空，接着又重印了3次，仍未能满足需要，许多读者来信要求重印或再版，湖北科学技术出版社的同志也建议再版。承蒙各方人士厚爱，本书出版后，先后荣获湖北省1989年度"三优"图书三等奖，中南五省（区）1990年度优秀科技图书二等奖，1992年全国首届"兴农杯"优秀农村科技图书三等奖。

读者的欢迎，专家的肯定，对作者来说，既是鼓舞，又是鞭策。这说明本书有它自身的价值，确是一本实用书籍。但若再原样重印，似乎明显落后于形势。大家知道，近几年来，随着农药工业的发展和对外开放，农药品种结构发生了较大变化，大量高效、低毒、低用量的新农药品种不断涌现，农药新品种、新剂型和复配品种不断得到开发和推广运用，而一些老农药品种逐渐被淘汰。因此，我们认为，本书有修订再版的必要。

这次修订，我们力求内容丰富，技术实用。一方面增添了近年来已推广或经试验即将推广的新农药共78个品种；另一方面，删除了部分目前用量少的老品种农药30种，而将一部分虽属老品种，但在农业生产中还作为当家品种的，且至今仍被广大农民所经常使用的农药给予保留。全书共介绍农药196种。

为了促进农药生产、销售和应用推广部门的相互了解与密切合作，我们编入了部分农药企业名录及其产品，以便用户有针对性地选择农药产品，与厂家联系业务，洽谈订货，使用户及时购买到对口农药，同时也使新农药品种尽快进入市场。

本修订本是集体智慧的结晶。由向子钧同志负责修订的组织工作并统稿。修订后在内容上虽更适合需要，但限于水平和与农药有关的信息量，仍未尽如人意。因此，我们热切地期待着广大读者继续提出意见和建议。

编著者
1993年10月

前　言

农村实行生产责任制以来，广大农民学科学、用科学的热情日益高涨。在防治农作物病、虫、草、鼠害时，许多农户和农村基层干部与技术人员，深感农药基本知识缺乏，特别是对农药新品种、新剂型知之甚少，迫切需要了解这方面的实用技术知识。为了适应生产发展的新形势，满足广大读者的要求，我们编写了这本《常用新农药实用手册》一书。

本书结合生产实际，注重实用性。在各类农药品种介绍中，既介绍已经推广或即将投入生产的高效、低毒、低残留的新农药、新剂型，又介绍了一部分虽属老品种，但在实际生产中还作为当家品种，仍被广大农户所经常使用的农药。全书介绍杀虫杀螨剂、杀菌剂、除草剂、植物生产调节剂和杀鼠剂等农药共 148 种。对每种农药，都尽量从生产实际需要出发，着重介绍实用知识，包括农药的分类与剂型、一般性状、用途、使用方法、注意事项等；还介绍了有关使用农药的基本知识，以及病虫抗药性、农药与环境的关系等；并向读者传授如何选择对口农药，怎样确定病虫防治适期，农药的安全保管与使用，预防农药中毒与一般急救方法等知识。

需要说明的是，书中所介绍的一部分尚未大面积推广的农药新品种，其药剂使用量主要来源于新农药的大田试验或示范结果。鉴于我国幅员辽阔，农业自然条件差异较大，为了安全起见，部分新农药还需请当地植保部门结合本地实际情况，组织试验、示范，探讨更为合适的用药时间与用药剂量，以期圆满达到安全、经济、有效的防治目的。

本书在编写过程中，承蒙湖北科学技术出版社大力支持，《科技进步与对策》杂志陈宏愚副主编和刘义饶同志给予热情关怀和帮助,湖北省基层植保站的部分同志提出了宝贵意见,华中农业大学罗贤清讲师、湖北省植保总站提供了农药参考资料,在此一并致以衷心的感谢。

由于编写时间仓促,加之水平所限,本书缺点错误之处,敬请读者批评指正。

编著者

1989年12月

目 录

第一章 农药的基本常识 …………………………………… 1
 一、农药的种类与剂型 ……………………………………… 1
  （一）种类 ………………………………………………… 1
   1. 按照防治对象 ……………………………………… 1
   2. 按照农药组成 ……………………………………… 1
   3. 按照作用方式 ……………………………………… 2
  （二）剂型 ………………………………………………… 3
   1. 粉剂 ………………………………………………… 3
   2. 可湿性粉剂 ………………………………………… 4
   3. 乳油 ………………………………………………… 4
   4. 液剂 ………………………………………………… 4
   5. 颗粒剂 ……………………………………………… 4
   6. 熏蒸剂 ……………………………………………… 4
   7. 混合制剂 …………………………………………… 5
 二、农药的使用方法 ………………………………………… 5
  （一）喷雾法 ……………………………………………… 5
  （二）喷粉法 ……………………………………………… 6
  （三）泼浇法 ……………………………………………… 6
  （四）毒土法 ……………………………………………… 6
  （五）拌种、浸种法 ……………………………………… 6
  （六）种子包衣法 ………………………………………… 7
  （七）毒饵法 ……………………………………………… 7

三、科学使用农药的原则 …… 8
   （一）用药要对症 …… 8
   （二）药要用到火候上 …… 9
   （三）提倡使用有效低浓度 …… 10
   （四）注意施药方法 …… 11
   （五）合理轮换和混用农药 …… 11
四、使用农药应注意的问题 …… 12
   （一）使用农药与气候的关系 …… 12
   （二）农药对人、畜的毒害 …… 13
   （三）农药对作物的药害 …… 15
   （四）农药对害虫天敌的影响 …… 15
   （五）农药对环境的污染 …… 16
     1. 农药对大气的污染 …… 16
     2. 农药对水源的污染 …… 16
     3. 农药对土壤的污染 …… 16
     4. 农药对食品的污染 …… 16

第二章 对症下药 适时防治 …… 19
一、水稻 …… 20
   （一）稻瘟病 …… 20
   （二）白叶枯病 …… 20
   （三）纹枯病 …… 20
   （四）小球菌核病 …… 21
   （五）恶苗病 …… 21
   （六）烂秧 …… 21
   （七）二化螟 …… 21
   （八）三化螟 …… 22
   （九）大螟 …… 22
   （十）稻飞虱 …… 22
   （十一）稻纵卷叶螟 …… 22

(十二)稻蓟马 ……………………………………… 23
(十三)黑尾叶蝉 …………………………………… 23
(十四)稻苞虫 ……………………………………… 23
(十五)稻潜叶蝇 …………………………………… 24
(十六)稻瘿蚊 ……………………………………… 24
(十七)稻象甲 ……………………………………… 24

二、棉花 ……………………………………………… 24
(一)棉花苗病(立枯病、炭疽病、红腐病、茎枯病、
　　 疫病、黑斑病) ……………………………… 24
(二)棉花枯萎、黄萎病 …………………………… 25
(三)棉蚜 …………………………………………… 25
(四)棉红铃虫 ……………………………………… 25
(五)棉铃虫 ………………………………………… 26
(六)棉红蜘蛛 ……………………………………… 26
(七)棉小造桥虫 …………………………………… 26
(八)棉蓟马 ………………………………………… 26
(九)棉叶蝉 ………………………………………… 27
(十)棉盲蝽象 ……………………………………… 27
(十一)金刚钻 ……………………………………… 28

三、麦类 ……………………………………………… 28
(一)条锈病 ………………………………………… 28
(二)叶锈病 ………………………………………… 28
(三)秆锈病 ………………………………………… 29
(四)白粉病 ………………………………………… 29
(五)赤霉病 ………………………………………… 29
(六)小麦纹枯病 …………………………………… 29
(七)小麦根腐病 …………………………………… 29
(八)黏虫 …………………………………………… 30
(九)麦蚜 …………………………………………… 30
(十)吸浆虫 ………………………………………… 30

（十一）麦蜘蛛 …………………………………………… 30
四、杂粮 ……………………………………………………… 31
　　　（一）大豆蚜虫 …………………………………………… 31
　　　（二）大豆食心虫 ………………………………………… 32
　　　（三）豆荚螟(红虫) ……………………………………… 32
　　　（四）玉米螟 ……………………………………………… 32
　　　（五）玉米丝黑穗病 ……………………………………… 32
　　　（六）玉米大、小斑病 …………………………………… 33
　　　（七）玉米圆斑病 ………………………………………… 33
　　　（八）粟灰螟 ……………………………………………… 33
　　　（九）高粱蚜虫 …………………………………………… 33
　　　（十）小地老虎 …………………………………………… 33
　　　（十一）黄地老虎 ………………………………………… 34
　　　（十二）地下害虫(蝼蛄、蛴螬、金针虫) ………………… 34
　　　（十三）马铃薯晚疫病 …………………………………… 34
　　　（十四）马铃薯早疫病 …………………………………… 35
　　　（十五）28星瓢虫 ………………………………………… 35
五、油菜 ……………………………………………………… 35
　　　（一）蚜虫 ………………………………………………… 35
　　　（二）菌核病 ……………………………………………… 35
　　　（三）黑胫病 ……………………………………………… 36
　　　（四）白锈病 ……………………………………………… 36
六、蔬菜 ……………………………………………………… 36
　　　（一）霜霉病 ……………………………………………… 36
　　　（二）软腐病 ……………………………………………… 36
　　　（三）白粉病 ……………………………………………… 36
　　　（四）菜粉蝶(幼虫称菜青虫) …………………………… 37
　　　（五）菜螟(钻心虫、剜心虫、萝卜螟) …………………… 38
　　　（六）甘蓝夜蛾(地蚕蛾、夜盗虫) ……………………… 38
　　　（七）美洲斑潜蝇(鬼画符) ……………………………… 38

目录

　　（八）豆螟（豇豆钻心虫）…………………………………… 38

　　（九）黄条跳甲（地蹦子，幼虫称白蛆）……………………… 38

七、烟草 ……………………………………………………………… 39

　　（一）烟蚜 ………………………………………………………… 39

　　（二）烟青虫 ……………………………………………………… 39

八、果树 ……………………………………………………………… 39

　　（一）柑橘卷叶蛾 ………………………………………………… 39

　　（二）柑橘潜叶蛾（画图虫、绣花虫、鬼画符、潜叶虫）…… 39

　　（三）柑橘蚜虫（橘蚰、腻虫）………………………………… 40

　　（四）柑橘锈壁虱（锈螨、锈蜘蛛、牛皮橘、火柑子、铜病）… 40

　　（五）柑橘矢尖蚧 ………………………………………………… 40

　　（六）柑橘疮痂病 ………………………………………………… 40

　　（七）柑橘红蜘蛛 ………………………………………………… 40

　　（八）桃小食心虫（桃蛀果蛾、桃蛀虫）……………………… 41

　　（九）桃蛀螟 ……………………………………………………… 41

　　（十）桃天幕毛虫（春黏虫、顶针虫）………………………… 41

　　（十一）桃顶梢卷叶蛾（芽白子卷蛾）………………………… 41

　　（十二）黑星麦蛾（苹果黑星麦蛾）…………………………… 41

　　（十三）山楂红蜘蛛（山楂叶螨）……………………………… 41

　　（十四）苹果卷叶蛾 ……………………………………………… 42

　　（十五）梨花网蝽（梨军配虫、花扁虫）……………………… 42

　　（十六）梨小食心虫（桃折心虫）……………………………… 42

九、茶叶 ……………………………………………………………… 42

　　（一）茶尺蠖（拱拱虫、拱背虫、吊丝虫）…………………… 42

　　（二）茶毛虫（毛辣虫、茶辣子、毒毛虫）…………………… 43

　　（三）茶刺蛾 ……………………………………………………… 43

　　（四）小绿叶蝉（叶跳虫、响虫、茶蜢子）…………………… 43

　　（五）长白蚧（茶虱子）………………………………………… 43

　　（六）红蜡蚧（红蜡虫、胭脂虫、红蚰）……………………… 43

（七）茶叶螨类（茶紫蜘蛛、茶红蜘蛛、茶深红蜘蛛等） …… 43

第三章 择优购药 科学使用 …… 44

一、杀虫、杀螨剂 …… 45

（一）拟除虫菊酯类 …… 45

    1. 氰戊菊酯（速灭杀丁、速灭菊酯、中西杀灭菊酯） …… 45

    2. 溴氰菊酯（敌杀死） …… 46

    3. 氧乐氰菊酯 …… 48

    4. 百树菊酯（百树得、氟氯氰菊酯） …… 49

    5. 氯氰菊酯（兴棉宝、安绿宝、灭百可、赛波凯） …… 50

    6. 联苯菊酯（天王星） …… 52

    7. 氟氰菊酯（氟氰戊菊酯、保好鸿） …… 53

    8. 中西除虫菊酯（戊菊酯、多虫畏） …… 54

    9. 三氟氯氰菊酯（功夫） …… 55

    10. 氯菊酯（安棉宝、除虫精、久效菊酯、二氯苯醚菊酯） …… 55

    11. 顺式氯氰菊酯（高效灭百可、高效安绿宝） …… 57

    12. 多来宝 …… 58

    13. 顺式氰戊菊酯（来福灵） …… 59

    14. 氟胺氰菊酯（马扑立克） …… 60

    15. 凯素灵 …… 61

    16. 甲氰菊酯（灭扫利） …… 62

（二）有机磷杀虫剂 …… 63

    1. 辛硫磷（肟硫磷、倍腈松） …… 63

    2. 水胺硫磷（羧胺磷） …… 65

    3. 地虫硫磷（大风雷） …… 66

    4. 毒死蜱（乐斯本） …… 67

    5. 喹硫磷（喹恶磷、爱卡士、拜耳） …… 69

    6. 甲基硫环磷 …… 70

    7. 嘧啶氧磷 …… 71

    8. 倍硫磷（百治屠） …… 73

目录

9. 乙酰甲胺磷(杀虫灵、全效磷、酰胺磷) ········· 75
10. 三唑磷 ········· 75
11. 杀螟松(速灭松、杀螟硫磷) ········· 77
12. 敌敌畏 ········· 78
13. 敌百虫 ········· 79
14. 氧化乐果 ········· 81
15. 乐果 ········· 82
16. 稻丰散(益尔散) ········· 83
17. 二嗪农(地亚农) ········· 84
18. 佐罗纳(伏杀磷、伏杀硫磷) ········· 85

(三)氨基甲酸酯类杀虫剂 ········· 86
1. 抗蚜威(辟蚜雾) ········· 86
2. 巴沙(仲丁威、丁苯酸) ········· 87
3. 西维因(胺甲萘) ········· 88
4. 呋喃丹(虫螨威、卡巴呋喃) ········· 89
5. 丙硫克百威(安克力) ········· 91
6. 杀螟丹(派丹、巴丹) ········· 92
7. 涕灭威(铁灭克) ········· 93
8. 异丙威胶悬剂 ········· 95
9. 速灭威 ········· 96
10. 混灭威(克死威、二甲威、可杀威) ········· 97
11. 好年冬 ········· 98
12. 灭多威(万灵) ········· 99

(四)有机氮杀虫剂 ········· 99
1. 易卫杀(杀虫环) ········· 99
2. 杀虫双 ········· 101
3. 螟蛉畏(杀螟硫脲、杀虫硫脲) ········· 102
4. 杀虫丹 ········· 103
5. 单甲脒 ········· 104
6. 双甲脒 ········· 105

(五) 微生物杀虫剂 ·· 105
　1. 苏云金杆菌(Bt) ··· 105
　2. 杀螟杆菌(菌药) ·· 107
　3. 杀虫菌一号 ··· 108
　4. 白僵菌 ·· 109
　5. 苦参碱 ·· 110
　6. 烟碱 ··· 111
　7. 鱼藤酮 ·· 112
　8. 印楝素 ·· 113
　9. 藜芦碱 ·· 113
　10. 甜菜夜蛾核型多角体病毒 ································· 114
　11. 茶尺蠖核型多角体病毒 ···································· 115
　12. 菜青虫颗粒体病毒 ·· 116
　13. 棉铃虫核型多角体病毒 ···································· 117
　14. 多杀菌素 ··· 118

(六) 杀螨剂 ·· 119
　1. 托尔克(螨完锡) ··· 119
　2. 三唑锡(倍乐霸、三唑环锡) ······························· 119
　3. 克螨特(丙炔螨特) ·· 120
　4. 螨代治(溴螨酯) ··· 121
　5. 三氯杀螨醇(开乐散) ······································· 122
　6. 卡死克 ·· 123
　7. 尼索朗 ·· 125
　8. 速螨酮(NC—129) ··· 126
　9. 霸螨灵 ·· 126
　10. 复方浏阳霉素 ··· 127

(七) 其他杀虫、杀螨剂 ··· 128
　1. 扑虱灵(噻嗪酮) ··· 128
　2. 多噻烷 ·· 130
　3. 茴蒿素 ·· 131

4. 抑太保 ··· 131
　　5. 除虫脲（铁灭灵） ······································· 132
　　6. 菊马乳油 ··· 133
　　7. 多杀菊酯（乐氰乳油） ································ 135
　　8. 辛氰（新光一号） ······································· 136
　　9. 敌氧菊酯（百毒灵） ···································· 136
　　10. 双灵 ·· 137
　　11. 灭杀毙 ··· 138
　　12. 胺氯菊酯 ·· 139
　　13. 优寿宝 ··· 140
　　14. 敌马合剂 ·· 141
　　15. 呋·福种衣剂 ··· 141
　　16. 氟虫腈 ··· 142
　　17. 吡虫啉 ··· 144
　　18. 米满 ··· 145
　　19. 阿克泰 ··· 146

二、杀菌剂 ··· 148
（一）杂环类杀菌剂 ·· 148
　　1. 百坦（羟锈宁、三唑醇） ····························· 148
　　2. 灭病威（多硫胶悬剂） ································ 150
　　3. 三环唑（三赛唑、克瘟灵） ·························· 151
　　4. 富士一号（稻瘟灵、异丙硫环） ··················· 152
　　5. 粉锈宁（三唑酮） ···································· 152
　　6. 多菌灵（苯骈咪唑44号） ··························· 153
　　7. 叶枯宁（川化—018、噻枯唑） ···················· 155
　　8. 特克多（涕必灵） ······································ 156
　　9. 灭稻瘟一号 ··· 157
　　10. 加收热必 ·· 157
　　11. 氧环三唑（氧环宁、丙唑灵） ······················ 158
　　12. 拌种灵 ··· 158

13. 拌种双 …………………………………… 159
14. 双效灵 …………………………………… 161
15. 速克灵 …………………………………… 161
16. 乐必耕 …………………………………… 162
17. 土菌清(恶霉灵) ………………………… 163
18. 双苯三唑醇(百科、双苯唑菌醇) ……… 164
19. 禾穗宁(万菌灵、戊环隆) ……………… 164
20. 扑海因(异菌脲) ………………………… 165
21. 菌核净 …………………………………… 167
22. 乙烯菌核利(农利灵) …………………… 167
23. 施保克(咪鲜胺) ………………………… 168

(二)苯类杀菌剂 ……………………………… 170
1. 百菌清(达科宁) ………………………… 170
2. 纹达克(灭锈胺) ………………………… 171
3. 望佳多(氟纹胺) ………………………… 172
4. 稻瘟酞(四氯苯酞、热必斯、氯百杀) … 173
5. 甲霜安(阿普隆、瑞毒霉、保种灵) …… 173
6. 敌克松(地可松) ………………………… 175
7. 甲基托布津(甲基硫菌灵) ……………… 176
8. 施佳乐(嘧霉胺) ………………………… 177
9. 适乐时(咯菌腈) ………………………… 178
10. 施保功(咪鲜胺锰络合物) ……………… 180

(三)有机磷、硫杀菌剂 ……………………… 182
1. 乙磷铝(灭疫净) ………………………… 182
2. 克瘟散(稻瘟光) ………………………… 183
3. 派克定(培福朗、谷种定) ……………… 184
4. 福美双(赛欧散、阿锐生) ……………… 185
5. 代森锰锌 ………………………………… 186

(四)农用抗菌素 ……………………………… 186
1. 加收米(春日霉素) ……………………… 186

目 录

2. 井岗霉素 ... 187
3. 灭瘟素(稻瘟散、勃拉益斯) ... 188
4. 公主岭霉素(农抗109) ... 189
5. 多抗霉素 ... 190

(五)其他杀菌剂 ... 191
1. 利克菌 ... 191
2. 高脂膜 ... 191
3. 菌毒清 ... 193
4. 甲霜灵锰锌(雷多米尔—锰锌、瑞毒霉—锰锌) ... 194
5. 卫福(萎福双) ... 195
6. 抗枯宁 ... 196
7. 保丰灵 ... 197
8. 植物病毒灵 ... 198
9. 恶苗灵 ... 198
10. 杀毒矾 ... 198
11. 线菌清 ... 199
12. 丰利农(多效灵) ... 199
13. 消斑灵 ... 200
14. 普力克(霜霉威、丙酰胺) ... 200
15. 世高(恶醚唑) ... 201
16. 克得灵(乙霉威+甲基硫菌灵) ... 203
17. 仙生(腈菌唑+代森锰锌) ... 203

三、除草剂 ... 204
(一)酰胺类除草剂 ... 204
1. 克草胺 ... 204
2. 敌草胺 ... 205
3. 乙草胺 ... 207
4. 丁草胺(去草胺、灭草特) ... 207
5. 毒草胺 ... 209
6. 拉索(甲草胺、草不绿) ... 209

7. 杜耳(屠莠胺) ………………………………………… 211
　　8. 丙草胺(扫弗特) ……………………………………… 212
　　9. 大惠利(草萘胺) ……………………………………… 213
(二) 三氮苯类除草剂 ……………………………………… 215
　　1. 赛克津(嗪草酮) ……………………………………… 215
　　2. 西玛津(西玛嗪) ……………………………………… 215
　　3. 莠去津 ………………………………………………… 216
　　4. 扑草净(割草佳) ……………………………………… 217
　　5. 阔叶净(巨星) ………………………………………… 218
(三) 脲类除草剂 …………………………………………… 219
　　1. 异丙隆 ………………………………………………… 219
　　2. 伏草隆(棉草完) ……………………………………… 220
　　3. 绿黄隆 ………………………………………………… 221
　　4. 绿麦隆 ………………………………………………… 222
(四) 氨基甲酸酯类除草剂 ………………………………… 223
　　1. 灭草猛(灭草丹、卫农) ……………………………… 223
　　2. 莠丹(丁草特、苏达灭、异丁草丹) ………………… 225
　　3. 杀草丹(稻草完、除田莠) …………………………… 226
　　4. 排草丹(灭草松、苯达松) …………………………… 227
　　5. 禾大壮(草达灭) ……………………………………… 228
(五) 杂环类除草剂 ………………………………………… 230
　　1. 百草枯(对草快、克芜踪) …………………………… 230
　　2. 恶草散(恶草灵、农思它) …………………………… 231
　　3. 野燕枯(燕麦枯) ……………………………………… 232
　　4. 禾草克(喹禾灵) ……………………………………… 233
　　5. 农得时 ………………………………………………… 234
　　6. 盖草能(吡氟乙草灵) ………………………………… 235
　　7. 优克稗 ………………………………………………… 237
(六) 硝基苯、醚类除草剂 ………………………………… 238
　　1. 除草通(胺硝草) ……………………………………… 238

2. 氟乐灵(茄科宁) ································· 239
　　3. 除豆莠(虎威) ··································· 241
　　4. 克阔乐 ··· 242
　　5. 果尔(乙氧氟草醚) ······························· 242
　　6. 禾草灵 ··· 244
　(七)其他有机除草剂 ································· 244
　　1. 草甘膦(镇草宁) ································· 244
　　2. 禾田净 ··· 246
　　3. 麦草畏(百草敌) ································· 247
　　4. 威罗生(排草净) ································· 248
　　5. 拿捕净(稀禾定、硫乙草灭) ······················· 249
　　6. 除草净 ··· 250
　　7. 丁·西颗粒剂 ··································· 251
　　8. 杜阿合剂 ······································· 252
　　9. 吡氟禾草灵(稳杀得、氟草除、氟吡醚) ············· 252
　　10. 二甲戊乐灵(除草通、施田补、胺硝草) ··········· 253
　　11. 野麦畏(阿畏达、燕麦畏) ······················· 254
　　12. 精恶唑禾草灵(骠马、威霸) ····················· 256
　　13. 二氯喹啉酸(快杀稗、杀稗灵、神锄) ············· 257
　　14. 草除灵(高特克) ······························· 258
　　15. 烯草酮(赛乐特、收乐通) ······················· 259
　　16. 乙·苄 ·· 260
　　17. 乙·莠 ·· 261
四、植物生长调节剂 ··································· 262
　　1. 缩节胺(助壮素、壮棉素、棉长快) ················ 262
　　2. 赤霉素(920) ··································· 262
　　3. 爱多收(复硝酚-钠) ····························· 264
　　4. 矮壮素(稻麦立、三西) ·························· 265
　　5. 复硝钾(802) ··································· 267

6. 植物细胞分裂素 …… 268
7. 多效唑 …… 269
8. 乙烯利(一试灵、乙烯磷) …… 270
9. 比久(丁酰肼) …… 271
10. 芸苔素内酯(益丰素、天丰素、油菜素内酯、农梨利) …… 271
11. 抑芽敏(氟节胺) …… 272
12. 萘乙酸 …… 273
13. 噻苯隆(脱叶灵、脱叶脲、脱落宝) …… 274
14. 烯效唑(特效唑) …… 274
15. 羟烯腺嘌呤(富滋) …… 275
16. 三十烷醇 …… 276
17. 氯化胆碱(高利达植物光合剂) …… 278

五、杀鼠剂 …… 278

1. 大隆(溴联苯杀鼠迷) …… 278
2. 磷化锌 …… 280
3. 杀鼠迷(立克命) …… 281
4. 溴敌隆 …… 282
5. 敌鼠钠盐 …… 282
6. 杀它仗 …… 283
7. 氯敌鼠(氯鼠酮) …… 284
8. 杀鼠隆 …… 285
9. C型肉毒素 …… 285
10. 灭鼠优(抗鼠灵、鼠必灭) …… 286
11. 安妥 …… 287

第四章 安全用药 中毒急救 …… 289
一、农药的保管和供应 …… 289
(一) 经销单位对农药的保管与供应 …… 289
1. 农药的保管 …… 289

目 录

  2. 农药的供应 …………………………………… 290
 （二）农户、植保专业户保管农药的方法 ………… 291
二、农药对作物的药害及其挽救措施 ……………… 293
 （一）农药对作物的药害 ………………………… 293
  1. 产生药害的原因 ………………………………… 293
  2. 植物产生药害后的症状 ………………………… 294
 （二）出现药害后的挽救措施 …………………… 294
三、农药中毒与预防 ………………………………… 295
 （一）农药中毒的原因 …………………………… 295
  1. 生产性中毒 ……………………………………… 295
  2. 非生产性中毒 …………………………………… 295
 （二）农药中毒的途径 …………………………… 296
  1. 呼吸道中毒 ……………………………………… 296
  2. 口服农药中毒 …………………………………… 296
  3. 通过皮肤毛孔中毒 ……………………………… 296
 （三）农药中毒的预防 …………………………… 296
四、农药中毒症状与急救方法 ……………………… 298
 （一）急救处理 …………………………………… 298
  1. 催吐 ……………………………………………… 298
  2. 洗胃 ……………………………………………… 298
  3. 清肠 ……………………………………………… 299
 （二）对症治疗 …………………………………… 299
  1. 呼吸困难 ………………………………………… 299
  2. 心搏骤停 ………………………………………… 299
  3. 休克 ……………………………………………… 299
  4. 昏迷 ……………………………………………… 300
  5. 痉挛 ……………………………………………… 300
  6. 激动和不安 ……………………………………… 301
  7. 疼痛难忍 ………………………………………… 301

8. 肺水肿 ································· 301
　(三) 常用农药中毒的急救方法 ············· 301
　　1. 有机磷类 ······························ 301
　　2. 有机氯类 ······························ 302
　　3. 氨基甲酸酯类 ························· 303
　　4. 拟除虫菊酯类 ························· 303
　　5. 氰化物 ································· 304
　　6. 有机硫类 ······························ 305
　　7. 有机胂类 ······························ 306
　　8. 铜制剂 ································· 308
　　9. 磷化锌 ································· 308
　　10. 敌鼠 ································· 309

附录 1　农药企业名录 ······························ 311
附录 2　农药安全使用规定 ·························· 326
附录 3　农药合理使用准则 ·························· 330
附录 4　湖北省主要农作物病虫防治月历表 ········ 372
附录 5　常用成品农药喷雾加水稀释折算表 ········ 375
附录 6　有关计量单位换算表 ······················ 376

第一章 农药的基本常识

一、农药的种类与剂型

(一) 种类

农药是指用于防治农作物（包括农、林、牧）及其产品的病、虫、草、鼠害的某种物质或几种物质的混合物。随着农业生产的发展，化学科学的进步，农药生产发展很快，品种繁多，新品种不断增加。目前我国生产、引进和应用的农药品种已有数百种。为了便于研究和使用，有必要将它们归纳为不同类别。农药的分类，可以按照防治对象、农药组成以及作用方式等进行。现将主要的农药种类分述如下：

1. 按照防治对象

农药可以分成杀虫剂、杀螨剂、杀菌剂、除草剂、灭鼠剂和植物生长调节剂等。

2. 按照农药组成

农药可以分成化学农药、植物性农药和生物性农药，其中以化学农药为主。在化学农药中，按照原料和化学结构组成，又可以分为两类：一是无机农药，主要由天然矿物原料组成，如硫酸铜、石硫合剂、氟硅酸钠等，这类农药目前只占少数；二是有机农药，主要由碳素化合物构成，是农药中的绝大多数，如杀虫双、敌百虫、三环唑、多菌灵、丁草胺、除草醚等。

3. 按照作用方式

农药可分为:

(1) 杀虫剂。杀虫剂又可以分成四种:一是胃毒剂,随同食物一起被害虫吃进去后,引起害虫中毒死亡的药剂,如苏云金杆菌类农药;二是接触剂;害虫身体接触农药后,即引起中毒死亡的药剂,这是多种化学农药所具备的,如杀虫双、菊酯类农药等;三是内吸剂,农药被植物吸收,在植株内可以传导、分布到全体,当害虫侵害作物时,会引起中毒死亡,如乐果、甲胺磷等有机磷农药;四是熏蒸剂,有些农药能气化,利用药剂的气体,通过害虫的呼吸而进入体内,引起中毒死亡的药剂,如氯化苦、敌敌畏等。

图1 胃毒剂是随同食物被害虫吃进去后,引起害虫中毒死亡的药剂

(2) 杀菌剂。杀菌剂可以分成两种：一是保护性杀菌剂（预防作用为主），在病原物侵入寄主植物之前，喷施药剂，阻止病原物的侵入为害，预防病害的发生，如波尔多液、代森锌、三环唑等；二是治疗性杀菌剂，在病原物侵入寄主植物，或已引起植物发病时，直接施药，能杀死侵入的病原物，防止再扩散为害的药剂，如粉锈宁、多菌灵等。

(3) 除草剂。除草剂一般分成两种：一种是选择性除草剂，即对杂草具有选择性。虽然杂草和农作物都同属植物，但施这类药剂能杀灭杂草，农作物却不受影响，如丁草胺、禾大壮、大惠利等，这是目前大力发展和推广使用的。其中又分为两类，一类对单子叶杂草有灭除作用，对双子叶植物无毒害；另一类对双子叶杂草（植物）有灭除作用，而对单子叶植物无毒害。另一种是灭生性除草剂，在一定的浓度下，几乎对所有的植物有毒杀作用，能杀灭一切杂草和作物，没有选择性，例如氯酸钠等。目前这一类除草剂使用的已不多。

(4) 植物生长调节剂。植物生长调节剂具有多种作用：第一是促进作物生长，如"920"（赤霉素）、萘乙酸，可以刺激植物茎叶生长，提早抽薹开花；促进作物种子、根、茎等发育，刺激果实增长，提高结果率等。第二是抑制作物生长，如矮壮素、多效唑等，能抑制作物徒长，促进分蘖和根系发育，抗倒伏和抗盐碱等。第三是促进早熟，使作物早脱叶、早枯，又名脱叶剂和促枯剂，如氯酸镁等。

（二）剂型

剂型是指工厂生产的原药与其他物质配合在一起，经过加工后，使该产品有效地具备所应有的作用，也是指用户购买时的农药形式。我国目前生产和应用的主要农药剂型有以下 7 种：

1. 粉剂

粉剂是农药原粉与填充物（如滑石粉、高陵土、碳酸钙等）

机械地混合，经过粉碎、过筛而成的粉状物，一般细度为95%，能通过200目筛。有效成分含量依药剂的毒性而定，一般在0.5%～15%范围内。粉剂的特点是加工比较省事，在缺水的地方使用方便，喷粉的速度快，可节省施药用工。

2. 可湿性粉剂

可湿性粉剂是农药原粉、填充物和润湿剂经过粉碎加工而成的粉状机械混合物。一般细度需达到99.5%才能通过200目筛。由于加有润湿剂，加水以后能分散在水中，可供喷雾使用，也可以加细土制成毒土，撒施在水田中。

3. 乳油

乳油又称乳剂，是由农药原油、溶剂（如苯、酒精、油类等）和乳化剂三者相互溶解成透明的油状液体，如1605乳油、敌杀死等，加水稀释后就变成乳浊液，可供喷雾使用。乳油同可湿性粉剂比较，乳油更容易渗透昆虫表皮，因此，一般比可湿性粉剂防效高。但要使用大量溶剂，所以，成本相对高一些。

4. 液剂

液剂农药容易溶于水，不需要加入什么助剂（如乳化剂、润湿剂）即可加水稀释使用，如石硫合剂、杀虫双、井岗霉素等。一般来说，液剂由于没有加入助剂，其展着性能较差。使用时，若加入少量展着剂，便能提高防治效果。

5. 颗粒剂

颗粒剂是将原药加入某些助剂（如煤渣或土粒等）之后，经过加工制成大小在30～60目筛之间的颗粒，有效成分含量在1%～10%之间，可以用手或机械撒施，如杀虫双颗粒剂、3%呋喃丹颗粒剂等，其使用方便，能减少因药液飘移而污染空气等，也可减少对部分害虫天敌的杀伤，是近年发展较快的剂型之一。

6. 熏蒸剂

熏蒸剂是在常温条件下，能使有效成分分化成气体而熏杀害虫或螨类的药剂，如氯化苦、溴甲烷、磷化铝等。

7. 混合制剂

混合制剂是为了更好地发挥农药的作用，提高防治效果，将不同性质和效果的两种以上农药加工配制成的混合制剂，如敌马合剂、菊杀可湿性粉剂（或乳油）、加收热必、禾田净等。这类剂型在我国正在发展和应用。

此外，农药的剂型还有：烟剂、胶悬剂、锭剂、可溶性粉剂、缓释剂、糊剂和泡沫剂等。

二、农药的使用方法

农药能防治病、虫、草、鼠害，但如果使用不当或随意施用，不仅收不到应有的防治效果，反而会引起一些副作用，如发生药害、伤害农作物、污染环境、造成人畜中毒或使农作物产生抗药性等。因此，农药使用技术是一门较复杂、技术性较强的科学。应根据病、虫、草、鼠的发生动态，农作物的发育情况以及气候、环境条件三方面进行综合分析，来确定采取哪一种使用方法，才能达到最理想的防治效果。

农药的使用方法是很多的，我国目前最广泛使用的有喷雾法，喷粉法，泼浇法，毒土法，拌种、浸种、种子包衣和毒饵法等。无论哪种施药方法，最关键的是使农药尽可能地施到目标物上或确定的范围内，尽可能地减少药剂散布到目标物或确定的范围外。

（一）喷雾法

喷雾法是用乳油（乳剂）、可湿性粉剂或可以溶化在水里的农药，加水稀释配制成所需要的浓度，用喷雾器喷洒在农作物或病、虫、草害上的一种方法。要求喷射均匀周到。喷雾法的优点是，耗药量较少，展布性和均匀程度较高，不易被风吹走，药效较长；能与病、虫、杂草接触的面积和机会较多。缺点是要有良好的水源条件和喷雾器械。

(二) 喷粉法

喷粉法是将粉状农药,用喷粉器或其他工具喷撒到农作物或病、虫、杂草上。要求喷撒均匀。喷粉的优点是工效高,使用工具较简单,如果没有喷粉器,用布袋、麻袋也可撒施。缺点是药剂容易随风飘扬,也易被雨水冲刷掉,药效期较短,往往影响药效。

(三) 泼浇法

泼浇法是将一定用量的可湿性粉剂,加入充足的水,充分搅拌后,均匀地泼洒到作物上。这种方法的优点是,液滴较粗,挥发损失较少,增加了病、虫接触药剂的面积。兼之,操作方便,不需要特殊工具。如用"分厢小桶泼浇法"防治水稻螟虫、稻飞虱等,都取得了很好的防治效果。缺点是,用药量稍多一些。

(四) 毒土法

毒土法是用药剂与细土均匀搅拌而成毒土,将毒土均匀撒施到作物上或田地里,防治病虫害。这种方法的优点是,毒土直接撒到植株的下部,而且药剂能均匀地黏附在细土颗粒上,不容易因阳光照射而引起分解,也不易挥发,所以药效高,药效期也较长;不需要施药器械,便于大面积使用。撒毒土对于防治水稻螟虫,防治金针虫、蛴螬和蝼蛄等地下害虫都很适用,还可用于防治稻飞虱、纹枯病和农田杂草等。

(五) 拌种、浸种法

拌种是用一定量的农药粉剂与种子在拌种器内混合,经过充分均匀拌和,使每粒种子外面都包上一层薄薄的药粉,再进行播种。

用于防治各种带菌种子传播的病害和地下害虫。如目前推广使用的粉锈宁拌种，对防治小麦白粉病、条锈病以及玉米丝黑穗病等，效果都很好。

浸种，是用一定量的农药兑水后，配成一定浓度的药液，浸泡种子、块根、块茎、秧苗以及苗木等。由于浸种药液能渗透到种苗内部，杀菌效果有时比拌种更好。浸种后的药液尚可再用，因此，在药剂的利用上也比较经济。目前推广"线菌清"浸种，防治水稻干尖线虫病和恶苗病以及苗稻瘟等效果显著。

（六）种子包衣法

种子包衣法顾名思义是给种子"穿一套衣服"。可以根据不同作物和防治对象，预先准备好种衣剂，通过机械包衣方法或人工包衣方法，将种衣药剂均匀地包裹住种子，不仅能有效地防控作物苗期病虫害，促进幼苗生长，提高作物产量，减少环境污染；同时，还有省种、省药、降低成本，有效地防止种子经营中假劣种子的流通等优点。

（七）毒饵法

将农药与害虫、害鼠喜欢吃的食物（如麦麸、豆渣、谷粒、小麦、鲜草等）拌和后，制成毒饵，然后撒于地下或害鼠的通道、洞口，引诱害虫、害鼠来取食，使其中毒死亡。采用这种方法，能有效地防治地下害虫、蝗虫和各种害鼠。由于药剂集中在饵料上，故节省用药量，防治效果高。但配制饵料较麻烦，而且要消耗一定的粮食和麸皮饵料等。目前仅广泛用于毒杀害鼠上。

此外，农药的使用方法还有熏蒸法、烟雾法、涂抹法、土壤处理法及基施法等。

图 2 将农药与害鼠喜欢吃的食物拌和后制成毒饵,害鼠取食后中毒死亡

三、科学使用农药的原则

药剂防治是农作物病虫害综合防治中的重要措施。因此,要科学地使用农药,达到综合防治的要求,经过实践的经验总结,使用农药必须坚持以下几项原则:

(一)用药要对症

各种农作物都有各自的防治范围,而各种作物的病虫害对农药的选择性也是不同的,因此,用药要对症,这就要根据农药各自的

特性来确定。如杀虫剂一般只能用于防治害虫；杀菌剂只能用于防治病害；除草剂、灭鼠剂则分别用于防治（除）农田杂草和害鼠。即使是同一类型的农药，也有一定的防治范围。有的面宽一些，有的面窄一些。如菊酯类农药，能防治多种害虫，而克螨特只能防治螨类；多菌灵能防治多种真菌性病害，而三环唑只用于防治稻瘟病。同时，又因为害虫取食农作物的方式不同，就要选用不同类型的农药。以咀嚼式口器为害的虫子，如菜青虫、棉铃虫可选用胃毒剂和接触剂农药，如敌百虫、敌杀死等。如果是以刺吸式口器为害的虫子，如稻飞虱，则要选用接触剂和内吸性农药，如叶蝉散、扑虱灵等。在防治病害时，对付真菌性病害的农药较多。如多菌灵、托布津、代森锌、井岗霉素、粉锈宁等，有数十种。而防治细菌性病害的农药则较少，目前只有叶枯宁（川化—018、叶青双）、农用链霉素等。因此，在防治病、虫、草、鼠害前，必须根据防治对象和农药性能，选择最合适的农药，"对症下药"，才能达到有效、经济、安全地防治病虫害。

（二）药要用到火候上

怎样才能把药用到火候上，这要从农药的种类、防治病虫的作用特点以及病虫害生命中最易中毒死亡的生育阶段来综合分析。如有的农药有杀卵作用；有的杀幼虫效果最好；有的残效期长，无挥发性；有的药效快，易挥发；有的对病虫害有预防作用；有的则能治疗和铲除病害。因此，根据这些特点，进行综合考虑，才能确定什么病虫用什么药，以什么时间用药最好。

对害虫来说，以幼虫的抵抗力最弱，最易被农药杀死，而幼虫又以三龄以前对药剂最敏感。因此，使用常规性农药，应以幼虫三龄以前为佳。结合害虫的生活习性来看，对蛀食性害虫（如螟虫、红铃虫等），以未蛀入前施药的效果为好；白天隐蔽不动，夜晚出来取食的害虫（如地老虎），则以傍晚施药的效果为好。

对病害来说，一般在发病初期施药效果好，若到了发病中期或后期，往往已"病入膏肓"，施药就迟了，效果也差了。即使有一些防治效果，作物也已经受到了一定损失。从目前推广的杀菌剂防治作用来看，大多数的预防效果比治疗效果要高得多，但也有侧重治疗效果乃至预防与治疗双重效果的。如防治稻瘟病的农药中，三环唑主要是预防效果好，因此，施药要提早；加收米治疗效果好；而加收热必具有预防与治疗的双重作用。粉锈宁对真菌类锈病、白粉病、黑粉病等，预防与治疗的效果均很显著。因此，施药适期应以病害种类不同来决定。如对黑穗病以种子消毒处理为主；防治条锈病和白粉病，除了种子处理外，在冬季发病初期施用，可消灭越冬菌源，减轻来年为害。同时，在第二年春季病害流行初期施药，仍可杀死侵入后的病菌，甚至病斑形成后再施药，还可将病斑铲除掉，控制病菌再次扩散蔓延为害，从而减轻损失。

防治农田杂草的施药适期，比防治病虫害更重要，因为作物与杂草同属于植物，要选择最好的施药时期，才能"杀草保苗"。否则，错过施药适期，往往达不到除草效果。甚至会杀伤农作物，造成草苗同归于尽。目前推广的除草剂，多数为芽前处理剂，要在杂草发芽、萌动之前施药。一般在作物播种前或播种后、出苗前施药，较为安全、有效。但也有部分除草剂（指选择性很强的品种），在杂草出土后施药防治，也能取得好的除草保苗效果，如"禾大壮"等。

（三）提倡使用有效低浓度

药剂的使用浓度（或每亩用药量），是决定药效的一个重要因素。一般来说，浓度越高，药效越大。但如果超过一定限量，药效并不会随浓度的提高而加大，却会增加每亩用药量，加大农药投资，造成浪费；还可能使农作物造成药害而减产。同时，长期使用过高浓度，会加快病、虫抗药性的产生，并有污染环境、杀伤害虫天敌等有害无益的结果。当然，使用浓度太低，用药量太少，达不到防治要求，也同样是浪费人力和物力，造成病、虫为害而减产。因此，一定要按照经过严格试验后所确定的浓度和用量。目前，大力提倡使用有效低浓度，即使用农药的浓度（或用量），以能杀灭

80%左右的害虫为限,而不要用杀灭100%害虫的浓度,这种浓度称为有效低浓度。它的好处是:浓度低了,可以减少每亩用药量,降低成本,特别是减少了农药的副作用,如减少对害虫天敌的杀伤,减缓抗药性的产生,降低农药对环境的污染,减少人、畜中毒事故的发生等。

(四)注意施药方法

不同剂型的农药,应采取不同的施药方法。一般而言,乳剂、可湿性粉剂等,以喷雾和泼浇为主;颗粒剂以撒施或深层基施为主;粉剂以喷粉和撒毒土为主;内吸性强的药剂,采用喷粉、泼浇或撒毒土均可。不同作用机制的农药也应采用不同的施药方法,以达到最高防效为目的。如触杀性农药以喷雾为主;为害农作物上部叶片的病虫害,以喷粉和喷雾为主;钻蛀性或为害农作物茎基部的害虫,以泼浇和撒毒土为主;凡夜出为害或卷叶的害虫,以傍晚施药的效果最好;喷粉宜在上午露水刚干时或傍晚施用;喷雾则以露水干后施药为宜。

(五)合理轮换和混用农药

生产实践证明,长期使用某一种农药防治一种病虫害,很快就会产生抗药性,如过去使用有机磷农药防治棉蚜或红蜘蛛等就产生过抗药性,近几年单一使用"敌杀死"防治棉铃虫和棉蚜,也很快产生了抗药性。因此,必须轮换使用性质相似的农药,这样就会提高防治效果而延缓抗药性的产生。如敌杀死与杀虫双或"有机磷类"轮换使用,就会达到这种目的。近几年,针对抗药性频繁产生、害虫种类增多的情况,提倡合理混配农药,这样既可提高防治效果,又能兼治多种病虫,抗药性也会延缓产生。但是,这种混配、混用必须经过严格试验,在取得了成功的经验和资料后,方可大面积示范推广。如近几年来,中国农科院植保所研究提出的"菊马"和"菊杀"乳油与可湿性粉剂混用,对稻、棉、果、蔬、茶、烟等作物的多种害虫均有良好的防治效果。

总之，科学使用农药的原则，首先是要坚持做到"三准确"：第一，防治对象田要定准，根据"两查两定"并结合防治指标来确定施药对象田。第二，施药时间要定准，即按病、虫的发生量与发育进度，选择病虫对农药最敏感的时期（最容易杀死）及时施药。第三，农药品种和用药量要准确，选择当前最有效的农药品种，择优使用，并以有效低浓度来进行防治。同时注意合理的轮换、混用以及相适应的施药方法，达到提高防治效果经济、安全的目的。

四、使用农药应注意的问题

（一）使用农药与气候的关系

实践证明，气温、湿度、雨量、光照，风速等对农药使用的效果都有明显的影响。在施药时，一般应在无风的晴天进行，阴雨天或将要下雨时不宜施药，以免被雨水冲失。如在有风时施药，应注意风向，人不要站在下风；如果风速太大，就应停止施药。

温度高低，是影响药效的重要因素。如果在早春或早晨气温低时施用"1605"，防治效果不高，在气温低于20℃时，施用苏云金杆菌农药，就基本无效。气温愈高，药剂的化学活性愈强，防治效果较好。但是气温高，植物的代谢作用旺盛，气孔开放大，药剂容易进入，也易产生药害，因此，必须降低使用浓度或用药量。有机磷农药毒性大，在气温高时使用，容易引起中毒事故发生。我国南北方气温差异大，施药效果不一样。一般来说，南方用药浓度比北方要低，用药量也比北方要少。如南方使用敌杀死防治棉蚜虫用5 000倍（每亩只用25毫升），而北方棉区则需用2 500倍（50毫升）。禾大壮秧田除稗，南方每亩用100毫升，北方每亩需用150毫升以上。

湿度对药效的影响不如温度明显，但气候干燥时，常抑制病害蔓延，如防治稻瘟病可以推迟施药。又如小麦赤霉病在湿度低、无降雨的情况下病害轻，若施药防治，其药效就不显著。

降雨和刮风对喷粉和喷雾都不利，但这种天气往往对某些病虫的发生和为害却极为有利。因此，要抓住降雨间隙，抢施农药，否则，等待天气晴朗后再施药，错过了施药适期，会降低防治效果。特别是防治病害时要注意，如防治穗瘟，一定要在水稻破口初期喷药；防治小麦赤霉病，要在花期喷药，越是阴雨连绵，发病越严重。所以，必须抓住时机，抢时施药，才能达到防治效果。

恶劣的天气，如暴风，容易擦伤作物茎、叶，造成伤口，有利于病菌侵入为害。因此，在暴风雨之后，应抓紧时机施药防治，如水稻白叶枯病等。但是在使用除草剂时则不同，一定要选在微风或无风条件下施用，特别是某些有强选择性的除草剂，在大风条件下，药剂被风刮到敏感作物上时，即使药量甚微，也会造成严重药害。如使用2,4-滴丁酯防治稻田杂草时，若药液被风刮到棉田，会给棉花造成严重药害。

（二）农药对人、畜的毒害

农药是一种有毒的化学物质，也称毒剂。它能以极少的剂量造成生物体的死亡，或抑制生长发育，或引起生理机能的严重破坏。农药对人、畜的毒性总是有的，只是程度上有差异罢了。因此，农药的毒性，只能以"剂量"的概念来区分，因为任何东西吃得太多（或引入体内过量）都会引起毒害。如食盐是人们生活中不可缺少的，但在一天内食入的盐量过多，就会引起中毒；食糖也是如此，只是数量上差异较大。

农药种类很多，其毒性各不相同。区分各种农药毒性大小的量度，必须用统一标准。农药对人、畜的毒性，通常用小动物如鼠、兔、狗、猴等进行试验，从而将农药划分成剧毒、中毒和低毒三种。但是农药的毒性，除了制剂本身的差异外，还要受多方面的因素影响，如药剂侵入肌体内的途径、性别、年龄、营养、健康状况以及气温高低等。总之，以侵入肌体的农药剂量最为重要，可以分为无作用量（不会引起中毒反应）、药效量、中毒量和致死量四级。对农药来说，药效量、中毒量、致死量都是农药的毒性。通常无害的物质，如果大量引入体内，也可引起中毒死亡。相反，高毒物质，当剂量小到一定限度时，可成为"无毒作用"。由此可见，对待低毒农药，若不注意剂量大小而随意使用，或放松防护安全，仍有可能造成中毒死亡。相反，高毒农药，只要严格控制剂量，注意安全防护，也可做到安然无恙。因此，对待农药的毒性要高度重视，无论是低毒、中毒和剧毒农药，都要按照农药的使用规程，注意防护，确保人、畜安全。

图3 农药对人、畜的毒性，通常用鼠进行试验

(三) 农药对作物的药害

农药使用不合理，不仅对人、畜不安全，而且对农作物也会产生药害，造成减产，达不到防治病、虫、草害，增加产量的目的。农药对作物的药害有急性和慢性两种。急性的药害是在喷药后几小时至数日内即出现的异常生理状况，如叶斑、穿孔、枯萎、黄化、卷叶、落果、根部肿大等。一般急性药害发展快，但受害轻时仍可恢复；慢性药害则需要经过较长的时间才能表现出来。

药害是完全可以防止的。我们应坚持按农药使用的操作规程进行，本着预防为主，防患于未然的原则，切实注意如下几点：

1. 认真学习、掌握药剂的性质，严格控制使用浓度和剂量，不能任意加大浓度和药量。

2. 提高农药施用技术，注意喷洒均匀、周到，特别是某些可湿性粉剂悬浮力差或乳化性状不良，应边喷施边搅动，避免喷药前后的有效成分不均，造成零药效或药害。

3. 农作物不同生育期的耐药力不一样，一般孕穗期和苗期抗药力弱，而成株期与成熟期抗药力强，在选择农药品种与使用浓度时应该注意区别对待。

4. 气候条件不仅影响药剂的防治效果，同时也影响药害程度。过高的气温（30℃以上）或干燥的天气（湿度低于50%）使用农药，容易发生药害。

5. 不能任意混用农药，必须经过试验、研究后，证明是科学的混用方能推广。否则，就达不到预期目标，而易发生药害。

6. 对新农药或当地没有使用过的农药，应该进行药效和药害的试验，找出安全有效的剂量或浓度，才能大面积推广应用。

(四) 农药对害虫天敌的影响

在农业害虫的综合防治（简称综防）中，利用和保护害虫天敌是控制害虫猖獗为害很重要的措施。但是在使用农药时，往往害虫及其天敌会同时受到伤亡，达不到最佳的综合防治目的。因此，在使用农药时，应尽可能选择对害虫有效而对其天敌杀伤力不大的农药品种。如防治水稻螟虫，使用杀虫双比"六六六"杀伤害虫天敌要明显减少。同时使用杀虫双大颗粒比使用杀虫双水剂更有利于保护害虫天敌；又如防治稻飞虱使用敌敌畏或菊酯类农药，会杀伤大量蜘蛛类天敌，若使用扑虱灵则很安全。不仅在选择农药品种时要注意保护害虫天敌，同时在施药时间上也应选择适当，如防治稻纵卷叶螟，在束叶小苞（幼虫3龄）期施药，对保护该虫的天敌绒茧蜂效果显著。此外，药剂的使用浓度合理，推广有效低浓度也会减轻对害虫天敌的杀伤。这些都是值得注意的。

（五）农药对环境的污染

农药无论怎样使用，总会散布到环境中去，造成对空气、水源、土壤和食物等的污染。

1. 农药对大气的污染

农药生产工厂的"三废"排放，农田药剂的喷施，特别是飞机喷药时，飘浮在空气中的农药微粒，都会造成大气的污染，空气中的农药微粒，又可通过雨水降落到地面，造成新的污染。

2. 农药对水源的污染

农田施药后，农药会随雨水流入排灌系统的沟渠而污染水源；流入饮用水井或塘堰，使人、畜饮用而影响健康；流入鱼池，严重时会造成鱼、虾死亡。特别是大、中城市的郊区，其塘、堰、湖泊受农药污染更为严重。

3. 农药对土壤的污染

土壤中的农药主要来源于防治病、虫、杂草时向植物喷雾、喷粉、撒毒土时，药粉、药液降落在地面后的渗入；被污染的植物残体的分解以及灌溉水带入的药物，以有机氯农药如滴滴涕、"六六六"的污染最为严重。在停止使用有机氯农药之后，农药对环境的污染已明显减轻。

4. 农药对食品的污染

农作物在生长过程中从土壤里、水域中或空气里吸收高残留的农药后,便累积在农产品中;家畜、家禽吃了有毒的农产品(饲料)后,药物累积残留在体中,家畜、家禽又成为有药物污染的食品;人食用有残毒的农产品和食品后,会影响身体健康。

图4　家禽吃了有毒的饲料后会成为有药物污染的食品危害人的身体健康

农药对环境的污染是一个重大的社会问题,现已引起广泛的重视。科技人员正在致力于研究与推广防止农药污染的措施,目前主要的预防技术有如下五点:

(1)开发、研究高效、低毒、低残留的农药新品种,淘汰和取缔剧毒或高残留的农药。

(2)改进农药剂型,提高制剂质量,充分发挥农药的有效利用率,减少农药使用量。

(3)贯彻"预防为主,综合防治"的植保方针,最大限度地利用害虫天敌的控制作用,选用抗病、虫品种,把农药用量控制到最低限度。

（4）严格执行农药残留标准，控制最后一次施药与作物收获期的间隔期限。

（5）认真宣传贯彻农药安全使用标准，把农药与环境保护知识普及到千家万户。对施药人员经常进行技术培训，严格遵守操作规程，最大限度地减少农药对环境的污染。农业、植保部门认真研究、推广合理施药技术，把经济效益、生态效益和社会效益紧密结合起来，为人类造福。

第二章 对症下药 适时防治

防病治虫既要重视效果，又要考虑经济效益。所谓效果，就是通过施药之后能有效地控制病、虫、草、鼠的危害，保障作物正常生长，从而达到丰产丰收；经济效益，就是在用药成本尽量低的情况下能获得同样高的防治效果。要实现这个目标，必须抓住对症下药和适时防治两个关键。

一是要对症下药。因为农药的种类很多，它们的理化性质不同，防治的范围和对象也不同，在对人畜的毒性、残效期的长短、作用方式等方面也有很大差异。所以，使用农药要根据防治对象和作物的特点，选择合适的药剂，做到用药对症，不花冤枉钱，不贻误战机。

二是要适时防治。掌握有利时机，把药用在"火候"上，才能发挥农药的最佳效果。对虫害来说，应消灭在大量发生和为害之前；对病害来说，一般在发病初期用药效果最好；而使用除草剂，既要考虑作物的耐药性，又要考虑对杂草的杀伤力，因此，适时用药显得特别重要。但也不能见病、虫就治，非把病、虫消灭干净不可。一般来讲，常发性病、虫在田间总是可以看到的，数量很少时，对作物并不会造成一定程度的危害，这就是常说的"有病虫，无灾害"。只有当数量大到一定程度时才造成为害和需要防治这个数量界限，这叫防治指标。我们用药防治一般是指达到防治指标这个数量界限。对于有些还未确定防治指标的病、虫，根据经验，以作物生长指标为依据，或者在害虫和病菌对农药最敏感的时期，这个时期称防治适期。

总之，使用农药，要求"三准确"，即防治对象田要定准，施

药时间要定准,用药品种和剂量要选准,具体介绍如下:

一、水 稻

(一) 稻瘟病

主要农药:三环唑、富士一号、咪鲜胺、灭瘟素、稻瘟灵、加收米、灭病威、克瘟散以及加收热必等。

防治适期:

叶瘟:当田间中心病株出现急性型病斑(就像被开水烫了一样),病叶率明显上升,天气预报最近多阴雨,或者露水大、雾重时,应立即防治。现在大面积推广的、用20%三环唑750倍液浸秧把的方法效果最好。

穗颈瘟:孕穗末期叶瘟发病率或剑叶叶枕瘟发病率上升到1%左右,或天气预报早稻抽穗期多阴雨,晚稻抽穗期将遇到20℃以下达3天以上的低温天气,应在破口初期施药,常发病区防穗颈瘟可在破口初期与齐穗期各施一次保护药。三环唑一般用一次即可,其他农药均需施药两次。

(二) 白叶枯病

主要农药:叶枯宁(川化—018)、克菌壮、叶青双。

防治适期:

秧田期用药:共用药两次。一般在秧苗三叶期与移栽前5~7天各喷一次药,特别是在秧苗淹水后,应及时将水排干,立即用药。

大田用药:在发病初期,即零星发病中心出现期或零散病叶期,应立即喷药防治,连续施药两次,间隔7天,较为有效。

(三) 纹枯病

主要农药:井岗霉素、稼洁、禾穗宁、田安、粉锈宁、多菌灵、甲基托布津。

防治适期与指标：当水稻分蘖末期至圆秆拔节期病苑率达2%时，孕穗期至抽穗期病苑率达25%~30%时，应立即防治。

（四）小球菌核病

主要农药：多菌灵、异稻瘟净、井岗霉素、灭病威、甲基托布津。

防治适期：在水稻圆秆拔节期和孕穗期各喷一次药。

（五）恶苗病

主要农药：线菌清、强氯精、多菌灵、恶苗灵、抗菌素401等。

防治适期：主要在播种前用药剂浸种消毒，杀灭病菌效果很好。

（六）烂秧

主要农药：抗菌素402、波尔多液、敌克松、硫酸铜。

防治适期：烂秧的原因很多，在加强秧田精心管理的基础上，应有针对性地用药防治：①避免用太冷的水或污水灌溉；②不施用未经充分腐熟的农家肥；③播种前要晒种，并进行泥水选种或药剂浸种；④发病后防治，在苗期初发病时立即用药。

（七）二化螟

主要农药：毒死蜱、杀虫双、阿维菌素、杀螟松、喹硫磷、多噻烷、稻丰散、敌百虫、苏云金杆菌类（Bt）乳剂。

防治适期与指标：

防枯心苗：在水稻分蘖期，当水稻田每平方丈有两块卵或有两个枯鞘时开始用药。

防治白穗、虫伤株和枯孕穗：每平方丈查有两块卵的田，定为防治对象田；每平方丈有一块螟卵孵化时开始用药。第一次施药后10天，每平方丈仍有一块卵未孵化的田，再施第二次药。

(八) 三化螟

主要农药：毒死蜱、杀虫双、杀虫双大粒剂、康宽、巴丹、喹硫磷、稻丰散、杀螟松、苏云金杆菌类（Bt）乳剂。

防治适期与指标：三化螟对水稻为害很大，会造成枯心苗，使作物严重减产。俗话说："稻怕枯心，草怕断根"，因此，要抓紧防治。

防治枯心苗：对水稻分蘖期每平方丈查有两个假枯心团的田，作为防治对象田，并立即施药防治。

防治白穗：对水稻孕穗末期至齐穗期，每平方丈有两块卵的田，定为防治对象田；当有一块卵变黑时，应施药；7天后检查，仍有未孵化的卵块，要施第二次药。

(九) 大螟

主要农药：杀虫双、杀螟松、二嗪农、氧化乐果、敌百虫、磷胺、Bt乳剂。

防治适期与指标：卵块孵化高峰、盛末期为施药适期。

防枯心：在水稻分蘖期，每平方丈有一个以上白斑变色叶鞘或初见青枯心时即施药。

防白穗、虫伤株：在孕穗至抽穗期，每平方丈有一个变色穗苞时施药。在一般田块以挑治为主，挑田边地头 6~7 行水稻喷药。

(十) 稻飞虱

主要农药：毒死蜱、扑虱灵（噻嗪酮）、叶蝉散、速灭威，混灭威、巴沙、敌敌畏、二嗪农、杀螟松、虱蚊灵。

防治适期与指标：在水稻分蘖期到圆秆拔节期，平均每百苋有虫1 000头以上；在孕穗期至抽穗期，每百苋有虫1 500头；在灌浆、乳熟期，每百苋有虫2 000头左右，即为防治适期。

(十一) 稻纵卷叶螟

主要农药：毒死蜱、乙酰甲胺磷、康宽、辛硫磷、杀虫双、易卫杀、马拉松、敌百虫、速灭威、巴丹、苏云金杆菌类（Bt）乳剂等。

防治适期与指标：重点掌握在水稻穗期为害的当代进行防治。在幼虫2～3龄高峰期施药，一般年份用药1次，大发生年份用药1～2次。

防治指标是：在水稻分蘖期，每百蔸水稻有40～50头幼虫，或有束叶小苞40个时，施药防治；在孕穗至抽穗期，每百蔸水稻有30头幼虫，或有束叶小苞30～50个时施药防治。

（十二）稻蓟马

主要农药：氧化乐果、乐果、辛硫磷、乙酰甲胺磷、呋喃丹、速灭威、杀虫双、易卫杀、巴沙、二嗪农、杀螟松、马拉松。

防治适期与指标：一般掌握在若虫盛孵期，在秧苗四叶期后每百株有虫200头以上，或每株有卵300～500粒，或叶尖初卷率达5%～10%时；本田分蘖期每百株有虫300头以上，或有卵500～700粒，或叶尖初卷率达10%左右时；或者在稻穗破口时，每穗有蓟马2～4头时，立即用药。

（十三）黑尾叶蝉

主要农药：扑虱灵（优乐得）、叶蝉散、稻丰散、速灭威、辛硫磷、二嗪农、敌敌畏、呋喃丹、马拉松。

防治适期：早稻本田防治掌握在第一代若虫高峰期；晚稻本田在插秧后3天内。

防治指标：在秧田期，早、中稻秧田每平方市尺有虫1头以上，晚稻秧田每平方市尺有虫2头以上；在大田期，从水稻返青至分蘖末，每块田多点调查，平均每蔸有虫1头以上，达到以上标准及时施药。

（十四）稻苞虫

主要农药：马拉硫磷、杀螟松、敌百虫、稻丰散、混灭威、巴丹、乙酰甲胺磷、辛硫磷、二嗪农、杀虫双、Bt乳剂等。

防治适期：掌握在幼虫三龄前用药。当每百苑查有小苞 20～25 个时，定为防治对象田，并及时施药防治。

（十五）稻潜叶蝇

主要农药：敌百虫、乐果、马拉硫磷、亚胺硫磷、稻丰散、杀虫双。

防治适期：掌握在虫苞束叶出现盛期用药。喷药时，田面保持薄水一层。

（十六）稻瘿蚊

主要农药：敌百虫、杀虫双、氯吡硫磷、二嗪农、喹硫磷、水胺硫磷、呋喃丹。

防治适期：要抓住苗期害虫的防治，防止秧苗带虫到本田。掌握在成虫高峰期到幼虫盛孵期施药，防止初孵幼虫入侵稻株。

（十七）稻象甲

主要农药：杀螟松、敌百虫、地亚农、烟草水（1∶20）、烟草石灰粉（烟草、消石灰各半）、氧化乐果、多来宝。

防治适期：掌握在成虫盛发期，水稻初见虫孔叶时用药。施药前灌深水，用药后排水。

二、棉　花

（一）棉花苗病（立枯病、炭疽病、红腐病、茎枯病、疫病、黑斑病）

主要农药：多菌灵、抗菌素（401、402）、代森铵、百菌清、波尔多液、甲基托布津、代森锌、稻脚青、灭病威、粉锈宁、拌种双、多福混剂。

防治适期：棉花播种前搞好药剂拌种处理。棉苗出土后，在低温多雨情况下容易发病,特别是在寒潮后,棉苗受冻伤,若随后遇连阴雨,有可能出现大量病苗、死苗。因此,根据天气预报在寒潮和阴雨之前施药保护很重要。

(二)棉花枯萎、黄萎病

主要农药:棉隆、抗菌素402、多菌灵胶悬剂、退菌特、威百亩、氯化苦。

防治适期:在播种前用抗菌素402或多菌灵胶悬剂浸种消毒,用于棉花苗床预防;大田发病初期,出现零星病株时,在拔除病株后,周围土壤可用氯化苦进行消毒。

(三)棉蚜

主要农药:溴氰菊酯、氟氰菊酯、百树菊酯、氧化乐果、乐果、乙酰甲胺磷、喹硫磷、辛硫磷、二嗪农、稻丰散、呋喃丹、涕灭威、抗蚜威、敌敌畏、敌马合剂、菊杀。

防治适期与指标:

苗蚜:当有蚜株率达30%以上,百株蚜量达500～1 000头(每株有蚜虫5～10头),或卷叶株率达5%～10%时,即开始用药。

伏蚜:在伏天,当棉花上部单叶百株蚜虫量达2 000头,或棉叶中、下部叶片显出少数发亮的小密点时,即需用药防治。

(四)棉红铃虫

主要农药:溴氰菊酯等菊酯类农药及喹硫磷、伏杀磷、敌百虫、杀螟松。

防治适期:冬季在堆放棉花的库房内防治越冬红铃虫;棉花生长季节掌握在各代棉红铃虫产卵和孵化盛期。长江流域防治棉红铃虫一般是挑治第一代,普治第二代,看苗情防治第三代。第一代主要挑治靠近棉仓或村庄长势好、已现蕾的棉田;第三代主要防治后期长势好的棉田,药水要喷在棉花中上部的青铃上。

(五) 棉铃虫

主要农药: 溴氰菊酯等菊酯类农药及扶植、辛硫磷、伏杀磷、喹硫磷、鸿甲、亚胺硫磷。

防治适期与指标: 在长江流域棉区，棉铃虫三代有卵株达25%~30%，四代有卵株达30%~40%时；在黄河流域棉区，二、三代棉铃虫卵量陡然上升时，百株卵量超过15粒，或百株幼虫达到2~3头时，第四代百株有幼虫5头时，即开始防治。

(六) 棉红蜘蛛

主要农药: 克螨特、溴螨酯、三氯杀螨醇、双甲脒、益定、伏杀磷、复方浏阳霉素、氧化乐果、乐斯本、涕灭威、乐果、多噻烷、二嗪农。

防治适期: 一般在6月中下旬挑治点片红蜘蛛，或者在叶面出现黄白斑点时用药防治。用药范围既要看虫情，又要看天气，如果干旱时间长，气温较高，红蜘蛛数量急剧上升，就要普治；一般情况下只需挑治。喷雾时要"上打雪花盖顶，下打枯树盘根"，叶正、背面均着药液，才能收到良好效果。

(七) 棉小造桥虫

主要药剂: 敌敌畏、亚胺硫磷、辛硫磷、溴氰菊酯、杀灭菊酯、氯氰菊酯、氟氰菊酯、敌百虫、马拉松、稻丰散。

防治适期与指标: 在7、8月份调查棉花上中部幼虫，每百株有三龄前幼虫100头时，即用药防治。

(八) 棉蓟马

主要农药: 马拉硫磷、二嗪农、涕灭威以及菊酯类农药等。

防治适期: 在棉苗4~6片真叶时，百株有蓟马15~30头时，进行防治。在棉花和蔬菜混种地区，应加强对葱、蒜类蔬菜的防治，把蓟马消灭在棉苗出土以前。

第二章 对症下药 适时防治 27

图 5 棉红蜘蛛除为害棉花外,还为害瓜类、豆类、茄子、红苕等

(九) 棉叶蝉

主要农药:乐果、扑虱灵、残杀威、氧化乐果、敌敌畏、叶蝉散、速灭威、敌百虫。

防治适期与指标:掌握在棉叶尖端开始变黄时或 100 片叶子有虫 100 头以上,即进行防治。

(十) 棉盲蝽象

主要农药:氯氟·啶虫脒(尽打)马拉硫磷、氧化乐果、乐果、稻丰散、乐斯本以及菊酯类农药。

防治适期与指标：一般在 6~8 月份，凡是棉花嫩头小叶上出现小黑斑点，或有荞麦粒状的幼蕾出现褐色被害状时，应加强调查；当新被害株率为 2%~3%，或百株有成、若虫 1~2 头时，即进行防治。

（十一）金刚钻

主要农药：敌百虫、杀螟松、马扑立克、溴氰菊酯、氟氰菊酯、百树菊酯、杀灭菊酯等。

防治适期与指标：当棉花被害株率达到 2%，或百株卵量达 5~10 粒时用药防治。用药关键时期在金刚钻幼虫 1~2 龄期，将药液着重喷洒在棉花嫩头、蕾和幼铃上。

三、麦　类

（一）条锈病

主要农药：粉锈宁、羟锈宁、代森锰锌、灭菌丹、氧环三唑、农抗 120、硫悬浮剂。

防治适期与指标：以小麦播种前，用种子重量的 0.03% 粉锈宁（按有效成分计算，即 500 克小麦种子用 15% 粉锈宁 1 克）拌种为主。另在冬前或早春，当出现田间发病，中心病团每亩达 30 个以上时，要开展普治；中心病团在 30 个以下的田块，用粉锈宁等药剂挑治。

（二）叶锈病

主要农药：粉锈宁、羟锈宁、农抗 120、硫悬浮剂、灭菌丹、代森锰锌。

防治适期与指标：在小麦抽穗期前后，病叶率达 5%~10%，即每 100 片小麦叶中有病叶 5~10 片时，即用药防治。在常发病区,小麦播种前可用粉锈宁或羟锈宁拌种处理。

(三) 秆锈病

主要农药:粉锈宁、羟锈宁、农抗120、硫悬浮剂、灭菌丹等。

防治适期与指标:扬花灌浆期,在一般年份,田间病秆率达1%~5%时开始喷药;在春季气温回升早和快的地区或年份,当病秆率达到5‰或1%时就开始喷药。

(四) 白粉病

主要农药:粉锈宁、甲基托布津、灭菌丹、退菌特、代森铵、羟锈宁。

防治适期:以粉锈宁或羟锈宁进行拌种处理最好。另外,掌握在发病初期,即在麦叶上出现白色粉状物开始时用药。常年施药一次即可。

(五) 赤霉病

主要农药:灭病威、多菌灵、福美双、甲基托布津、灭菌丹。

防治适期:在小麦扬花至灌浆期,当天气预报有15℃以上气温出现,且有连续阴雨天3天以上时,应抢在下雨之前打药,一般大麦在齐穗期,小麦在始花期。在中等流行年份,或沿江滨湖地区隔5~7天再施第二次药。

(六) 小麦纹枯病

主要农药:井岗霉素、退菌特、多菌灵、粉锈宁、甲基托布津、羟锈宁、敌克松、代森环。

防治适期与指标:用粉锈宁拌种有一定防治效果;在苗期至拔节前,当病苑率达20%~30%时,即用药防治。

(七) 小麦根腐病

主要农药:粉锈宁、羟锈宁、灭菌丹。

防治适期与指标：在苗期，根腐病病蔸率达 20% 以上，圆秆至孕穗期病秆率达 20% 以上时，施药防治；或在播种前用药剂进行拌种处理。

(八) 黏虫

主要农药：敌百虫、乐果、敌敌畏、稻丰散、氯吡硫磷、伏杀磷、杀虫双、除虫脲 1 号、巴丹、Bt 乳剂。

防治适期：一般掌握在 2~3 龄幼虫发生盛期用药。

(九) 麦蚜

主要农药：氧化乐果、乐果、敌敌畏、抗蚜威、稻丰散、乙拌磷、敌百虫、杀螟松、二嗪农、辛硫磷、速灭威、混灭威。

防治适期与指标：麦地齐苗后，有蚜株率达 25%（即百株麦苗 25 株有蚜虫），百株蚜量 250 头以上时；抽穗灌浆期，百株有蚜虫穗 30 株左右，百穗有蚜量 500 头时，即用药防治。

(十) 吸浆虫

主要农药：敌百虫、功夫、敌马合剂、甲基 1605、倍硫磷、杀虫双。

防治适期分以下两个时期：

防治幼虫：在小麦播种前，结合整地或春季结合锄草，将毒土撒于地面，并随即翻土或锄入土中，即可杀死幼虫。

防治成虫：掌握在小麦扬花前，每平方米内有成虫 7 头左右时用药。

(十一) 麦蜘蛛

主要农药：敌敌畏、三氯杀螨醇、溴螨酯、双甲脒、氧化乐果、马拉松、克螨特、二嗪农、残杀威、复方浏阳霉素、乐斯本、涕灭威。

第二章 对症下药 适时防治 31

图 6 敌敌畏

防治适期与指标：麦蜘蛛要早发现、早治疗。当麦苗有螨株率达 20%～30%，平均每百苞有虫 500 头左右时即用药。

四、杂　粮

（一）大豆蚜虫

主要农药：溴氰菊酯、杀灭菊酯、百树菊酯、抗蚜威、敌敌畏、巴丹、二嗪农、伏杀磷、久效磷、杀螟松、乙酰甲胺磷、铁灭克。

防治适期：在蚜虫发生高峰期喷药。以调查田间有蚜株达到一半，或百株有蚜虫 1 500 头左右用药为宜。

（二）大豆食心虫

主要农药：敌敌畏、百治屠、杀螟松、喹硫磷、稻丰散、混灭威、溴氰菊酯、杀灭菊酯、敌百虫、亚胺硫磷、功夫。

防治适期：掌握在成虫盛发期到幼虫入荚前用药。

（三）豆荚螟（红虫）

主要农药：敌百虫、杀螟松、马拉松、稻丰散、杀灭菊酯、杀虫双、氧化乐果。

防治适期：在成虫盛发期或卵孵化盛期前喷雾，或在老熟幼虫出荚入土前喷粉。

（四）玉米螟

主要农药：杀虫双、杀螟丹、敌敌畏、伏杀磷、亚胺硫磷、杀螟威、巴丹、乐果、溴氰菊酯等菊酯类农药、苏云金杆菌类（Bt）乳剂等。

防治适期：一是掌握在玉米心叶末期，用颗粒剂防治效果最好；二是在玉米抽丝盛期，防治部位在叶腋及花丝部位，采取撒颗粒剂或扑粉法。

（五）玉米丝黑穗病

主要农药：粉锈宁、羟锈宁、氧环宁、速保利、拌种双。

防治适期：主要用种子重量的 0.1% 粉锈宁（有效成分）进行拌种消毒。

（六）玉米大、小斑病

主要农药：灭病威、退菌特、多菌灵、代森锌、甲基托布津、百菌清、扑海因。

防治适期：当中、下部叶片出现有明显病斑时，先摘除底部病叶，然后立即用药。田间湿度大时用药更佳。

（七）玉米圆斑病

主要农药：粉锈宁、羟锈宁、灭病威、多菌灵。

防治适期：在玉米果穗冒尖期用药防治。

（八）粟灰螟

主要农药：敌百虫、杀螟松、二嗪农、杀虫双、乙酰甲胺磷、混灭威、稻丰散。

防治适期与指标：据河北省的经验，发现 500 株谷苗中有卵 1 块（包括玉米螟卵块）；山东省的经验，千株谷苗累计卵块达 5 块（包括玉米螟卵块），应立即防治。如果查卵困难，可选择早播发育早的谷田调查，当发现幼虫时立即打药。

（九）高粱蚜虫

主要农药：抗蚜威、二嗪农、速灭威、混灭威、巴丹、百树菊酯、氟氰菊酯、溴氰菊酯、马扑立克。

防治适期与指标：由于各地发生情况以及高粱发育情况不同，防治指标也不一样。我国东北地区平均每株蚜量达 300～500 头时开始防治，或有蚜株率达 50%（一半）即进行防治；华北地区提出高粱有蚜株率达 30%～40%，出现起油株时进行防治。

（十）小地老虎

主要农药：溴氰菊酯、杀灭菊酯、百树菊酯、氯氰菊酯、氟氰菊酯、敌百虫、乐果、呋喃丹、辛硫磷。

防治适期与指标：由于各地耕作制度、作物布局、气候条件和生产水平不同，防治指标不一样。如华北地区，当棉花、甘薯地平均每平方米有虫 0.5 头，玉米、高粱地每平方米有虫 1 头，芝麻、红麻、苎麻地每平方米有虫 2 头，春麦、绿肥每平方米有虫 5~10 头，即需防治；东北地区规定：玉米、高粱、花生等作物每 100 株有虫 2~3 头时，即需用药防治。投放毒饵应在傍晚进行。

（十一）黄地老虎

主要农药：马扑立克、溴氰菊酯、氟氰菊酯、氯氰菊酯、百树菊酯、杀灭菊酯、敌百虫、乐果、呋喃丹、辛硫磷。

防治适期与指标：一般应掌握在 2 龄幼虫盛期，于傍晚投放毒饵。我国北方常用的防治指标是：当棉花间苗前新被害株率达 10% 左右，间苗后新被害株率达 5% 左右，玉米、高粱新被害株率达 10% 左右时，应立即用药防治。

（十二）地下害虫（蝼蛄、蛴螬、金针虫）

主要农药：杀螟丹、辛硫磷、地亚农。

防治适期与指标：在春季，当蝼蛄已上升至表土层 20 厘米（6 寸）左右，蛴螬和金针虫在表土层 10 厘米（3 寸）左右时，如发现少数返青小麦已开始被害时，应立即组织防治。

花生产区要结合当地蛴螬种类的发生规律，当花生开花、扎针时期，正是一些蛴螬孵化盛期和低龄幼虫期，即进入防治适期。

（十三）马铃薯晚疫病

主要农药：百菌清、波尔多液、代森锰、瑞毒霉、扑海因、硫酸铜、代森锌、灭菌丹、乙磷铝。

防治适期：在常发病区做预防喷药时，第一次喷药应在马铃薯封垅时，以后每隔半个月喷药一次；若已发病，在发病初期对着叶面进行喷雾，根据病情需要隔一星期再用药。

（十四）马铃薯早疫病

主要农药：多菌灵、灭病威、扑海因、百菌清、代森锰、代森锌、波尔多液、甲基托布津。

防治适期：在发病初期，若叶片边缘有萎蔫现象，或在叶片上长出疫霉，应立即用药。

（十五）28星瓢虫

主要农药：敌敌畏、二嗪农、敌百虫、倍硫磷、巴丹。

防治适期：掌握幼虫分散为害之前用药。防治成虫，掌握在秋季成虫越冬之前。

五、油　　菜

（一）蚜虫

主要农药：拟除虫菊酯类、敌敌畏、乐果、抗蚜威、二嗪农、巴丹、甲基1605、敌百虫、速灭威、久效磷、伏杀磷、甲胺磷。

防治适期与指标：当油菜出苗后到移栽阶段，有蚜株率达到30%；移栽后到抽薹阶段，有蚜株率达到60%；开花结果期有蚜株率达到10%，气温在14℃以上，天气预报近一个星期无雨时，蚜虫将迅速发展，应立即开展防治。

（二）菌核病

主要农药：灭病威、速克灵、多菌灵、菌核利、甲基托布津、菌核净、敌克松。

防治适期与指标：常发地区在油菜盛期开始喷药，隔7~10天再喷药1次；一般地区在病叶株率达10%、病茎率在1%左右就开始喷药。喷药次数一般为1~3次，每隔7~10天喷1次。

(三) 黑胫病

主要农药：特克多、灭病威、多菌灵、瑞毒霉、乙磷铝。

防治适期：用拌种法，在播种前每1公斤种子拌60%特克多可湿性粉剂4克，充分拌和均匀；或用喷雾法，掌握在油菜4片真叶时喷药1次，春天油菜生长旺盛时再喷药1次。

(四) 白锈病

主要农药：粉锈宁、代森锌、多菌灵、灭病威。

防治适期：在油菜抽薹期或始花期初见病斑时喷1次药，用粉锈宁一次即可。如果病情严重，用其他农药时，到始花期后10天再喷1次药，共施药两次。

六、蔬　　菜

(一) 霜霉病

主要农药：多菌灵、乙磷铝、敌克松、退菌特、瑞毒霉、代森锌、杀毒矾 M_8、甲霜灵、灭菌丹、百菌清、波尔多液。

防治适期：在发病初期，蔬菜叶片上有白霜样的霉状物出现时立即用药。对于一般食用蔬菜，可结合防治其他病虫害进行喷药保护；对于留种田，应在抽薹期和开花期进行喷药保护。

(二) 软腐病

主要农药：代森锌、菜丰宁、农用链霉素、敌克松、代森铵、代森环。

防治适期：在蔬菜生长中、后期，或在大白菜包心初期用药。

(三) 白粉病

主要农药：粉锈宁、羟锈宁、多菌灵、甲基托布津、灭菌丹、

第二章 对症下药 适时防治 ———————— 37

百菌清、敌克松、退菌特、代森铵。

防治适期：在各种蔬菜发病初期，即在叶片上初见白色粉状物时就用药防治。

(四) 菜粉蝶 (幼虫称菜青虫)

主要农药：敌百虫、敌敌畏、溴氰菊酯、氟氰菊酯、百树菊酯、氯氰菊酯、巴丹、杀虫双、马扑立克、苏云金杆菌。

图7 菜青虫幼虫的数量上升，即用药防治

防治适期：在成虫产卵高峰期后一星期左右，菜处于包心期以前,或者看到幼虫数量上升,即用药防治。

(五) 菜螟 (钻心虫、剜心虫、萝卜螟)

主要农药:毒死蜱、敌百虫、马拉硫磷、鱼藤精及拟除虫菊酯类农药。

防治适期:严重为害期是蔬菜苗期,此时用药是治螟保苗的关键时期,一般掌握在2龄幼虫期用药。

(六) 甘蓝夜蛾 (地蚕蛾、夜盗虫)

主要农药:溴氰菊酯、氟氰菊酯、百树菊酯、杀灭菊酯、敌百虫。

防治适期:掌握在幼虫3龄前进行防治。

(七) 美洲斑潜蝇 (鬼画符)

主要农药:灭蝇胺、阿巴丁、爱福丁、害极灭。

防治适期:瓜豆类蔬菜有虫株率达5%~10%时开始用药。

(八) 豆螟 (豇豆钻心虫)

主要农药:氟氯菊酯等菊酯类农药。

防治适期:在豇豆,四季豆从现蕾花起开始喷药,每隔7天左右喷一次。或者等豆角采摘后进行防治。

(九) 黄条跳甲 (地蹦子,幼虫称白蛆)

主要农药:氟氰菊酯、溴氰菊酯、杀灭菊酯、百树菊酯、马扑立克、易卫杀、杀虫双。

防治适期:重点是蔬菜苗期,幼虫出土后就要为害作物,发现为害立即防治。打药时从田边向田内围喷,防止成虫逃跑。亦可在春季越冬成虫开始活动尚未产卵时,使用粉剂防治,效果很好。

七、烟　　草

(一) 烟蚜

主要农药：抗蚜威、氯氰菊酯、溴氰菊酯、杀灭菊酯等菊酯类农药。

防治适期：烟蚜的繁殖力强，发生量大，应掌握在烟蚜发生初期用药。早烟可在6月上、中旬；晚烟根据生育期而定，一般比早烟推迟1个月左右。

(二) 烟青虫

主要农药：拟除虫菊酯类农药、苏云金杆菌类（Bt）乳剂。

防治适期：春烟可在5月下旬到6月中旬，夏烟在还苗后、团棵及旺长期，并掌握在幼虫3龄前进行防治。

八、果　　树

(一) 柑橘卷叶蛾

主要农药：溴氰菊酯、杀灭菊酯、氟氰菊酯、百树菊酯、敌敌畏、杀螟松、二嗪农。

防治适期：在第一代幼虫发生期进行防治。

(二) 柑橘潜叶蛾（画图虫、绣花虫、鬼画符、潜叶虫）

主要农药：马扑立克、溴氰菊酯、杀灭菊酯、氟氰菊酯、百树菊酯、氯吡硫磷、喹硫磷、功夫。

防治适期与指标：在柑橘嫩梢长至2～3毫米（芝麻至绿豆大）或田间抽出嫩芽达50%（一半）时为防治适期；亦可在秋梢受害率达到10%，新叶受害率达到5%时进行防治。

(三) 柑橘蚜虫（橘蚜、腻虫）

主要农药：溴氰菊酯、氯氰菊酯、氟氰菊酯、百树菊酯、马扑立克、氯吡硫磷、喹硫磷。

防治适期：当橘树长出的新梢有蚜株率达到25%（1/4）左右时喷药。

(四) 柑橘锈壁虱（锈螨、锈蜘蛛、牛皮橘、火柑子、铜病）

主要农药：三环锡、克螨特、三氯杀螨醇、敌敌畏、亚胺硫磷、速灭威、代森锌、溴螨酯、杀虫双、双甲脒、氧化乐果、水胺硫磷。

防治适期：掌握在初见锈果时。

(五) 柑橘矢尖蚧

主要农药：扑虱灵、氰戊菊酯、杀扑磷、乙酰甲胺磷、亚胺硫磷、虫螨磷、硅硫磷。

防治适期与指标：当有虫株率达到4%以上，虫果率5%以上时用药。喷施扑虱灵有特效。

(六) 柑橘疮痂病

主要农药：灭菌丹、退菌特、百菌清、甲基托布津、苯来特、灭菌丹、石硫合剂。

防治适期与指标：病株率达到10%，病叶率4%，病果率3%时即用药，在幼果期打保护药。

(七) 柑橘红蜘蛛

主要农药：克螨特、双甲脒、三氯杀螨醇、溴螨酯、螨完锡、普特丹、三唑锡、功夫。

防治适期与指标：掌握在盛花期红蜘蛛每片叶3头；或在红蜘蛛高峰期每片叶5头；黄蜘蛛每片叶1头，高峰期每片叶3头时用药。

（八）桃小食心虫（桃蛀果蛾、桃蛀虫）

主要农药：杀螟松、毒死蜱、百治屠、稻丰散、乙酰甲胺磷、溴氰菊酯、氯氰菊酯、杀灭菊酯、乐果、二嗪农、敌百虫、敌敌畏、巴丹。

防治适期与指标：在产卵初期，3天调查一次树冠中部果子，连续两次均查到卵，第二次卵果率达到5‰~10‰时开始用药。

（九）桃蛀螟

主要农药：杀螟松、敌百虫、杀虫双。

防治适期：套袋区在套袋之前进行喷雾，不套袋区掌握在第一代幼虫孵化期。

（十）桃天幕毛虫（春黏虫、顶针虫）

主要农药：亚胺硫磷、敌敌畏、杀虫双。

防治适期：在幼虫为害前期（5月上中旬）进行防治。

（十一）桃顶梢卷叶蛾（芽白子卷蛾）

主要农药：杀螟松、杀虫双、敌百虫、二嗪农、杀灭菊酯。

防治适期：在第一、二代成虫产卵盛期。

（十二）黑星麦蛾（苹果黑星麦蛾）

主要农药：杀螟松、敌敌畏、二嗪农、溴氰菊酯、杀灭菊酯、百树菊酯。

防治适期：在5月上中旬幼虫为害期。

（十三）山楂红蜘蛛（山楂叶螨）

主要农药：亚胺硫磷、克螨特、溴螨酯、乐斯本、复方浏阳霉素、双甲脒、伏杀磷、二嗪农、三氯杀螨醇、敌敌畏。

防治适期：在苹果树开花前后防治是全年防治的关键。

（十四）苹果卷叶蛾

主要农药：百树菊酯、溴氰菊酯、氟氰菊酯、杀灭菊酯、马扑立克、二嗪农、敌敌畏、辛硫磷、杀螟松。

防治适期：苹果各种卷叶蛾的第一代幼虫发生期比较整齐，为重点防治时期。

（十五）梨花网蝽（梨军配虫、花扁虫）

主要农药：杀螟松、敌敌畏、乙硫磷。

防治适期：5月下旬在若虫大部分孵化时。

（十六）梨小食心虫（桃折心虫）

主要农药：马扑立克、溴氰菊酯、百树菊酯、氟氰菊酯、杀灭菊酯、敌敌畏、乐果、乐斯本、稻丰散、二嗪农、杀螟松、抗蚜威。

防治适期：掌握在成虫盛期进行防治，或在成虫高峰后 2~3 天用药。

九、茶 叶

（一）茶尺蠖（拱拱虫、拱背虫、吊丝虫）

主要农药：溴氰菊酯、功夫、除虫精粉、杀灭菊酯、氯氰菊酯等菊酯类药剂，巴丹、敌百虫。

防治适期与指标：在第一、二代幼虫发育到 1~2 龄占 80%，或第三代以后占 50% 时定为防治适期，若每丛茶树有虫 5 头定为防治指标，此时可用药防治。

（二）茶毛虫（毛辣虫、茶辣子、毒毛虫）

主要农药：菊酯类农药有特效，另有喹硫磷、敌百虫、乐果、亚胺硫磷、Bt 乳剂。

防治适期：在 4 龄幼虫盛期防治效果最好。

（三）茶刺蛾

主要农药：喹硫磷、马拉松、氯吡硫磷。

防治适期：当每丛茶树干均达 5~8 头幼龄小虫，即用药防治。

（四）小绿叶蝉（叶跳虫、响虫、茶蜢子）

主要农药：菊酯类农药，喹硫磷、敌百虫、速灭威、混灭威、杀螟威、巴丹、优乐得、托尔克、尼索朗。

防治适期：在小绿叶蝉第一次高峰期进行防治为佳。

（五）长白蚧（茶虱子）

主要农药：蚍虫啉、喹硫磷、马拉硫磷、杀扑磷、混灭威、氯氰菊酯、乐果、杀螟松、辛硫磷、速灭威、伏杀磷。

防治适期：掌握在第一、二代若虫孵化盛末期进行防治。

（六）红蜡蚧（红蜡虫、胭脂虫、红蚰）

主要农药：同长白蚧。

防治适期：在若虫孵化后，大部分爬出母壳时进行施药。

（七）茶叶螨类（茶紫蜘蛛、茶红蜘蛛、茶深红蜘蛛等）

主要农药：克螨特、螨完锡、喹硫磷、辛硫磷、乐果、功夫、三氯杀螨醇、溴螨酯、普特丹、复方浏阳霉素、乐斯本、双甲脒。

防治适期：预防，在茶叶非采集时期，各种螨越冬前或早春阶段用药。防治，于茶叶采摘期，在发生中心进行点片挑治；在发生高峰期前进行全面防治。

第三章 择优购药 科学使用

病、虫、草、鼠种类很多，它们的生活习性、生长方式、生理机能和接受药剂的方式都不一致。不同的防治对象对药剂的反应也不一样，如三氯杀螨醇对红蜘蛛等螨类有良好的防治效果，但对昆虫却无效；有机磷制剂中的对硫磷杀虫范围很广，而内吸磷则对大多数咀嚼口器害虫施药后就像"洗澡"一样毫无杀伤作用；代森锌对锈病、炭疽病和霜霉病菌等可以"横扫千军"，而对白粉病，却"力不从心"；除草剂2,4-滴丁酯杀灭双子叶杂草易如反掌，而对绝大多数单子叶植物，却"望洋兴叹"，因此，对不同的防治对象，应在众多的药剂品种中选择最有效的药剂，做到对症用药。

选准了药剂后，下一步就是科学使用了。不同的农药种类或不同的剂型，其使用方法就不一样，如触杀剂、胃毒剂这些只有接触虫子或被虫子吃进肚里才能有效的药剂，就不能用于涂茎或撒毒土；可湿性粉剂不能用于喷粉；相反，粉剂不能加水喷雾；颗粒剂却只能撒施而不可用水浸后喷雾。无论采用什么方法，都要正确、合理。并且，施药时必须严格掌握一定浓度或剂量。任意提高浓度和剂量，不仅造成浪费，增加开支，而且很容易出现药害，促使病、虫产生抗药性，还会杀伤害虫天敌，污染环境，破坏生态平衡；相反，低于有效的浓度及用量又达不到防治效果。因此，必须用量准确。

一、杀虫、杀螨剂

（一）拟除虫菊酯类

1. 氰戊菊酯（速灭杀丁、速灭菊酯、中西杀灭菊酯）

氰戊菊酯药剂为黄色油状液体，对光、热和酸都较稳定，对碱不稳定；对人、畜安全，对蜜蜂和鱼类毒性大，对害虫毒力强，击倒力快；施药后耐雨水冲刷，残效期长，效果好。对有机磷类农药已经产生抗性的害虫也有很好的防治效果。

剂型：20%、40%乳剂。

防治对象：速灭杀丁是广谱性杀虫剂，对害虫有很强的触杀和胃毒作用，适用于防治棉花、蔬菜、大豆、果树、茶、烟草等经济作物上的多种害虫，对棉铃虫、棉红铃虫、造桥虫、卷叶虫、金刚钻、潜叶蛾、食心虫、菜青虫、尺蠖、刺毛虫、玉米螟、卷叶螟、蓟马、蚜虫、叶蝉等都有很好的防治效果，但对螨类和蚧壳虫效果差。

使用方法：

（1）防治棉蚜，每亩用20%速灭杀丁乳剂15～25毫升（3～5钱），加水60公斤喷雾；防治棉铃虫，每亩用20%乳剂30毫升（6钱），加水100公斤喷雾；防治棉红铃虫，每亩用20%乳剂35毫升（7钱）加水100公斤喷雾；防治棉小造桥虫，每亩用20%乳剂30毫升（6钱），加水75公斤喷雾。

（2）防治菜青虫、小菜蛾，每亩用20%速灭杀丁乳剂15～30毫升（3～6钱），加水75公斤喷雾；防治菜蚜（包括甘蓝蚜），每亩用20%乳剂10～15毫升（2～3钱），加水30～50公斤喷雾。

（3）防治大豆食心虫，掌握在幼虫入荚盛期，每亩用20%速灭杀丁乳剂15～30毫升（3～6钱），加水100公斤喷雾。

（4）防治橘蚜，用20%乳剂，加水3 000倍喷雾；防治柑橘潜叶蛾，用20%乳剂加水稀释1 000倍喷雾；防治桃小食心虫、梨小食心虫，用20%速灭杀丁乳剂，加水5 000～7 000倍，用机动

图 8 氰戊菊脂防治多种害虫

喷雾器均匀喷洒，喷药液量根据果树大小而定。

（5）防治烟蚜（又称桃蚜），每亩用20%乳剂15～30毫升（3～6钱），加水100公斤均匀喷雾。

注意事项：

（1）速灭杀丁无内吸作用，故施药时必须均匀喷雾到害虫为害部位，对钻蛀性害虫，必须掌握在钻入植株或果实之前施药。

（2）防治棉花害虫不宜在苗期，应以防治蕾铃期害虫为主。

（3）在上述害虫与红蜘蛛同时发生时，需加杀螨剂混合使用。

（4）不能在鱼塘、桑园、养蜂场所等处使用，以免污染中毒。

2. 溴氰菊酯（敌杀死）

溴氰菊酯是一种高效、广谱、低毒、低残留的新型杀虫剂。对光、酸、中性溶液都较稳定，但遇碱则分解失效。对人的眼、鼻、口及皮肤有一定刺激性，对各种作物较安全，在使用浓度下一般不会引起药害；但对害虫天敌有杀伤作用；对鱼有高毒；对蜜蜂毒性中等。

剂型：2.5%乳剂，5%可湿性粉剂，1%超低溶量剂。

防治对象：敌杀死对棉花、蔬菜、果树、茶树、烟草、水稻、玉米、小麦、大豆、油料和贮粮害虫以及卫生害虫等均有很好的防治效果。但对螨类、介壳虫、甲虫等效果差。

使用方法：

（1）防治棉花害虫，苗期防治蚜虫、盲蝽象等，每亩用2.5%乳剂20毫升（4钱），加水50~80公斤喷雾；在棉花中、后期防治红铃虫、棉铃虫、小造桥虫、玉米螟等，每亩用2.5%乳剂40毫升（8钱），加水80~100公斤喷雾。

（2）防治菜青虫、小菜蛾、蔬菜蚜虫等，每亩用2.5%乳剂20~30毫升（4~6钱），加水50公斤喷雾，喷药后10天内的防效可达90%以上，优于常用农药乐果、敌敌畏、马拉硫磷、乙酰甲胺磷等。

（3）防治蓟马、28星瓢虫、烟青虫等，可用2.5%敌杀死乳剂，加4 000~6 000倍水稀释，或每亩用2.5%敌杀死乳剂20~25毫升（4~5钱），根据苗情加适量水均匀喷雾。

（4）防治柑橘潜叶蛾、桃小食心虫、梨小食心虫等，用2.5%敌杀死乳剂，加水2 500倍均匀喷雾。

（5）防治油桐尺蠖、茶尺蠖、茶毛虫、茶二叉蚜、茶小绿叶蝉等，每亩用2.5%敌杀死30~40毫升（6~8钱），加水100公斤均匀喷雾。

（6）防治马尾松毛虫，对10年生左右的马尾松，每亩用2.5%敌杀死乳剂8毫升（1.6钱）；防治赤松毛虫，每亩用2.5%乳剂4毫升（0.8钱）；防治西伯利亚松毛虫，每亩用2.5%乳剂16毫升（3.2钱），以上分别各加水20公斤，用东方红18型弥雾机进行喷洒。

注意事项:

(1) 敌杀死对钻蛀性害虫,应掌握在害虫钻进作物体内之前喷药,效果才好。

(2) 对螨类、介壳虫及甲虫防效不好,不宜使用。

(3) 不能在养蜂场、桑园、鱼塘等场所使用。

(4) 不能和碱性农药混用。

(5) 该药对人的眼睛、口腔及皮肤有一定的刺激性,使用时要注意防护。如果误入眼睛,可用大量净水多冲洗几次。

(6) 敌杀死无内吸作用,喷雾时必须均匀,才能保证防治效果。

3. 氧乐氰菊酯

氧乐氰菊酯是沈阳化工研究所研制的产品。该药剂杀虫范围广,并能兼治螨类,既省工,又省药,深受农户欢迎。

剂型:30%氧乐菊酯乳油。

防治对象:氧乐菊酯适用于棉花、苎麻、蔬菜、果树、茶等多种作物,对棉蚜、红铃虫、红蜘蛛、小造桥虫、苎麻夜蛾、菜青虫、菜蚜、柑橘潜叶蛾、锈壁虱、褐圆蚧,以及其他螨类都有良好的防治效果。

使用方法:

(1) 防治棉蚜,每亩用30%氧乐菊酯10~15毫升(2~3钱),加水50~75公斤喷雾,防效在99.5%以上,与氰戊菊酯效果相当。

(2) 防治棉花红蜘蛛,每亩用30%氧乐菊酯30~40毫升(6~8钱),加水60~75公斤喷雾,施药后1~8天,平均防效可达95%~99.7%。如果田间同时出现棉红铃虫、棉蚜和红蜘蛛,可用本品40毫升(8钱),以防红铃虫为主,兼治蚜虫和红蜘蛛,防治效果良好,且省工、省药。

(3) 防治棉小造桥虫,用30%氧乐菊酯,加水稀释1 000倍,防治效果可达93%,优于氰戊菊酯的效果。

(4) 防治菜青虫,用30%氧乐菊酯加水稀释3 000倍,均匀喷雾，防效可达90%~97%。

（5）防治苎麻夜蛾，用30%氧乐菊酯，加水稀释3 000~4 000倍，施药1天后，效果可达100%。

（6）防治柑橘潜叶蛾、褐圆蚧、锈壁虱，用30%氧乐菊酯加水稀释1 000~2 000倍。每亩喷药液量可根据树的大小而定，防治效果平均可达95%左右。

（7）防治水稻稻飞虱、螟虫，每亩用25%氧乐氰菊酯乳油50~100毫升（1~2两），兑水60公斤喷雾。

注意事项：

（1）喷药时注意个人防护，不得使药进入眼鼻和口腔，打完药液后用肥皂清洗。

（2）喷洒时必须仔细周到。

（3）运输时注意安全。

（4）对鱼类、蜜蜂、桑蚕高毒，施用时注意。

（5）贮存时不得与食品饲料混放，保持阴凉通风，避光，远离火种。

（6）常温下贮存两年有效成分变化不大。

4. 百树菊酯（百树得、氟氯氰菊酯）

百树菊酯工业品为部分结晶黏性液体，对光、热、酸稳定，在碱性溶液中不稳定，对人、畜和家禽低毒，对作物安全，对鱼类和蜜蜂毒性较大。

剂型：10%、20%乳剂，5%浓可溶剂，0.8%超低溶量剂。

防治对象：百树菊酯是一种广谱杀虫剂，具有触杀和胃毒作用。适用于防治棉花、大豆、烟草、蔬菜、果树、茶等多种经济作物上的害虫，对棉铃虫、红铃虫、造桥虫、潜叶蛾、卷叶螟、玉米螟、食心虫、刺毛虫、尺蠖、蚜虫、蓟马、叶蝉等多种害虫都有良好的防治效果，对螨类也有一定的防治效果，但对部分介壳虫和象鼻虫防治效果差。

使用方法：

（1）防治棉蚜，每亩用5%浓可溶剂20毫升（4钱），加水50

公斤喷雾；防治棉铃虫、棉红铃虫、棉花玉米螟等，每亩用5%浓可溶剂50毫升（1两）加水100公斤喷雾。

(2) 防治小菜蛾、潜叶蛾、卷叶蛾、尺蠖、豆螟、蚜虫等，每亩用5%浓可溶剂20~30毫升（4~6钱），根据作物加水适量喷雾。

(3) 防治蓟马、绿叶蝉、桃蚜、烟青虫、刺毛虫、星毛虫等用5%浓可溶剂，加水5 000~7 000倍，或每亩用15~20毫升（3~4钱）加水喷雾。

(4) 防治红蜘蛛，在虫量较少、为害较轻的情况下，每亩用5%百树菊酯浓可溶剂30~40毫升（6~8钱）即可得到良好的效果；如果虫量大、为害重时，每亩需用50毫升（1两）以上才能达到理想的效果。

注意事项：

(1) 不能与碱性农药混用。

(2) 在苹果树、莴苣上使用，残效期较长，安全间隔期不得少于三个星期。

(3) 不能在桑园、鱼塘、养蜂场等处使用。

(4) 无内吸、渗透作用，喷雾必须均匀周到。

(5) 不能做土壤处理药剂。

5. 氯氰菊酯（兴棉宝、安绿宝、灭百可、赛波凯）

氯氰菊酯工业品为黏稠棕黄色液体，是一种高效、低毒、低残留、杀虫广谱的新型杀虫剂，对人、畜安全，对鱼类、蜜蜂、家蚕有较强的杀伤力；耐光、热和酸性物质，遇碱会分解。

剂型：5%、10%、25%乳剂，1.5%超低溶（解）量制剂。

防治对象：氯氰菊酯对作物安全，施药后对蔬菜、棉花等有增产作用，对鳞翅目幼虫的防治有特效，能有效地防治棉铃虫、棉红铃虫、棉蚜、稻苞虫、稻纵卷叶螟、稻蓟马、玉米螟、菜青虫、小菜蛾、卷叶蛾等，但不宜做土壤杀虫剂。

使用方法：

(1) 防治棉蚜，每亩用10%氯氰菊酯乳剂15~20毫升（3~4

钱)加水40~80公斤喷雾;防治棉铃虫每亩用10%乳剂40毫升(8钱)加水75公斤喷雾。

(2) 防治桃小食心虫、梨小食心虫,用10%乳剂,加水1 000倍喷雾,残效期可达15天以上;防治柑橘潜叶蛾,用10%乳剂加水3 000倍,均匀喷雾于叶背面,施药时间最好在傍晚。

(3) 防治卷叶虫、菜青虫、尺蠖等,用10%乳剂加水稀释4 000~6 000倍喷雾,或每亩用药量20~30毫升(4~6钱)。

(4) 防治斜纹夜蛾、跳甲、黏虫等,用10%乳剂加水稀释2 000~3 000倍喷雾,或每亩用药量10~15毫升(2~3钱)。

图9 氯氰菊酯对皮肤有轻微刺激作用,使用时应尽量避免与药物接触

注意事项:
(1) 氯氰菊酯对红蜘蛛防治效果差,如兼治红蜘蛛必须与杀螨剂混用。
(2) 该药无内吸作用,喷药时要均匀周到。
(3) 氯氰菊酯对害虫天敌杀伤力强,使用时要注意。
(4) 本品对皮肤有轻微的刺激作用,使用时应尽量避免与药物直接接触。
(5) 此药特别适宜防治蔬菜和果树上的蚜虫。

6. 联苯菊酯(天王星)

联苯菊酯是一种新型杀虫剂。经中国农科院茶叶所在茶树上应用,结果表明:天王星具有对害虫防治效果高,杀虫范围广,残毒量少,用药量低,并可兼治螨类等优点。

剂型:10%天王星乳剂。

防治对象:

对茶尺蠖、茶小绿叶蝉、茶黑刺粉虱、茶丽纹象甲,茶短须螨、茶叶瘿螨等有优良的防治效果。

使用方法:

(1) 防治茶尺蠖,每亩用10%天王星乳剂7毫升(1.4钱),加水适量,施药后24小时防治效果可达100%。

(2) 防治小绿叶蝉,每亩用药27毫升(5.4钱),施药后3天,防治效果可达99.3%,11天后还可维持效果达87.4%,优于40%乐果乳剂的防效。

(3) 防治黑刺粉虱,在虫卵孵化率达50%时,每亩用药25毫升(半两),施药后7天虫口平均下降率达83.2%,15天后虫口平均下降率为99.7%,防治效果优于40%乐果乳剂。

(4) 防治茶丽纹象甲,每亩用药30毫升(6钱),施药后2天,防治效果达95%以上。

(5) 防治茶短须螨,每亩用药30毫升(6钱),用药后4天,防治效果在90%以上,一个月后,效果还维持在85%。

(6) 防治茶叶瘿螨,每亩用药27~40毫升(5.4~8钱),用药后3天,防治效果为92%。

注意事项:天王星用药安全间隔期为4~7天。

7. 氟氰菊酯(氟氰戊菊酯、保好鸿)

氟氰菊酯原药为黏稠状黄棕色液体,耐光、耐热性能较好,在酸性条件下稳定,遇碱分解,易燃烧。对人、畜有中等毒性;对眼睛和皮肤有刺激性;对鱼类有毒;对作物安全,无残毒,不污染环境。

剂型:5%、10%、30%乳剂。

防治对象:用于防治棉花、水稻、烟草、大豆、玉米和蔬菜、果树等作物的多种害虫,对棉蚜、棉铃虫、红铃虫、红蜘蛛、盲蝽象、蓟马、叶蝉、飞虱、菜青虫、小菜蛾、潜叶蛾、木虱等,均有很好的防治效果。

使用方法:

(1) 防治棉蚜,每亩用10%氟氰菊酯乳剂20毫升(4钱),加水50公斤喷雾;防治棉铃虫,每亩用10%乳剂40~50毫升(8钱~1两),加水100公斤喷雾;防治棉红铃虫、玉米螟,每亩用10%乳剂30毫升(6钱),加水100公斤喷雾;防治红蜘蛛,每亩用10%乳剂65毫升(1.3两),加水65公斤喷雾。

(2) 防治苹果蚜虫、桃蚜、茶小卷叶蛾、苹果潜叶蛾、梨木虱等,用10%乳剂15~30毫升(3~6钱),加水50公斤均匀喷雾。

(3) 防治跳甲、斜纹夜蛾等,每亩用10%乳剂35~40毫升(7~8钱),加水75公斤均匀喷雾。

注意事项:

(1) 安全间隔期为1个月。

(2) 喷雾必须均匀周到。

(3) 不能与碱性药物混用。

(4) 此药对人、畜有毒,对眼睛和皮肤有刺激性,使用时应注意安全。

(5) 不能在桑园、鱼池、养蜂场所等处使用。

8. 中西除虫菊酯（戊菊酯、多虫畏）

中西除虫菊酯原药为淡黄色油状液体，对光、热和酸较稳定，遇碱分解。对鱼类有毒，对人、畜安全，对作物药效高，用药量少，使用安全。对棉花等作物有刺激生长作用。

剂型：20%乳剂。

防治对象：中西除虫菊酯对害虫有较强的触杀作用，兼有胃毒和拒避作用，没有内吸作用。该药能防治棉花、蔬菜、果树、茶、烟草等作物的多种害虫，以及蚊、蝇等卫生害虫，但对螨类防治效果差。

使用方法：

（1）防治棉蚜、菜蚜、菜青虫、甘蓝夜蛾、银纹夜蛾、小菜蛾、造桥虫等，每亩用20%乳剂15~25毫升（3~5钱），加水75公斤均匀喷雾，残效期一般在7天左右。

（2）防治棉铃虫、红铃虫、棉田玉米螟、小地老虎、棉造桥虫等，每亩用20%乳剂25~50毫升（0.5~1两），加水75公斤均匀喷雾，其防治效果优于常用农药。

（3）防治水稻二化螟、三化螟、稻飞虱、稻叶蝉等，每亩用20%乳剂100毫升（2两），加适量水喷雾；防治稻纵卷叶螟，每亩用20%乳剂50毫升（1两），加适量水喷雾。

（4）防治果树食心虫，用20%乳剂，加水稀释2 000倍，喷药液量根据树的大小而定。防治茶树害虫，用20%乳剂，加水3 000~5 000倍稀释，均匀喷雾。

（5）防治菜青虫，每亩用20%乳剂25毫升（5钱），或加水1 000倍稀释，均匀喷雾。

注意事项：

（1）该药无内吸作用，因此，药液要直接喷洒到虫体，如害虫藏在叶背面，则叶背面也要均匀喷到。

（2）不能与碱性农药混用。

（3）对螨类效果差，可用氧化乐果乳剂混合兼治螨类。

（4）本品易燃，保管贮存期间要注意安全。

(5) 避免与皮肤接触，施药后要用肥皂洗手。

9. 三氟氯氰菊酯（功夫）

三氟氯氰菊酯是拟除虫菊酯类杀虫剂新品种，能兼治各种螨类，近年来已大面积推广，防治效果好，深受农户欢迎。

剂型：2.5%功夫乳剂。

防治对象：功夫适用于棉花、果树、蔬菜等作物，对棉红铃虫、红蜘蛛、柑橘螨类、潜叶蛾、蔬菜红蜘蛛等，有较好的防治效果，防治范围还在扩大之中。

使用方法：

（1）防治棉红铃虫，每亩用2.5%功夫乳剂15~25毫升（3~5钱），兑水50~75公斤喷雾；第一次施药后，间隔10天施第二次药。对红蜘蛛有良好的兼治作用。

（2）防治柑橘潜叶蛾，用2.5%功夫乳剂，加水稀释6 000倍喷雾。每亩喷药液量根据树的大小而定。

注意事项：喷雾要均匀周到，特别是兼治红蜘蛛时，叶背面也要打湿。

10. 氯菊酯（安棉宝、除虫精、久效菊酯、二氯苯醚菊酯）

氯菊酯工业品是浅黄色油状液体，具有芳香味；对光较稳定，残效期短，无残毒；遇碱易分解；对植物安全；对蜜蜂、鱼类毒性大。

剂型：3.2%、10%、20%乳剂，3%超低溶（解）量喷雾剂。

防治对象：本品对害虫有很强的触杀、胃毒和杀卵作用，可用来防治水稻、棉花、果树、蔬菜、茶、小麦等作物上的多种害虫，尤其是对鳞翅目害虫效果显著。

使用方法：

（1）防治棉蚜，每亩用10%乳剂15~25毫升（3~5钱），或每亩用3.2%乳剂50~75毫升（1~1.5两），加适量水喷雾，施药后3天效果可达90%以上，残效期为5~7天，且对盲蝽象、造桥虫等有兼治作用。防治棉铃虫、红铃虫、棉田玉米螟等，每亩用10%乳剂40~50毫升（0.8~1两）或3.2%乳剂150~200毫升

(3~4两),加适量水喷雾,效果很显著。

(2) 防治柑橘潜叶蛾,掌握在嫩芽长至2~3毫米或田间抽出嫩芽达50%时进行防治。用3.2%氯菊酯乳油,加水稀释500~800倍喷雾,每棵树的喷药液量可根据树的大小而定。

(3) 防治麦田、玉米田和水稻田的黏虫,每亩用10%的乳剂25毫升(5钱),加适量水喷雾,48小时后效果可达96%。

(4) 防治菜青虫、菜蚜、甘蓝夜蛾,每亩用10%乳剂6毫升(1.2钱),加适量水喷雾。在蔬菜上喷药3次,还有7%~10%的增产效果。

(5) 防治茶毛虫、茶尺蠖、柑橘潜叶蛾幼虫,用10%乳剂。加水稀释2 300~5 000倍均匀喷雾。防治茶蚜虫,用10%乳剂20~30毫升(4~6钱),加水100公斤喷雾,48小时后效果可达99%以上。

图10 防治家禽羽虱、跳蚤等,可将氯菊酯乳剂加水稀释,擦洗家禽身体长害虫的部位

(6) 防治家畜、家禽羽虱、跳蚤等，可将10%乳剂加水稀释5 000倍，放在大木盆内，用药液擦洗家畜或家禽身体上长害虫的部位，效果良好。

注意事项：

(1) 该药的杀虫效果与温度呈明显的负相关，即随着气温的升高，杀虫效果相应下降，因此不宜在中午温度高时施药。

(2) 不宜与碱性药物混用。

(3) 对鱼类、蜜蜂毒性大，使用时应特别注意。

(4) 喷洒时，操作人员要穿戴保护用品，不准吃东西或吸烟，如果药液接触皮肤应及时用肥皂水洗净。

11. 顺式氯氰菊酯（高效灭百可、高效安绿宝）

顺式氯氰菊酯工业品为黄褐色油状液体，对光、热和酸的稳定性较好，耐贮存，在碱性条件下易分解。

剂型：5%、10%、20%乳剂，5%可湿性粉剂。

防治对象：本品杀虫范围广，对棉花、果树、蔬菜、大豆上的多种害虫有很好的防治效果，尤其是对棉铃虫、棉红铃虫、盲蝽象及柑橘潜叶蛾有特效，但对螨类防治效果差。

使用方法：

(1) 防治棉铃虫，每亩用10%高效灭百可乳剂10毫升（2钱），加水100公斤喷雾；防治棉蚜，每亩用10%乳剂5~10毫升（1~2钱），根据苗情加水50~100公斤喷雾。

(2) 防治蔬菜上菜青虫等多种鳞翅目害虫，每亩用10%乳剂5~15毫升（1~3钱），加水75公斤喷雾。

(3) 防治大豆害虫，每亩用10%乳剂10~15毫升（2~3钱），加水75公斤喷雾。

(4) 防治果树鳞翅目害虫，用10%高效灭百可乳剂，加水稀释3 000~10 000倍，每棵树的喷药量可根据树的大小而定；防治果树介壳虫类，在害虫披蜡前用10%乳剂，加水稀释3 000~5 000倍，均匀喷雾。

注意事项：

(1) 使用时注意防护安全，避免与农药直接接触。

(2) 本品易燃，贮存、运输应避开火源。

12. 多来宝

多来宝原药为白色结晶，属低毒杀虫剂，具有杀虫谱广，杀虫活性高，击倒速度快，持效期较长，对稻田蜘蛛等害虫天敌杀伤力较小，对作物安全等特点。对害虫有触杀和胃毒作用，无内吸传导作用。贮存稳定性好。

剂型：10%多来宝悬浮剂。

防治对象：多来宝适用于棉花、水稻、果树、蔬菜等作物，可防治多种害虫，但对螨类基本无效。

使用方法：

(1) 防治棉铃虫，在卵孵盛期，每亩用10%的多来宝悬浮剂100~125毫升（2~2.5两）喷雾；防治棉蚜，在棉苗卷叶之前，每亩用10%的多来宝50~60毫升（1~1.2两）加水喷雾；防治棉红铃虫，在第二、三代卵孵盛期，用药量同防治棉铃虫，每代用药两次，具有良好的保铃和杀虫效果。

(2) 防治稻飞虱，在成、若虫盛发期，每亩用10%多来宝75~100毫升(1.5~2两)喷雾；防治稻纵卷叶螟，在2~3龄幼虫盛发期，每亩用10%多来宝100毫升（2两）；防治大螟、稻苞虫、稻潜叶蝇、稻负泥虫、稻象甲等，每亩用10%多来宝65~130毫升(1.3~2.6两)，兑水喷雾。

(3) 防治蔬菜害虫，如小菜蛾、甜菜夜蛾，在2龄幼虫盛发期，每亩用10%多来宝80~100毫升（1.6~2两），兑水喷雾；防治菜青虫，在3龄幼虫期，每亩用10%多来宝75毫升（1.5两）兑水喷雾；防治萝卜蚜、甘蔗蚜、桃蚜、瓜蚜等，用10%多来宝加水稀释2 000~2 500倍喷雾。

(4) 防治果树害虫，如蚜虫、小食心虫、苹果蠹蛾、葡萄蠹、苹果潜叶蛾等，使用10%多来宝1 000倍液喷雾，均有良好的防治效果。

(5) 防治茶树害虫，如茶尺蠖、茶毛虫、茶刺蛾等，在2~3

龄幼虫盛期，用10%多来宝加水稀释1 700～2 000倍液喷雾。

（6）防治其他作物害虫，如玉米螟、黏虫、大豆食心虫、大豆夜蛾、烟草斜纹夜蛾、马铃薯甲虫等，每亩用10%多来宝65～130毫升（1.3～2.6两），兑水喷雾。

注意事项：

（1）不要与强碱性农药混用。

（2）多来宝对作物无内吸作用，因而要求喷雾均匀周到，对钻蛀性害虫应掌握在未钻入作物前喷施。

（3）多来宝悬浮剂如果放置时间较长，会出现分层现象，应先摇匀，后使用，以免影响药效。

（4）贮存时应避免阳光，于密闭、阴暗处保存。

（5）若误服，应及时催吐（用温水或生理盐水引吐），保持安静，严重者应立即送往医院治疗。

13. 顺式氰戊菊酯（来福灵）

顺式氰戊菊酯为高效杀虫剂，杀虫范围广，乳化性能好，常温贮存稳定（两年以上），应用于防治棉花病虫害，除有良好的防效以外，还对棉花生长有一定促进作用。

剂型：5%来福灵乳剂。

防治对象：适用棉花、果树、茶树、蔬菜、大豆、烟草等多种作物。对棉花蚜虫、棉铃虫、红铃虫、小造桥虫以及其他作物上的鳞翅目害虫的幼虫有良好的防治效果。

使用方法：

（1）防治棉红铃虫、棉铃虫、棉蚜、小造桥虫，每亩用5%来福灵乳剂25～30毫升（5～6钱），加水喷雾（棉花生长前期喷药液40公斤，生长后期喷药液70公斤），防效可达85%～100%。

（2）防治柑橘潜叶蛾，每亩用5%来福灵乳剂20～25毫升（4～5钱），加适量水喷雾。防治桃小食心虫，于卵盛孵期，卵果率达1%时施药，用5%来福灵乳剂加水稀释2 000～3 000倍液喷雾。

（3）防治茶尺蠖、茶毛虫，于幼虫2～3龄发生期施药，用5%来福灵兑水稀释7 000～10 000倍喷雾。防治茶小绿叶蝉，于卵盛孵期或若虫发生期,每百叶有5~6头虫时施药,用5%来福灵加水稀释5 000~8 000倍液喷雾。

（4）防治菜青虫、小菜蛾,于幼虫3龄期前施药,每亩用5%来福灵乳油15~25毫升（3~5钱）喷雾。

（5）防治大豆蚜虫,于虫害发生期施药,每亩用5%来福灵10~20毫升(2~4钱),防治效果良好。

（6）防治烟草害虫,如烟青虫,于卵盛孵期或幼虫低龄期施药,每亩用5%乳油20~40毫升（4~8钱）,兑水喷雾。

注意事项：

（1）不要与碱性农药混合使用,喷药时随配随用。

（2）喷药要均匀周到,尽量减少用药次数,提倡使用有效低浓度,减缓抗药性的产生。

（3）来福灵对螨类无效,在虫、螨并发的作物上使用,要混合杀螨剂,以增强杀螨效果。

（4）使用此药时注意不要污染桑园、养蜂场所以及池塘、河流等。

14. 氟胺氰菊酯（马扑立克）

氟胺氰菊酯工业品为黄色液体,对光、热和酸都比较稳定,遇碱易分解,对人畜接触毒性低,对作物安全,但对家畜、鱼类毒性大。

剂型：20%、10%马扑立克乳剂。

防治对象：马扑立克是广谱性杀虫剂,主要用于棉花、蔬菜、果树、茶、烟草等经济作物,对棉铃虫、红铃虫、棉蚜、玉米螟、金刚钻、潜叶蛾、卷叶虫、菜青虫、大豆卷叶螟、食心虫、尺蠖、茶毛虫、叶蝉、蓟马等多种害虫及红蜘蛛等都有良好的防治效果,但对象甲、介壳虫防效差。

使用方法：

（1）防治棉红铃虫、棉铃虫、棉蚜、红蜘蛛、玉米螟、金刚钻、盲蝽象等,每亩用10%马扑立克乳剂25~50毫升（0.5~1两）,加水75公斤喷雾。

（2）防治菜蚜、菜青虫、小菜蛾,每亩用10%马扑立克乳剂

25~50毫升（0.5~1两），加水75公斤喷雾。

（3）防治潜叶蛾、卷叶虫、尺蠖等，每亩用20%马扑立克乳剂，加水稀释5 000~8 000倍，或每亩用20%马扑立克乳剂15~20毫升（3~4钱），加水75公斤喷雾。

（4）防治大豆卷叶虫、食心虫等，用20%马扑立克乳剂加水稀释2 000~3 000倍，或每亩用20%马扑立克乳剂25~35毫升（5~7钱），加水75公斤喷雾。

（5）防治斜纹夜蛾、地老虎、黏虫、红蜘蛛等，每亩用20%马扑立克乳剂30~40毫升（6~8钱），加水75公斤喷雾。

注意事项：

（1）该药对眼睛有腐蚀性，在使用时要严格注意防护，以免药液溅到眼睛里。

（2）不能在鱼塘、桑园等处使用。

（3）不能与碱性药物混用。

（4）该药无内吸作用，喷药时必须均匀周到。

15. 凯素灵

凯素灵是一种新型的高效杀虫剂，其工业品是无色、结晶状粉末。对害虫击倒作用快，效果迅速。在现场使用，比其他杀虫剂安全，稳定性能好，贮存期长。

剂型：2.5%凯素灵可湿性粉剂。

防治对象：这是最新一代的杀虫剂，对蝇、蚊、蟑螂、臭虫和其他环卫类害虫有着极高的防治杀灭效果。

使用方法：

（1）防治蟑螂，每10平方米用2.5%凯素灵可湿性粉剂1~6克（0.8~1.2钱），加适量水喷雾。

（2）防治家蝇，每10平方米用2.5%凯素灵可湿性粉剂5克（1钱），加适量水喷雾。

（3）防治臭虫，每10平方米用2.5%可湿性粉剂6克（1.2钱），加适量水喷雾。

（4）防治蚊子，每10平方米用2.5%可湿性粉剂2.5克（半

图 11 凯素灵对蟑螂等卫生害虫有着极高的防治杀灭效果

钱),加适量水喷雾。

注意事项:
(1) 必须现配现用,加水稀释后切不可久置,以免影响药效。
(2) 施药时不可吃东西或抽烟。
(3) 如喷药高度超过肩部,或接触高浓度药液,应戴口罩。
(4) 施药完毕后,应将身体暴露部分洗干净。
(5) 如误食应立即请医生治疗。

16. 甲氰菊酯(灭扫利)

甲氰菊酯是一种新型杀虫、杀螨剂,杀虫、杀螨范围广、效果高,对作物安全,特别是对棉花,防虫效果十分显著。杀螨效果好,克服了其他菊酯类农药治虫不治螨的缺点。

剂型:20%灭扫利乳剂。

防治对象：用于防治棉花、果树、蔬菜等作物上的多种害虫和螨类，对棉铃虫、红铃虫、红蜘蛛、棉蚜、盲蝽象、玉米螟、菜青虫等都有很好的防治效果，对果树红蜘蛛防治效果更好。

使用方法：

（1）防治棉铃虫、红蜘蛛、棉蚜、红铃虫、玉米螟、盲蝽象等，每亩用20%灭扫利乳剂30~40毫升（6~8钱），加75公斤水喷雾，效果在96%以上，与速灭杀丁防效相近。对红蜘蛛的卵杀伤效果在90%~100%，优于三氯杀螨醇的防效。

（2）防治果树红蜘蛛，用20%灭扫利乳剂，加水稀释2 000倍，喷药量可根据树的大小而定，效果在95%以上。防治桃小食心虫，用20%乳剂，加水稀释2 000~3 000倍喷雾，喷药后，虫果率下降为5‰，还可兼治红蜘蛛。

（3）防治柑橘潜叶蛾，用20%灭扫利乳剂，加水稀释8 000~10 000倍，喷药液量可根据树的大小而定，防治效果可达83%~99%，还可兼治红蜘蛛、卷叶蛾、凤蝶、象鼻虫等。

（4）防治柑橘凤蝶，用20%灭扫利乳剂，加水稀释4 000~6 000倍，防治效果可达97%~99%。

（5）防治菜青虫、小菜蛾，每亩用20%灭扫利乳剂10~20毫升（2~4钱），防治效果在85%~97%；用同样浓度防治菜蚜效果可达100%。

注意事项：

（1）喷雾时必须均匀周到，兼治红蜘蛛时，打药不仅要"雪花盖顶"，还要从下往上"枯树盘根"，让叶背面充分着药。

（2）不能和碱性农药混用。

（3）避免在养蜂场、鱼塘、桑园等场所使用。

（二）有机磷杀虫剂

1. 辛硫磷（肟硫磷、倍腈松）

辛硫磷具有触杀和胃毒作用，工业品为黄棕色液体，在常温下稳定，遇碱易分解，对人、畜微毒。

图 12　辛硫磷使用时的注意事项

剂型：50%、75%乳剂，5%颗粒剂，2%粉剂。

防治对象：可防治仓库害虫、地下害虫和蚊蝇等卫生害虫，对多种鳞翅目幼虫有良好的防治效果。由于辛硫磷具有见光易分解和残效期短等优点，特别适宜防治茶、桑、蔬菜、果树等害虫。

使用方法：

(1) 拌种：50%辛硫磷乳剂100~150毫升（2~3两），拌麦种50公斤，可防治蛴螬、蝼蛄等地下害虫。

(2) 撒施：每亩用5%辛硫磷颗粒剂150~250克（3~5两），加细沙3~4公斤，混合均匀后撒施，对防治玉米螟很有效。

(3) 每亩用50%辛硫磷乳剂100毫升（2两），加水75~100公斤，可防治水稻二化螟、三化螟、稻飞虱和稻叶蝉等。

(4) 防治茶锈壁虱（茶橙瘿螨）、茶小绿叶蝉（茶蜢子），用50%辛硫磷乳剂，加水1 500倍喷雾。

(5) 防治蔬菜蚜虫、菜青虫、小菜蛾、斜纹夜蛾，每亩用50%辛硫磷乳剂50~100毫升（1~2两），根据蔬菜长势加适量水进行喷雾。

(6) 防治桑毛虫（狗毛虫、花毛虫）、桑蓟马（举尾虫）、桑螟等，用50%辛硫磷乳剂，加水稀释3 000倍进行喷洒。

注意事项：

(1) 辛硫磷在太阳光直射下容易分解，对作物叶面喷雾最好在傍晚或阴天进行。

(2) 高粱、大豆、瓜类对该药较敏感，应禁止使用；其他作物在收获前5天内禁止使用。

(3) 本品没有内吸传导作用，在喷洒药液时一定要均匀周到。

2. 水胺硫磷（羧胺磷）

水胺硫磷工业品为黄色油状体，是一种高效、广谱、低残毒的有机磷农药。在中性及酸性条件下比较稳定，遇碱易分解；对人、畜口服毒性较大，身体接触毒性较低。

剂型：40%乳剂。

防治对象：水胺硫磷对害虫具有很好的触杀和胃毒作用，并有杀卵作用，能有效地防治棉花、旱粮、蔬菜、果树等作物上的多种害虫，对防治红蜘蛛类有特效。

使用方法：

(1) 防治棉花红蜘蛛、苹果红蜘蛛等，用10%水胺硫磷乳剂，加水稀释2 000~3 000倍，均匀喷雾于叶背面；防治棉蚜，在苗期，每亩用40%水胺硫磷乳剂20~40毫升（4~8钱），加水35公斤；防治伏蚜，每亩用40%水胺硫磷乳剂40~75毫升（0.8~1.5两），加水70公斤；防治棉铃虫，每亩用40%水胺硫磷乳剂75~100毫升（1.5~2两），加水75~100公斤喷雾。

(2) 防治柑橘锈壁虱（锈螨、锈蜘蛛、火柑子），用40%水胺硫磷乳剂加水稀释1 500~2 000倍喷雾；防治柑橘潜叶蛾（潜叶虫、鬼画符），在柑橘嫩芽长至 2～3 厘米（1 寸以内），或田间抽嫩芽达 50% 时，用 40% 水胺硫磷乳剂加水 500～1 000 倍喷雾；防治蚧壳虫类，一般在若虫 1 龄时防治，用药量同柑橘潜叶蛾。

注意事项：

（1）水胺硫磷毒性较大，使用时应严格遵守操作规程。

（2）该药残效期较长，故在收获前一个月内禁用此药；不宜用于蔬菜。

（3）水胺硫磷易燃，农户存放时应放在通风凉爽地方，并远离火源。

（4）不能与碱性农药混合使用。

3. 地虫硫磷（大风雷）

地虫硫磷原药为琥珀色透明液体，有轻微刺激性气味，在酸性介质中比较稳定，在碱性介质中不稳定，对光稳定，常温贮存可保持两年以上。

剂型：5% 大风雷颗粒剂。

防治对象：地虫硫磷主要适宜防治生长期长的作物，如小麦、花生、玉米、大豆、甘蔗等的地下害虫。

使用方法：

（1）防治小麦沟金针虫、云斑蛴螬、华北蝼蛄，在小麦播种期，每亩用 5% 大风雷颗粒剂 1.5～2.5 公斤，混拌细沙土 1～2 公斤，然后撒施于播种沟内，播后覆土。

（2）防治花生蛴螬，在播种期，每亩用 5% 大风雷颗粒剂 1.5～2 公斤，加细沙土 1～2 公斤混拌均匀，撒施在种子沟内，然后在沟内用二齿钩挡土，使药、土充分混合后再播花生种子（以免种子直接接触农药），播后覆土，可达到良好的治虫保苗效果。

（3）防治大豆、玉米地蛴螬，在播种期，每亩用 5% 大风雷颗粒剂 1～1.5 公斤，混拌细沙土 1 公斤，然后撒施于播种沟内，播后覆土。

（4）防治甘蔗蛴螬，新植甘蔗在播种时，每亩用 5% 颗粒剂 3～4 公斤，在甘蔗播种后立即施药并盖土。

(5) 防治甘蔗突背、光背蔗龟，新植甘蔗在成虫出土为害始期，每亩用 5% 颗粒剂 3~4 公斤，将颗粒剂撒施于蔗苗丛根部，盖上薄土，效果很好。

注意事项：

(1) 大风雷在玉米、花生、甘蔗等作物中施用时，应严格掌握剂量。

(2) 施药时如果不慎中毒，应立即使患者远离现场，静卧于通风处，并多喝开水，以便增加新陈代谢，将分解物排出体外。可服用阿托品并立即请医生治疗。

(3) 此药宜贮存在干燥阴暗处，并远离火源、种子、饲料及粮食。

4. 毒死蜱（乐斯本）

毒死蜱原药为白色颗粒状结晶，室温下稳定，有硫醇臭味，具有触杀、胃毒和熏蒸作用。对蜜蜂有毒，对鱼类及水生生物毒性较高。

剂型：48% 乳油。

防治对象：毒死蜱是高效、广谱性有机磷杀虫、杀螨剂，对鳞翅目、鞘翅目、同翅目幼虫有效。可用于水稻、麦类、玉米、棉花、甘蔗、果树、茶树、蔬菜、花卉等作物防治多种害虫。此药在土壤中残效期长，一般 2~3 个月，除地上作物外，还适宜防治地下害虫。

使用方法：

(1) 防治棉花蚜虫，在虫口上升期，每亩用 48% 毒死蜱乳油 50 毫升，兑水 40 公斤喷雾；防治棉红蜘蛛，在成螨期，每亩用 48% 毒死蜱乳油 50~75 毫升，加水均匀喷雾，用药两次；防治棉铃虫、棉红铃虫等，在产卵盛期，每亩用 48% 毒死蜱乳油 150 毫升，兑水喷雾。

(2) 防治稻飞虱、稻叶蝉，在若虫盛发期，每亩用 48% 毒死蜱乳油 100 毫升，兑水喷雾。防治稻纵卷叶螟，在初龄幼虫盛发期；防治稻蓟马、稻瘿蚊在发生始盛期，每亩用 48% 毒死蜱乳油

50 毫升兑水喷雾。

（3）防治小麦黏虫，每亩用 48% 毒死蜱乳油，兑水 40~50 公斤喷雾；防治麦蚜，在 2~3 龄幼虫期，每亩用 48% 毒死蜱乳油 50~75 毫升，兑水 40~50 公斤喷雾。

（4）防治蔬菜菜青虫，在三龄幼虫盛期，每亩用 48% 毒死蜱乳油 50~75 毫升，兑水喷雾。防治小菜蛾，在 2~3 龄幼虫盛期，每亩用 48% 毒死蜱乳油 75~100 毫升，兑水喷雾。

（5）防治柑橘潜叶蛾，在放梢初期，于卵孵盛期，用 48% 毒死蜱乳油 100 毫升，加水稀释喷雾。防治山楂红蜘蛛、苹果红蜘蛛，在苹果开花前后，幼若螨盛发期，用 48% 毒死蜱乳油 75~100 毫升，兑水喷雾。

（6）防治茶尺蠖、茶细蛾、茶毛虫等，在 2~3 龄幼虫期，用 48% 毒死蜱乳油 50~75 毫升，兑水喷雾；防治茶叶瘿螨、茶短须螨，在幼若螨盛发期、扩散为害之前，用 48% 毒死蜱乳油 50~75 毫升，兑水喷雾。

（7）防治大豆食心虫，在卵孵盛期；防治斜纹夜蛾在 2~3 龄幼虫盛期，每亩用 48% 毒死蜱乳油 50~75 毫升，兑水喷雾。

（8）防治玉米螟，在心叶末期，每亩用 48% 毒死蜱乳油 120 毫升，加水喷雾，或拌湿润细土 15~20 公斤制成毒土，用药 1~2 次。

（9）防治蝼蛄、蛴螬、地老虎等地下害虫，在害虫发生期，每亩用 48% 毒死蜱乳油 120 毫升，加半干细土 15~20 公斤，拌成毒土撒施。

注意事项：

（1）不能与食物、饲料等存放在一起，应贮存于干燥阴凉的地方。

（2）按农药安全规程使用，避免药剂溅到眼睛里和皮肤上，如果不慎溅到身上，应用大量清水冲洗。

（3）各种作物收获前停止用药的安全间隔期为：水稻 7 天，小麦 10 天，大豆 14 天，玉米 21 天。

（4）发生中毒时，应立即送医院就诊，可以注射解毒药物阿托品。

5. 喹硫磷（喹恶磷、爱卡士、拜耳）

喹硫磷纯品为白色晶体，对酸碱都不稳定，对光稳定。接触毒性较低，但对蜜蜂有毒，对鱼及水生动物毒性亦高。在植物上降解快，残效期短。

剂型：25%乳油，5%颗粒剂，30%超低溶（解）量油剂。

防治对象：喹硫磷为有机磷杀虫、杀螨剂，具有胃毒和触杀作用，无内吸和熏蒸性能，在植物上有良好的渗透性，杀虫谱广，可防治多种鳞翅目害虫及蚜虫、粉虱、介壳虫等多种害虫，且有一定的杀卵作用。

使用方法：

（1）防治三化螟、二化螟、稻纵卷叶螟、稻瘿蚊、稻蓟马、稻螟蛉，每亩用25%乳油120～133毫升，兑水75公斤喷雾。

（2）防治棉蚜，每亩用25%乳油50～60毫升，兑水60公斤喷雾；防治棉蓟马，每亩用25%乳油70～100毫升，兑水60公斤喷雾；防治棉铃虫，每亩用25%乳油150毫升，兑水75公斤喷雾。

（3）防治玉米螟，每亩用25%乳油80毫升，兑水150公斤灌玉米心叶。

（4）防治柑橘潜叶蛾，在新叶被害率约10%时开始用药，每次用25%乳油600～750倍液，加25%杀虫双水剂700倍液喷雾。

（5）防治烟青虫、黏虫、潜叶蝇、粉虱等，每亩用25%乳油125毫升，加适量水喷雾。

（6）防治茶小绿叶蝉、茶尺蠖，在叶蝉若虫盛发期，尺蠖幼虫低龄期，用25%乳油700～1 000倍液喷雾。

（7）防治菜青虫、斜纹夜蛾，于幼虫低龄期，每亩用25%乳油60～80毫升，兑水50公斤喷雾。

注意事项：

（1）喹硫磷是有机磷杀虫剂，使用时要遵守操作规程，防止人、畜中毒。

图 13　喹硫磷在植物上有良好的渗透性,杀虫谱广

（2）若不慎中毒,可服用解磷毒,亦可注射或口服阿托品解毒。

6. 甲基硫环磷

甲基硫环磷工业品为淡黄色油状液体,溶于水和丙酮、苯、乙醇等有机溶剂中;在中性和弱酸性溶液中稳定;常温下贮存较稳定;遇碱易分解,光和热也能加速其分解。

剂型：3%、5%颗粒剂，35%乳油。

防治对象：甲基硫环磷是一种内吸性杀虫、杀螨剂，具有高效、广谱，残效期长，残留量低的特点。可代替剧毒农药甲拌磷。适用于棉花、小麦、大豆等多种作物。对刺吸式口器和咀嚼式口器的多种害虫，如棉蚜、红蜘蛛、蓟马、甜菜象甲、尺蠖、地老虎、蝼蛄、蛴螬、金龟子等有良好的防治效果。

使用方法：

（1）防治棉蚜虫、红蜘蛛，用35%乳油，加水稀释2 000倍喷雾。用于棉花拌种，可用35%甲基硫环磷乳剂1公斤，加水15公斤，均匀喷洒在35公斤棉种上，边喷边拌，堆闷24小时后播种；或按4~5公斤干棉籽，用3%颗粒剂1公斤，在棉种催芽至破口时拌种，拌种后立即播种。

（2）防治小麦蛴螬、蝼蛄等地下害虫，可在播种前拌种，用35%乳油0.1公斤，加水5公斤，均匀喷洒在50公斤麦种上，搅拌均匀后播种，对控制苗期蚜虫也有较好效果，持效期可达35天。

注意事项：

（1）不能与碱性农药混合使用。

（2）拌种时应严格掌握药量，拌种要均匀，以免引起药害。棉花拌种后，出苗偏晚，但对棉花生长有促进作用，产量不受影响。

（3）应贮存在阴凉干燥处，以免因吸潮引起分解。

（4）遇有中毒现象应按有机磷中毒处理。

（5）限制在蔬菜、果树、茶树、中草药等作物上使用。

7. 嘧啶氧磷

嘧啶氧磷原药为淡黄色油状液体，工业品为褐色黏稠液体，具硫代磷酸酯的特有气味，微溶于水，性质较稳定，但长期受热会慢慢分解失效。对人、畜毒性中等，对家兔皮肤及眼黏膜有一定的刺激作用。

剂型：50%乳油、25%颗粒剂，2.5%粉剂。

防治对象：嘧啶氧磷是一种高效、内吸、广谱的有机磷杀虫

图 14 嘧啶氧磷对家兔皮肤及眼黏膜有一定的刺激作用

剂,对害虫具有触杀、胃毒和内吸作用。适用于棉花、水稻、大豆、果树、蔬菜、烟草等作物,对棉铃虫、红铃虫、棉蚜、红蜘蛛、水稻螟虫、稻飞虱、稻叶蝉、稻蓟马、黏虫以及豆类害虫均有良好的防治效果,对稻瘿蚊有特效。

使用方法:

(1) 防治棉花红铃虫、棉铃虫,在卵孵化盛期,每亩用 50% 乳油 75 毫升,兑水 75 公斤喷雾;防治棉蚜、红蜘蛛,每亩用 50% 乳油 50 毫升,兑水 75 公斤喷雾。

(2) 防治二化螟、三化螟,在蚁螟孵化高峰期前 1~3 天,每亩用50%乳油200~250毫升，兑水60公斤喷雾；防治稻纵卷叶螟、稻苞虫，在1~2龄幼虫期，每亩用50%乳油150毫升，兑水60公斤喷雾；防治稻飞虱、稻叶蝉、稻蓟马、稻瘿蚊，每亩用50%乳油200~300毫升，兑水60公斤喷雾。

（3）防治大豆食心虫，在幼虫孵化盛期未入荚前，每亩用50%乳油100毫升，兑水40~60公斤喷雾。

（4）防治玉米螟，用25%嘧啶氧磷颗粒剂，每株1克，施于玉米喇叭口内。

（5）防治地下害虫，对于小麦地蝼蛄、蛴螬，用50%乳油5毫升，兑水5公斤，喷拌麦种50公斤，防治效果和保苗效果都较好；防治地老虎，每亩用50%乳油150~200毫升，兑水2~3公斤，喷拌细土15~20公斤撒施。

注意事项：

（1）嘧啶氧磷毒性较大，使用时要注意安全。

（2）对高粱药害严重，不能使用。

（3）对蜜蜂、鱼和水生动物有毒害，应防止施过药的稻田水流入河塘。

（4）使用时应随配随用，不宜久放。

（5）不能与碱性物质接触和混合，否则会分解失效。

（6）应放置于干燥、低温的地方贮藏。

（7）如果不慎中毒，解毒办法同一般有机磷，即用碱性液体洗皮肤或洗胃，治疗用阿托品。

8. 倍硫磷（百治屠）

倍硫磷工业品为棕黄色，略有大蒜味，对光和碱稳定，药效期比杀螟松和对硫磷长，不易挥发。对人、畜口服及皮肤吸收产生的毒性较低，为低毒性杀虫剂。

剂型：50%乳剂，2%、3%、5%粉剂，25%、40%可湿性粉剂。

防治对象：倍硫磷是具有触杀和胃毒作用的有机磷杀虫剂，残效期比较长，可防治棉红铃虫、棉铃虫、棉蚜、金刚钻、造桥虫、水稻螟虫、飞虱、叶蝉、稻蓟马、大豆食心虫、玉米螟、菜青虫、菜蚜及茶树、绿萍的多种害虫，还可防治家蝇、蚊、床虱等。

使用方法：

（1）防治棉铃虫、棉红蜘蛛，每亩用50%倍硫磷乳剂50~75毫升（1~1.5两），加水75~100公斤喷雾；防治棉蚜、苗蚜每亩用50%乳剂20~25毫升（4~5钱），兑水40~50公斤喷雾；防治伏蚜，每亩用50%乳剂50~75毫升（1~1.5两），兑水100公斤喷雾。

（2）防治水稻二化螟、三化螟，每亩用50%乳剂150~200毫升（3~4两），加水400公斤泼浇，可兼治稻飞虱、稻叶蝉、稻纵卷叶螟和稻苞虫；或每亩用50%乳剂75~100毫升（1.5~2两）加水75~100公斤喷雾，效果也很好。

（3）防治小麦黏虫，用50%乳剂1 000倍液喷雾；防治麦蚜，用50%乳剂1 000~2 000倍液，每亩用药液75~100公斤。

（4）防治果茶害虫，如果树介壳虫、食心虫、柑橘实蝇、梨网蝽象、柑橘锈壁虱、潜叶蝇、28星瓢虫、茶毒蛾、茶小绿叶蝉、茶象甲等，用50%乳剂1 000~1 500倍液喷雾，每亩用药液100~120公斤。

（5）防治大豆食心虫，在幼虫入荚盛期前，每亩用50%乳剂75~150毫升（1.5~3两），加水75公斤喷雾；或每亩用2%倍硫磷粉剂2~2.5公斤喷粉。

（6）防治红薯小象甲，用50%乳剂的500倍液浸薯片12小时，取出晾干后，散放田间，诱杀成虫；防治红薯卷叶蛾、红薯龟甲等，用50%乳剂1 000~1 500倍液喷雾。

注意事项：

（1）该药对十字花科的蔬菜和梨树、樱桃会产生不同程度药害，使用浓度必须在1 000倍以上。

（2）安全间隔期为7~14天，果树在收获前14天，蔬菜收获前10天应停止使用。

（3）本药剂不能与强碱性农药混用，用药宜随配随用，不宜久放。

（4）对蜜蜂毒性大，在开花期不宜使用。

9. 乙酰甲胺磷（杀虫灵、全效磷、酰胺磷）

乙酰甲胺磷是一种高效、广谱、低毒、低残留的杀虫剂，工业品是一种白色固体，具有强烈的酸臭味；具有很好的水溶性，在碱性溶液中不稳定，在大自然中可以分解为无毒物质，不在食物中积累。

剂型：30%、40%乳剂，2%、3%粉剂。

防治对象：乙酰甲胺磷是广谱性杀虫剂，对稻、麦、棉、玉米、蔬菜、豆类、果树、茶、甘蔗等多种作物的主要害虫均有良好的防治效果，尤其是对防治褐飞虱效果好。

使用方法：

（1）防治稻飞虱、三化螟，每亩用30%乙酰甲胺磷乳剂100~300毫升（4~6两），加水75公斤喷雾；防治稻纵卷叶螟，每亩用30%乳剂80~160毫升（1.6~3.2两），加水75公斤喷雾。

（2）防治小菜蛾，每亩用30%乳油50~100毫升（1~2两），加水50公斤喷雾，或用2%乙酰甲胺磷粉剂，每亩用2~2.5公斤喷粉，也可获得同样的效果。

（3）防治桃小食心虫（又称桃蛀虫）、柑橘介壳虫，用30%乙酰甲胺磷乳剂，加水300~600倍喷雾。

注意事项：

（1）发现乳剂有结块现象时，应摇匀或浸于热水中溶解后再用。
（2）不可与碱性物质混用，以免降低药效。
（3）施药器械用后应洗干净，以防腐蚀损坏。
（4）本品易燃，注意防火；贮存时要密封，放置阴凉处。
（5）防治水稻三化螟，不宜泼浇施药。

10. 三唑磷

三唑磷工业品为浅棕褐色液体，具有磷酸酯类的特殊气味，对光稳定，对作物毒性较低，但对蜜蜂有毒。

剂型：25%、40%乳剂，2%、5%颗粒剂。

防治对象：三唑磷为广谱性杀虫、杀螨剂，兼有一定的杀线虫作用。有渗透作物组织的作用,但不是内吸剂。一般用于防治蔬菜和果树上的咀嚼式害虫,以及防治地老虎、夜盗蛾和夜蛾等。

使用方法:

(1) 防治棉蚜、棉铃虫、棉红铃虫、红蜘蛛等,按1‰的浓度配成药液喷雾,防治效果在90%以上。

(2) 防治稻蓟马,在水稻秧苗为四叶期,或在大田分蘖期,对达到防治标准的田块(防治标准见第二章),每亩用40%三唑磷乳剂100毫升(2两),加水75公斤喷雾;用于二化螟,针对防治枯梢、虫伤株和枯孕穗,每亩用40%三唑磷100毫升(2两),加水75公斤喷雾;用于三化螟,防治枯心苗和白穗,每亩用40%乳剂130毫升(2.6两),加水75公斤喷雾。

图15 三唑磷对蜜蜂有毒害

注意事项：

（1）三唑磷对人、畜毒性较大，使用时必须遵守高毒农药安全使用规程。

（2）对蜜蜂有毒害，在果树花期禁止使用；禁止用于蔬菜、烟、茶等作物。

11. 杀螟松（速灭松、杀螟硫磷）

杀螟松是一种高效、低毒的有机磷杀虫剂，工业品为黄棕色带臭味的油状液体，杀虫范围广泛，但药效期短。

剂型：50%乳剂，2%粉剂。

防治对象：可用于防治粮、棉、茶、果树、蔬菜等作物上的多种害虫，对水稻螟虫、稻飞虱、食心虫、蚜虫、盲蝽象、蓟马、红蜘蛛也有良好的效果，但杀卵作用不强。

使用方法：

（1）防治二化螟、三化螟，每亩用50%乳剂125~150毫升（2.5~3两），加水400~500公斤泼浇；每亩用50%乳剂75~100毫升（1.5~2两），可防治稻苞虫、稻纵卷叶螟、飞虱、叶蝉和黏虫。

（2）防治棉铃虫、棉红铃虫、棉金刚钻、棉蚜、棉红蜘蛛、棉盲蝽象和棉蓟马等，每亩用50%乳剂50毫升（1两），加水100公斤喷雾。

（3）防治菜螟、菜青虫、28星瓢虫等，每亩用50%乳剂50毫升（1两），加水50~75公斤喷雾。

（4）防治果树卷叶蛾、食心虫、刺蛾、桃蛀螟、茶尺蠖、粉虱等，每亩用50%乳剂100~125毫升（2~2.5两），加水100~120公斤喷雾。

（5）防治大豆食心虫、大豆蝽象、豆荚螟等，每亩用50%乳剂100毫升（2两），加水100公斤喷雾，并可以毒杀大豆食心虫卵和蛀入荚内的幼虫。防治红薯小象甲，将红薯切成小块，浸在50%乳剂稀释500倍的溶液中，12小时后取出晾干，撒在田间诱虫，药效可保持7~10天；或每亩用50%乳剂50毫升（1两），加水75公斤喷雾。

（6）用2%杀螟松粉剂防治棉叶蝉、棉盲蝽象、稻纵卷叶螟、稻苞虫、稻叶蝉、稻蝽象、大豆食心虫、豆荚螟等，每亩用2~2.5公斤粉剂喷粉，也有上述同样效果。

注意事项：

（1）对高粱有严重药害；对十字花科作物易产生药害；对红蜘蛛卵效果差，均不宜使用。

（2）不能与碱性药物混用；乳剂加水稀释后，应现配现用，不能贮存过夜，否则易减效。

（3）作物收获前10天内禁止使用杀螟松。

12. 敌敌畏

敌敌畏为浅黄色油状液体，有芳香气味，在贮存中比较稳定。敌敌畏挥发性强，在大田药效期很短，维持药效仅1~2天，残毒危险很小。对害虫具有胃毒、触杀和熏蒸三种作用。

剂型：40%、50%、80%乳油。

防治对象：敌敌畏适用于防治粮、棉、果树、蔬菜、茶、桑及仓库害虫和螨类，一般作快速杀虫用；对钻蛀性害虫（如棉红铃虫、稻螟等）的防治效果则较差。

使用方法：

（1）防治棉蚜和产生抗性的棉红蜘蛛、棉叶蝉，每亩用80%敌敌畏乳油25毫升（0.5两），加水50公斤喷雾。防治棉红铃虫（棉花虫），在棉花仓库内防治越冬幼虫，使用80%敌敌畏乳油加水150倍，在仓库墙壁、地面喷洒，每平方米用药液100毫升（2两）；在大田防治无效。防治棉小造桥虫，在7、8月份调查棉株上、中部幼虫，当平均每株幼虫达1头时，每亩用80%敌敌畏乳油35毫升（7钱），兑水60公斤喷雾。

（2）防治菜蚜，每亩用80%敌敌畏乳油20毫升（4钱），加水60公斤，均匀喷雾；防治菜青虫、菜螟、黄条跳甲、28星瓢虫等，用80%乳油2 000~3 000倍液喷雾，每亩喷药液75~100公斤。

(3) 防治稻蓟马、稻飞虱、稻叶蝉、稻纵卷叶螟和稻苞虫等，用40%水乳剂1 000~1 300倍液，每亩喷药液100公斤。

(4) 防治茶毛虫、茶尺蠖等，用40%乳剂1 500~2 000倍液喷雾。根据树龄决定用药液量。

注意事项：

(1) 敌敌畏对人、畜是高毒农药，要防止误食和皮肤接触。在室内或仓库内喷药时要注意安全防护。

(2) 敌敌畏对高粱有药害；瓜类、豆类、玉米对该药较敏感，使用时要慎重。

(3) 在蔬菜上喷洒敌敌畏，收获前7天禁止使用，茶叶在采摘前3~4天禁止使用。

(4) 不能与碱性农药或肥料混用。

13. 敌百虫

敌百虫是一种高效、低毒有机磷杀虫剂，具有触杀和胃毒作用，其工业品为浅黄色油状液体，在有效使用浓度下对植物无害，对人、畜低毒，是安全的药剂之一。

剂型：50%乳剂，90%、95%敌百虫结晶，80%、50%可湿性粉剂。

防治对象：敌百虫对粮、棉、果、茶等作物上的多种害虫有效，如小地老虎、二化螟、稻纵卷叶螟、稻小潜叶蝇、稻苞虫、稻叶蝉、稻蓟马、稻飞虱、棉铃虫、菜青虫、黄条跳甲、大实蝇、茶尺蠖、烟青虫、黏虫、刺蛾等，均有很好的防治效果；防治家畜寄生性害虫效果也很好，但对红蜘蛛、蚜虫防效较差。

使用方法：

(1) 防治水稻二化螟、三化螟、稻叶蝉等，在水稻分蘖期，每亩用95%敌百虫结晶125~150克（2.5~3两），加水400公斤泼浇；在孕穗期后，防治虫伤株或死孕穗，每亩用95%结晶130~200克（3~4两），加水100公斤泼浇。

(2) 防治棉铃虫、斜纹夜蛾、棉金刚钻、棉叶蝉，用95%敌百虫结晶2 000倍液,每亩喷药液75~100公斤。

(3)防治小地老虎幼虫,可用敌百虫毒草、毒饵诱杀,方法是将95%敌百虫结晶50克(1两)溶解在少量水中,拌和切碎的鲜草(如绿肥)25公斤,制成鲜草毒饵,在傍晚撒施在田间作物根部附近,防治效果显著。

(4)防治菜青虫、菜螟、黄条跳甲、黄守瓜、28星瓢虫等,每亩用95%敌百虫结晶50克(1两),加水60~100公斤喷雾。

(5)防治茶毛虫(俗称毛辣、毒毛虫),在幼虫期进行防治,用95%敌百虫结晶配成1 000~1 500倍液,均匀喷雾。

(6)防治牛、马、羊、猪等家畜身体表面寄生虫、虱,用90%敌百虫结晶500克(1斤),加水200公斤洗刷。

图16 防治牛、马家畜身体表面寄生虫、虱,可用敌百虫加水洗刷

注意事项：

（1）敌百虫对高粱、玉米、瓜类和豆类幼苗易产生药害。

（2）不能与碱性药物混用。

（3）敌百虫原液带酸性，因此，喷雾器用过后应立即用水清洗，以防腐蚀。

（4）在蔬菜、茶等食用植物上施用，应在采收以前7~10天。

14. 氧化乐果

氧化乐果又称氧乐果，是一种无色到黄色的油状液体，易溶于水，对热不稳定，遇碱容易分解。

剂型：40%氧化乐果乳油。

防治对象：氧化乐果为高效、广谱的有机磷杀虫、杀螨剂。适用于水稻、棉花、小麦、蔬菜和果树等多种作物，能防治飞虱、叶蝉、三化螟、蓟马、蚜虫、红蜘蛛、介壳虫等多种害虫、害螨。

使用方法：

（1）防治稻飞虱、稻纵卷叶螟、黑尾叶蝉，用40%的氧化乐果加水稀释成2 000倍溶液，或每亩用30毫升（6钱），加水6公斤稀释后喷雾。

（2）防治棉蚜，常规喷雾，用40%氧化乐果，施药剂量同上。还可用滴喷法，方法是用40%氧化乐果，加水100倍，将药液装入工农—16型喷雾器中，打气不必太足，喷头用双层纱布包住，开关打开1/3，使药液成滴状流出，操作时边走边将药液滴入棉花顶心。在棉花3片真叶前每株滴1~2滴药液；4片真叶后每株滴3~4滴。每亩用药液1~1.5公斤，每小时可防治1亩以上，治蚜效果可达95%左右，维持效果10天以上。这种方法有两个优点：一是节省用药，每公斤药可防治80亩，比喷雾法降低用药量70%；二是节约用水，减轻劳动强度，但工效较低。

（3）防治柑橘红蜡蚧，掌握在幼蚧大量上梢为害时进行防治，用40%氧化乐果，加水稀释成500~1 000倍溶液喷雾，喷药量要根据树的大小而定。

注意事项：

(1) 氧化乐果毒性较高，使用时要遵守操作规程，注意安全。

(2) 该药贮存性质不够稳定，不宜购药太多，最好是当年购药当年用完。

(3) 防治棉蚜若用滴喷法一定要滴入棉花顶心，配药浓度不能低于90倍。

(4) 不能与碱性药物混用。

15. 乐果

乐果是一种高效、低毒有机磷杀虫剂，为黄褐色透明油状液体，具有臭味，挥发性很小，光对它影响不大，在碱性溶液中易分解失效。

剂型：40%乳剂，2%、3%、10%粉剂，20%、60%可湿性粉剂。

防治对象：用于防治棉花、果树、蔬菜、烟草等作物上的蚜虫、红蜘蛛、棉蓟马、棉叶蝉、二化螟、三化螟、叶跳虫，黄守瓜、菜蚜、果树食心虫、网蝽象、介壳虫、柑橘实蝇、锈壁虱、卷叶蛾等多种害虫。

使用方法：

(1) 防治菜蚜，每亩用40%乐果乳剂40毫升（8钱），加水60~80公斤，在叶背和叶面喷雾；防治茄子红蜘蛛，每亩用40%乳剂40毫升（8钱），加水80公斤喷雾。

(2) 防治二化螟虫伤株、三化螟白穗，每亩用40%乐果乳剂200~250毫升（4~5两），加水400公斤泼浇；防治稻蓟马，用40%乳剂2 000倍液喷雾。

(3) 防治麦类苗期蝼蛄，可用40%乐果乳剂50毫升（1两），加水2~3公斤，拌和麦种20~30公斤，堆闷4~5小时后即可播种；防治黏虫，每公斤40%乳剂，加水300公斤喷雾；防治麦蜘蛛，用40%乳剂3 000~4 000倍液喷雾。

(4) 防治果树食心虫、网蝽象和产生抗性的果树红蜘蛛，用40%乳剂800~1 000倍液喷雾；防治木虱、介壳虫，用40%乳剂，加水成 1 000~1 500 倍液喷雾。

(5) 用 20% 乐果粉剂防治棉叶蝉、棉红蜘蛛、豆蚜、造桥虫、黄守瓜等,每亩用粉剂 2~2.5 公斤直接喷撒;防治飞虱、稻叶蝉,也可用 20% 粉剂 2~2.5 公斤,拌和细土 15 公斤撒施。

注意事项:

(1) 乐果不能与碱性农药混用,贮存时应避免阳光直射和远离高温。

(2) 乐果对牛、羊等家畜胃毒性较大,对喷过药的杂草 1 个月内不能饲喂,施过药的田边 7~10 天内不能放牛、羊。

(3) 要防止误食,并避免皮肤接触。

16. 稻丰散(益尔散)

稻丰散原药为无色结晶固体,具有芳香味,工业品为黄色油状液体,在中性和酸性条件下稳定,遇碱易分解失效;对人、畜和鱼类毒性低,对一般作物安全,但对有些敏感品种,如葡萄、桃和无花果有药害。

剂型:50% 稻丰散乳剂,1.5%、3% 稻丰散粉剂。

防治对象:稻丰散是高效低毒杀虫、杀螨剂,杀虫范围广,对作物不易产生药害,对害虫具有触杀和胃毒作用,适用于水稻、棉花、蔬菜、油料、果树、茶树、桑树等多种作物,可防治螟虫、稻飞虱、稻叶蝉、各种蚜虫、红蜘蛛、黏虫、棉铃虫、棉红铃虫、盲蝽象、蓟马、菜螟、甘蓝夜蛾、斜纹夜蛾、柑橘长白蚧、矢尖蚧、潜叶蛾、大豆食心虫等多种害虫。

使用方法:

(1) 防治水稻二化螟、三化螟、叶蝉、潜叶蝇以及桃小食心虫、茶小卷叶蛾等害虫,每亩用 50% 稻丰散乳剂 50 毫升(1 两),加适量水均匀喷雾。

(2) 防治各种蚜虫、棉红蜘蛛、棉小象甲、小造桥虫等,每亩用 1.5% 稻丰散粉剂 1 500 克(3 斤)喷粉。

(3) 防治蝽象、大豆食心虫、菜青虫、蚜虫、螨类等害虫,每亩用 50% 稻丰散乳剂 25 毫升(半两),加水均匀喷雾。

(4) 防治稻叶蝉、稻飞虱、三化螟、二化螟和谷子钻心虫，每亩用 1.5% 稻丰散粉剂 1~1.5 公斤，拌细土 15 公斤，将毒土均匀撒施。

(5) 防治柑橘长白蚧、矢尖蚧，用 50% 稻丰散乳剂，加水 1 000~1 500 倍，在若虫孵化末期喷药，每株喷药液量根据树的大小而定。

注意事项：
(1) 稻丰散不能与碱性农药混用。
(2) 苹果的某些品种对本品敏感，易产生药害，使用前要试验。
(3) 采茶叶前一个月，采桑叶前半个月禁止使用。

17. 二嗪农（地亚农）

二嗪农工业品为棕色油状液体，挥发性较大，在碱性物质中不稳定，遇酸慢慢水解。能与大多数农药混用，但不能与含铜杀菌剂混用。

剂型：40%、50%、60% 乳剂，5% 拌种剂，40% 可湿性粉剂，5%、10% 颗粒剂。

防治对象：二嗪农杀虫、杀螨范围很广，具有触杀、胃毒和熏蒸作用，用于水稻、棉花、果树、蔬菜、玉米、甘蔗等作物，能有效地防治水稻螟虫、叶蝉、飞虱、负泥虫、稻苞虫、棉蚜、棉红蜘蛛、棉蓟马、果树食心虫、卷叶虫、菜青虫、菜蚜等多种害虫，并可用于防治卫生害虫，如蜚蠊、跳蚤、虱、蚊、蝇等。

使用方法：
(1) 防治棉蚜、红蜘蛛、棉叶蝉、棉蓟马等，每亩用 40% 二嗪农乳剂 50 毫升（1 两），加水均匀喷雾。
(2) 防治稻螟虫、稻苞虫、叶蝉、飞虱、稻蓟马等，每亩用 40% 二嗪农乳剂 80 毫升（1.6 两），加适量水均匀喷雾。
(3) 防治小麦地下害虫，可在播种时用 50% 乳剂 0.1 公斤，加水 5 公斤，拌和麦种 30~50 公斤，堆闷 2 小时即可播种。
(4) 防治高粱、玉米等作物的地下害虫，可在播种时用 10%

乳剂0.1公斤,加水5公斤,拌和种子60公斤,堆闷7小时后即可播种。

图17 鸭、鹅家禽对二嗪农很敏感,要注意防止家禽吞食施过药的植物

注意事项:
(1)二嗪农不能与含铜药剂混用,以免影响药效。
(2)鸭、鹅等家禽对该药很敏感,要防止家禽吞食已施过药的植物。
(3)对蜜蜂毒性大,在植物开花期慎用。
(4)不能与碱性农药及敌稗混合使用,在施用敌稗前、后两星期不能使用二嗪农。

18. 佐罗纳(伏杀磷、伏杀硫磷)

佐罗纳是一种无吸湿性白色结晶,有大蒜味,稳定性能好,能与多种农药混用,杀虫迅速。

剂型：35%乳剂，25%、30%可湿性粉剂，10%油剂（超低溶（解）量用）。

防治对象：佐罗纳是一种杀虫、杀螨剂，用于防治棉花、蔬菜、谷类、玉米、果树和油料等作物上的害虫，对棉蚜、棉红铃虫、棉铃虫，果树叶螨等有良好的防效，对螨卵也有杀伤力。

使用方法：

（1）防治棉蚜、棉蓟马，每亩用35%佐罗纳乳剂150~200毫升（3~4两），加水60~75公斤喷雾；防治棉铃虫、棉红铃虫，每亩用35%乳剂180~250毫升（3.6~5两），加水80~100公斤喷雾；防治棉红蜘蛛，每亩用35%乳剂150~200毫升（3~4两），加水50~75公斤喷雾。

（2）防治白菜蚜、叶螨、菜青虫，每亩用35%乳剂130~180毫升（2.6~3.6两），加水40公斤喷雾。

（3）防治小麦黏虫，每亩用35%乳剂100~130毫升（2~2.6两），加水50~60公斤喷雾。

注意事项：

（1）本品无内吸作用，喷洒时务必均匀周到。

（2）部分人对该药有反应，因此在使用时要严格做好防护工作。

（三）氨基甲酸酯类杀虫剂

1. 抗蚜威（辟蚜雾）

抗蚜威原药为无色、无味固体，渗透力强，对人、畜毒性较低，对蚜虫的天敌（瓢虫、草蛉）和蜜蜂毒性均低。在一般条件下贮存比较稳定。

剂型：50%可湿性粉剂，5%颗粒剂，10%发烟剂，50%可分散微粒剂。

防治对象：抗蚜威具有触杀和熏蒸作用，对棉花、小麦、高粱、大豆、油菜、蔬菜、果树、烟草等作物上的蚜虫有良好的防治效果，其用量小，毒性低，对作物安全，对双翅目害虫也有防治效果。

使用方法：

（1）防治麦蚜，每亩用50%抗蚜威可湿性粉剂15～20克（3～5钱），加水50公斤喷雾。

（2）防治油菜蚜虫，在开花之前，每亩用50%抗蚜威可湿性粉剂25～45克（5～9钱），加水50公斤喷雾。

（3）防治棉蚜，每亩用50%抗蚜威可湿性粉剂15～20克（3～4钱），每亩喷药液50公斤，防治效果可达95%，持效期一星期。

（4）防治高粱蚜（又名甘蔗蚜），每亩用50%抗蚜威可湿性粉剂20～30克（4～6钱），加水35～50公斤喷雾。

（5）防治烟蚜（又名桃蚜），每亩用50%抗蚜威可湿性粉剂15～30克（3～6钱），加水50公斤喷雾。

注意事项：

（1）抗蚜威口服毒性中等，皮肤接触为低毒，但在配制和喷药时，仍要做好个人防护。

（2）安全间隔期为8天。

（3）贮存、保管药剂应放在干燥处。

（4）如果不慎中毒，应立即送医，肌肉注射1～2毫克硫酸颠茄碱。

2. 巴沙（仲丁威、丁苯酸）

巴沙工业制剂为黄褐色液体，有芳香气味，遇碱或强酸易分解。

剂型：20%、25%巴沙乳剂，2%巴沙粉剂，4%巴沙颗粒剂。

防治对象：巴沙对飞虱类和叶蝉类害虫具有特效，对棉蚜，棉铃虫也有效；药效速度快，在较低气温下使用，杀虫效果也好。药效期5～7天，在一般使用浓度下，对植物安全。

使用方法：防治褐飞虱、稻叶蝉（包括对其他药剂产生抗性的飞虱、叶蝉）及棉叶蝉，一般使用浓度为：用20%乳剂，加水800～1 000倍液，每亩喷药液100公斤左右；或每亩用2%粉剂2～2.5公斤直接喷粉，还可以在粉剂中加细土15公斤，拌匀后撒施，兼治稻蓟马和蚂蟥；或用4%巴沙颗粒剂，每亩1.5～2公斤，撒施于稻田,均有较好效果。

注意事项:

(1) 巴沙不能和碱性农药混用,以免影响药效。

(2) 在水稻上使用,施用的前10天和后10天要避免使用敌稗。

(3) 巴沙对鱼毒性较高,不要在鱼塘附近使用。

3. 西维因(胺甲萘)

西维因工业品为黄色或红褐色结晶,对光、热和酸性物质都比较稳定,遇碱性物质易分解失效;人、畜接触后在体内无积累作用;在一般使用浓度下对作物无药害。

剂型:1.5%、5%粉剂,25%和50%可湿性粉剂。

防治对象:西维因主要用于水稻、棉花、蔬菜、果树、茶树等多种作物上,能有效地防治水稻三化螟、稻飞虱、稻纵卷叶螟、稻苞虫、棉蚜、棉蓟马、棉红铃虫、棉卷叶蛾、斜纹夜蛾、大豆食心虫、桃小食心虫、桑粉蚧、刺粉虱、茶毛虫、茶小绿叶蝉、黏虫等多种害虫。

使用方法:

(1) 防治稻飞虱、稻叶蝉等,用50%可湿性粉剂400~600倍液喷雾,每亩用药液100公斤;防治稻纵卷叶螟、稻苞虫等,用50%可湿性粉剂300~500倍液喷雾。

(2) 防治棉铃虫、棉红铃虫,每亩用25%西维因可湿性粉剂500克(1斤),加水100公斤喷雾,若用50%西维因可湿性粉剂,其用量要减一半。防治棉叶蝉,每亩用50%可湿性粉剂100克(2两)加水100公斤喷雾;或每亩用5%西维因粉剂1.5~2.5公斤直接喷粉。

(3) 防治玉米螟,用50%可湿性粉剂500克(1斤),拌细土15~20公斤,撒施于玉米喇叭口,每50克(1两)毒土施50株左右;或用50%可湿性粉剂500克(1斤),加水200公斤稀释,每500毫升(1斤)药液,灌玉米50株,效果显著。

(4) 防治柑橘潜叶蛾,用25%西维因可湿性粉剂,加水

图18 西维因对蜜蜂的杀伤力很强,在开花期使用要注意

600~800倍喷雾;防治梨小食心虫,用50%可湿性粉剂,加水500倍喷雾。

注意事项:

(1) 西维因不能与碱性农药混用,贮存时也不可与碱性物质放在一起。

(2) 药剂在作物收获前禁用期为7~10天。

(3) 对蜜蜂杀伤力很强,在开花期使用要注意;用于瓜类作物宜先试验,观察是否产生药害。

4. 呋喃丹(虫螨威、卡巴呋喃)

呋喃丹具有内吸、触杀和胃毒作用,在常温下贮存无危险,对金属不腐蚀，但对人、畜毒性大（属剧毒农药）。

剂型：3%、5%、10%颗粒剂，40%胶悬剂，75%可湿性粉剂，35%种子处理剂。

防治对象：应用于水稻、棉花、大豆、烟草、玉米、油菜、甘蔗、番茄、马铃薯等作物上的多种害虫，如水稻三化螟、二化螟、稻飞虱、稻纵卷叶螟、稻苞虫、棉蚜、大豆蚜、烟蚜、蓟马等，都有很好的防治效果，还可以兼治螨类、蚂蟥等。

使用方法：

（1）防治水稻螟虫、稻飞虱、蓟马、干尖线虫，每亩用3%呋喃丹颗粒剂2~2.5公斤，拌适量沙或细土均匀撒施（稻田里要保持1寸以上的水层，有效期可以保持20天以上），或者每亩用5%颗粒剂1公斤与泥土混合做成泥毒丸，塞入受害稻根3~4.5厘米（1~1.5寸）深，或在翻耕时撒施药剂，对防治水稻三化螟、二化螟、大螟和稻纵卷叶螟均有良好的效果，并能保持一个月左右的药效。

（2）防治棉花苗蚜、棉蓟马、地老虎等害虫，可采用35%呋喃丹种子处理剂，采取种子包衣处理方法。包衣处理时，棉种要先经过硫酸或泡沫硫酸脱绒，包衣用药量为干种子重量的3%，可使用专用包衣机进行。

（3）防治秧田害虫侵入，可用3%呋喃丹颗粒剂3公斤，与100公斤稻谷拌匀，加水70~80公斤，浸种24小时，捞出催芽播种。

（4）防治甘蔗二化螟，每亩用3%呋喃丹颗粒剂3~4公斤，开沟撒施于根部周围，或在下肥时与非碱性肥混施；防治其他土壤害虫，也可将药剂施于垄沟；防治蓟马、线虫，每亩用3%呋喃丹颗粒剂3~5公斤施于沟中。

注意事项：

（1）呋喃丹接触性毒性大，运输及使用时应注意个人防护，同时注意牲畜及水生动物的安全。

（2）呋喃丹不能与碱性农药、肥料一同使用；在使用敌稗或灭草灵除草剂时，须和该药间隔三周以上，否则，会对作物造成药害。

（3）不能用3%呋喃丹颗粒剂的浸出液喷雾；严禁将种子处理剂加水稀释喷雾，以免中毒。

（4）施用后剩余的毒土，不能随意抛在田边路旁，不可堆放在儿童活动场所和生活区，严防人、畜中毒。

5. 丙硫克百威（安克力）

丙硫克百威原药为红棕色黏滞液体，商品外观为蔚蓝色细粒。在中性或弱酸性介质中稳定，在强酸或碱性介质中不稳定。常温条件下可贮存两年以上。

剂型：5%颗粒剂。

防治对象：丙硫克百威是一种具有广谱、内吸作用的氨基甲酸酯类杀虫剂，适用于水稻、玉米、大豆、马铃薯、棉花、甘蔗等作物，对多种害虫有效。

使用方法：

（1）防治水稻三化螟，在卵孵盛期，每亩用5%颗粒剂2公斤撒施；防治二化螟造成的枯心及白穗，枯心可在卵孵始盛期至高峰期用药，药剂用量同三化螟。

（2）防治水稻飞虱，在水稻孕穗期，3龄若虫盛发期，或百蔸虫量达1 500头时，每亩用5%颗粒剂2公斤撒施，施药后一个月防治效果可保持在90%左右。

（3）防治玉米螟，在玉米生长心叶末期和授粉期，或玉米螟二、三代卵孵盛期，每亩用5%颗粒剂2~3公斤各施药一次，防治效果可达90%以上。

（4）防治棉花蚜虫，在棉苗移栽时施于棉株穴内，每亩用5%颗粒剂1.2~2公斤，防治效果在施药后一个月仍可保持90%。或在棉花播种前，种子按常规催芽处理，每亩用5%颗粒剂1.5公斤。施药方法是在播种器上安装一个颗粒剂施药部件，使种、药同时施入穴内，治蚜持续药效在30~35天，可达到确保棉苗安全度过三叶期的目的。

（5）防治甘蔗螟，防治第一代甘蔗螟在甘蔗苗期，于甘蔗螟发生初期,每亩用5%安克力颗粒剂3公斤,条施于蔗苗基部并覆薄土盖药,对预防枯心苗效果可达80%左右;同时,对苗期黑色蔗龟为害,亦有兼治效果。

注意事项:

(1) 安克力颗粒剂在作物上有一个吸收过程,施药时间应提前3天左右,尤其是对钻蛀性害虫,更需掌握害虫在蛀入作物之前的一定时间施用。

(2) 对防治旱地作物害虫,施药时,低湿干燥的环境影响药效充分发挥,土壤或空气湿度大,有利于药效发挥。

(3) 若不慎发生中毒,可能出现头痛、虚汗、无力、胸部压抑、视力减退、腹痛、腹泻、恶心、呕吐等症状,应对症治疗,严重者应立即送医院诊治。

6. 杀螟丹(派丹、巴丹)

杀螟丹原药为白色晶体粉末,有轻微奇异臭味。杀螟丹是沙蚕毒素的一种衍生物,胃毒作用强,同时具有触杀和一定的拒食与杀卵作用,对害虫击倒较快。商品外观为淡绿色细粉末,在正常贮存条件下,可保存3年以上。

剂型:50%杀螟丹可溶性粉剂。

防治对象:杀螟丹是广谱性杀虫剂,适用于水稻、蔬菜、旱粮、茶树、果树、甘蔗等作物,对鳞翅目、鞘翅目、半翅目、双翅目等多种害虫有效,能控制线虫危害,对捕食性螨类影响小。

使用方法:

(1) 防治稻飞虱、稻叶蝉,在2~3龄若虫高峰期施药,每亩用50%可溶性粉剂50~100克(1~2两),兑水60公斤喷雾,或兑水400公斤泼浇,药液要施到稻株中下部。

(2) 防治稻纵卷叶螟、稻苞虫、稻瘿蚊,每亩用50%杀螟丹可溶性粉剂100~150克(2~3两),兑水60公斤喷雾。防治稻瘿蚊,重点在秧苗期,防止苗期带虫到本田。

(3) 防治玉米螟,每亩用50%可溶性粉剂100克,兑水100公斤喷雾,或均匀地将药液分灌在玉米心内。防治蝼蛄,用杀螟丹可溶性粉剂拌麦麸（1:50）制成毒饵施用。防治马铃薯块茎蛾，在卵孵盛期施药，每亩用50%可溶性粉剂100~150克（2~3两），兑水75公斤，均匀喷雾。

（4）防治小菜蛾、菜青虫、黄条跳甲、28星瓢虫，每亩用50%可溶性粉剂25~50克（0.5~1两），兑水50~60公斤喷雾。

（5）防治茶尺蠖，在1~2龄幼虫期进行防治，用50%可溶性粉剂1 000~2 000倍液均匀喷雾；防治茶小绿叶蝉，在田间第一次虫害高峰出现前喷药，用药量同茶尺蠖。

（6）防治柑橘潜叶蛾，在柑橘新梢期施药，用50%可溶性粉剂1 000倍液喷雾，每隔5天喷1次，连喷3次；防治桃小食心虫，在成虫产卵盛期，卵果率达1%时开始防治，药剂用量同柑橘潜叶蛾。

（7）防治甘蔗螟虫，在卵孵盛期，每亩用50%可溶性粉剂100~125克（2~2.5两），兑水50公斤喷雾，或兑水300公斤淋浇蔗苗，根据虫情隔7天再施药1次。

注意事项：

（1）杀螟丹对蚕和鱼有毒，施药时要防止药液污染桑叶和鱼塘。

（2）防治水稻害虫时，应严格掌握用药量，以避免产生药害；水稻扬花期不宜施药。

（3）十字花科蔬菜的幼苗对杀螟丹较敏感，在高温季节或幼苗长势弱时，不宜使用。

7. 涕灭威（铁灭克）

涕灭威是一种杀虫、杀螨、杀线虫剂，具有触杀、胃毒、内吸作用，能很快被植物根部吸收，传导到作物的各部位，持效期较长。在棉田使用对棉花有刺激生长作用，促使棉花早结铃、多结铃，收获期比其他棉田提前1~2个星期。

剂型：5%、10%、15%涕灭威颗粒剂。

防治对象：涕灭威主要用于防治棉花等作物上的蚜虫、红蜘蛛、象鼻虫、棉盲蝽象、棉叶蝉、棉蓟马、粉虱、根蛆、粉蚧以及根部线虫等害虫，而且用药、用工少，施一次药，可以维持药效

40～60天。

使用方法：

(1) 防治棉花早期蚜虫、棉蓟马等害虫，每亩用10%涕灭威颗粒剂0.4～0.8公斤，施于沟内。防治棉花中期害虫，每亩用10%涕灭威颗粒剂1.5～2公斤，施于棉花单边沟内。

(2) 防治麻类线虫、食叶害虫，每亩用10%涕灭威颗粒剂1.5～3公斤，用于沟施或地边施。

(3) 防治花生根结线虫，在花生播种时开沟施药，沟深10～12厘米，把药均匀撒于沟内，浅覆土后播种，使药与种子不接触，以避免产生药害，每亩用10%颗粒剂1.7～2公斤。

图19 涕灭威要远离食物，切勿入口

（4）防治大豆孢囊线虫，播种前开沟，将颗粒剂与细土混合均匀撒施沟内，点播豆种，每亩用10%颗粒剂1~1.5公斤。点播前土壤含水量应保持在17%以上，如土壤过于干燥，应预先灌水整地后再施药，否则易发生药害。

（5）防治柑橘根结线虫，4月上旬将柑橘树冠下表土耙开3~5厘米，均匀撒施药剂后覆土，每亩用10%颗粒剂6公斤；对柑橘红蜘蛛有兼治作用。

（6）防治花卉蚜虫、螨类，对于菊花蚜虫，在花卉植株周围开一条浅沟，撒入少量颗粒剂，盖土后浇水。中等盆栽菊花用10%颗粒剂0.75克，三点对称挖坑穴，深约5厘米，施药后盖土。防治菊花叶螨，每亩用10%颗粒剂1.3公斤，在植株旁开沟、穴施。

注意事项：

（1）此药毒性大，施药时应戴手套，并用勺子撒药，切不能用手抓药，一旦接触药物，要立即用清水冲洗干净。

（2）药物要远离食物、人、畜及水源，切勿入口。如误食，应立即引吐，并请医生急诊，同时服用阿托品等解毒药剂。

（3）涕灭威只限于土壤隐蔽施用，严禁用水浸泡喷雾。不能与碱性农药混用，以免影响药效。

（4）不要使药物漏出，贮存时应放在阴凉干燥处妥善保管，以免发生农药中毒事故。

8. 异丙威胶悬剂

异丙威胶悬剂是广州化工研究所用异丙威原药与一系列助剂和水混合研磨而成的杀虫农药新制剂。它颗粒细微，对作物黏着性强，耐雨冲刷，比异丙威粉剂等旧剂型有用药量少、持效期长、防治效果好、价格较低等优点。对人、畜安全，对作物无药害，能防冻、防结块，可长期存放。

剂型：20%异丙威胶悬剂。

防治对象：对水稻飞虱、叶蝉、蓟马和蔬菜、花卉蚜虫等害虫具有很好的防治效果，对飞虱虫卵也有一定毒杀作用。

使用方法：

（1）防治稻飞虱、叶蝉，蓟马和菜蚜等，每亩用20%异丙威胶悬剂125~150克（2.5~3两），根据作物长势加适量水，一般喷药1次即可。

（2）当稻田病、虫同时发生，或者多种害虫同时发生时，异丙威胶悬剂可与有机磷及拟除虫菊酯类杀虫剂混配使用，从而提高药效，扩大防治范围。如稻田同时出现稻瘟病及飞虱、叶蝉等为害时，可用灭病威与本品混配喷施，不但病虫兼治，增产效果也显著。混配使用时，异丙威胶悬剂的用药量比单独使用时减少一半左右，每亩次用量可为：40%灭病威150克（3两）+20%异丙威胶悬剂75克（1.5两）。

注意事项：贮存时注意通风防热。

9. 速灭威

速灭威是一种速效性的低毒农药，对害虫具有强烈的触杀作用，击倒力强，是防治叶蝉、飞虱、茶树蚜虫、粉虱等害虫的高效药剂，对棉蚜和棉铃虫也有效，但药效期很短，在大田植物上只能维持2~3天。在一般使用浓度下，对植物比较安全。

剂型：20%乳剂，3%粉剂，12.5%、25%、50%可湿性粉剂。

防治对象：速灭威可用于棉花、水稻、果树、茶树等作物防治棉蚜、棉铃虫、稻飞虱、稻叶蝉、稻蟓象、稻蓟马、茶小绿叶蝉、介壳虫、粉虱等，效果较好，并对蚂蟥有良好的杀伤力。

使用方法：

（1）防治棉铃虫，每亩用25%速灭威可湿性粉剂500克（1斤），加适量水喷雾；防治棉叶蝉、稻叶蝉、稻飞虱等，每亩用3%粉剂2.5~3公斤，直接喷粉。

（2）防治茶叶长白蚧、龟甲蚧、黑刺粉虱、茶蚜虫等，每亩用25%速灭威可湿性粉剂150~175克（3~3.5两），兑水75公斤均匀喷雾。

（3）防治稻叶蝉、稻飞虱，每亩用20%速灭威乳剂125~250毫升（2.5~5两），加水300~400公斤泼浇，或加水100~150公斤喷雾于稻株中下部，效果在5天内可达100%。

（4）防治果树害虫，可将药剂加水 6 000 倍均匀喷雾。

注意事项：

（1）在作物收获前两星期停止用药。

（2）不能与碱性药物混用，以免影响药效。

（3）对蜜蜂杀伤力较大，不宜在开花期施药。

（4）对水稻少数品种易发生药害，使用时应注意；在水稻分蘖末期时使用，浓度不宜过高，否则会使叶片发黄。

10. 混灭威（克死威、二甲威、可杀威）

混灭威工业品为红棕色油状液体，有轻微臭味，遇碱分解，对人、畜毒性较低。

剂型：2%、3%混灭威粉剂，50%混灭威乳油。

防治对象：混灭威杀虫范围较广，有强烈的击倒力，用于防治稻飞虱、稻叶蝉、稻纵卷叶螟、棉蚜、棉红蜘蛛、豆蚜、黏虫、蓟马、小造桥虫、玉米螟、粟灰螟、大豆食心虫等害虫，效果显著。

使用方法：

（1）防治稻飞虱、黑尾叶蝉，每亩用50%混灭威乳油100毫升（2两），加水50~60公斤喷雾；或每亩用3%混灭威粉剂1.5~2公斤喷粉。防治稻蓟马，每亩用50%混灭威乳油50~60毫升（1~1.2两），加水50~60公斤喷雾；或用3%混灭威粉剂，每亩1.5~2公斤喷粉，或在粉剂中加入15公斤过筛细土，拌匀撒施。在大田如采用大雾点机动喷粉器防治时，每亩用药量要再增加150~250克（3~5两），喷粉时最好叶面有露水，以利粉剂黏附叶面，发挥更好的药效。

（2）防治棉铃虫、棉红蜘蛛，每亩用50%混灭威乳油100~200毫升（2~4两），加水100公斤喷雾；或用3%混灭威粉剂1.5~2公斤喷粉；防治棉蚜、苗蚜，每亩用50%混灭威乳油35~50毫升（0.7~1两），加水40~50公斤喷雾；防治伏蚜，每亩用50%混灭威乳油100毫升（2两），加水100公斤喷雾。

（3）防治粟灰螟，用2%粉剂按1:2加细土混匀，将药土撒于粟谷心，防治效果良好。

（4）防治茶长白蚧、蛇眼蚧、红蜡蚧的初孵幼虫，用50%乳油，加水 800～1 000 倍喷雾；防治茶蚜，用50%乳油，加水 1 000～1 500 倍液喷雾。

（5）防治大豆食心虫，每亩用3%混灭威粉剂1.5～2公斤喷粉。

注意事项：

（1）不能与碱性农药混用，以免分解失效。

（2）混灭威对烟草、玉米、高粱等作物较敏感，施用时应先进行小区域试验。

（3）混灭威有疏果作用，使用适期宜在开花后2～3周，以免掉果。

11. 好年冬

好年冬作为一种种子处理剂，是一种氨基甲酸酯类杀虫剂，在昆虫体内代谢为有毒的物质，具有内吸作用，对昆虫具有触杀及胃毒作用，持效期长，杀虫谱广。

剂型：35%粉剂。

防治对象：好年冬是通过干扰昆虫神经系统，抑制胆碱酯酶，使昆虫的肌肉及腺体持续兴奋而导致昆虫死亡。

使用方法：

（1）防治稻蓟马，用常规方法浸种，催芽后用35%好年冬种子处理剂拌种，然后塌谷播种。用药量为干种子量的0.6%～1.14%（有效成分为0.21%～0.4%），拌种处理后可有效地防治晚稻秧田期稻蓟马的危害。

（2）防治稻瘿蚊，用常规方法浸种、催芽后，用35%好年冬种子处理剂拌种，用药量为干种子量的1.7%～2.28%（有效成分为0.6%～0.8%）。

注意事项：

（1）严格按标签说明的方法和剂量使用。

（2）拌种时应有安全保护措施。

（3）必须密封存放于阴凉、干燥、通风处，远离火源。

(4) 如误服，切勿催吐，应请医生治疗，注射 2 毫升阿托品解毒，然后可用肟类解毒剂。

12. 灭多威（万灵）

灭多威具有触杀和胃毒作用，无内吸、熏蒸作用，具有一定的杀卵效果，对有机磷已经产生抗药性的害虫也有较好防效。

剂型：20% 乳油、水剂、可湿性粉剂。

防治对象：适用于棉花、蔬菜、烟草上防治鳞翅目、同翅目、鞘翅目及其他害虫。

使用方法：

（1）防治棉花害虫，每亩用 20% 乳油 90～120 毫升，兑水 100 公斤喷雾，可有效防治棉铃虫，并兼治棉蚜、蓟马等害虫。

（2）防治蔬菜害虫，每亩用 20% 乳油 100～120 毫升，兑水 100 公斤喷雾，可有效防治菜青虫、桃蚜、小菜蛾等。

（3）防治甜菜害虫，每亩用 20% 乳油 100～300 毫升，兑水 100～300 公斤喷雾，可有效防治天蛾、豆蚜、顶灯蛾、叶蝉等。

注意事项：

（1）灭多威挥发性强，有风天气不要喷药，以免飘移，引起中毒。

（2）灭多威易燃，应远离火源。

（3）不要与碱性物质混用。

（4）如果中毒应马上送医院治疗，解毒药为阿托品，严禁使用吗啡和解磷定。

（四）有机氮杀虫剂

1. 易卫杀（杀虫环）

易卫杀原药为无色无味固体，能溶于水，对光、热稳定，在常温下耐贮存。

剂型：50% 易卫杀可湿性粉剂，50% 易卫杀乳剂。

防治对象：易卫杀是一种沙蚕毒素类杀虫剂，具有胃毒、触杀和内吸作用，兼有一定的杀卵作用。适用于防治水稻二化螟、三

图 20 易卫杀对个别极易过敏的人可造成皮肤过敏反应，出现皮肤丘疹发痒

化螟、稻纵卷叶螟、稻蓟马、稻飞虱、马铃薯甲虫、黄条跳甲和玉米螟等多种害虫。

使用方法：

(1) 防治三化螟，每亩用 50% 易卫杀可湿性粉剂 50 克（1 两）加水 60 公斤喷雾，或每亩用 50% 易卫杀乳剂 60～100 毫升（1.2～2 两），加水 60 公斤喷雾。

(2) 防治二化螟，每亩用 50% 易卫杀可湿性粉剂 60 克（1.2 两），加水 60 公斤喷雾。

(3) 防治稻纵卷叶螟，每亩用 50% 易卫杀可湿性粉剂 30 克（6 钱），加水 60 公斤喷雾；或用 50% 易卫杀乳剂 60～100 毫升

(1.2～2两)，加水60公斤喷雾。

(4) 防治马铃薯甲虫、黄条跳甲，用50%易卫杀可湿性粉剂，稀释成800～1000倍液喷雾。

(5) 防治玉米蚜虫、玉米螟等，每亩用50%易卫杀可湿性粉剂50克(1两)，加细沙5公斤拌匀成毒沙，每株施2～3克(半钱)于玉米心叶，效果很好。

注意事项：

(1) 易卫杀对个别极易过敏的人可造成皮肤过敏反应，出现皮肤丘疹、发痒，使用时应加注意。但一般过敏几小时后症状就可以消失。

(2) 易卫杀对鱼类毒性较大，应避免在养鱼场所附近使用。

(3) 水稻收获前一星期停止用此药。

2. 杀虫双

杀虫双是一种沙蚕毒素类农药，工业产品为棕褐色，固体的性质较稳定。杀虫范围广，害虫中毒后死亡速度较慢。对人、畜毒性低，对家蚕毒性大。

剂型：18%、25%、30%杀虫双水剂，3%杀虫双颗粒剂，5%杀虫双大粒剂。

防治对象：杀虫双具有胃毒、触杀和内吸作用，施药后能被植物的叶、根吸收和传导，并有较强的杀卵作用和一定的熏蒸作用。对水稻螟虫、稻纵卷叶螟、稻叶蝉、稻飞虱、稻苞虫、果树蚜虫、柑橘潜叶蛾、小菜蛾、菜青虫、玉米螟等均有很好的防治效果，其中对水稻螟虫、稻纵卷叶螟有特效。

使用方法：

(1) 防治二化螟、三化螟，每亩用25%杀虫双水剂150～200毫升(3～4两)，加适量水喷雾；或用泼浇、撒毒土的方法均有良好效果；或每亩次用5%杀虫双大粒剂1～1.5公斤撒施，效果很好。防治稻纵卷叶螟，每亩用25%水剂200～250毫升(4～5两)，加水75～100公斤喷雾。

(2) 防治玉米螟(又叫玉米钻心虫)，先将30%杀虫双水剂按比例加细土配制成0.5%杀虫双颗粒剂，在每株玉米的喇叭口中投入 1 小撮即可。按每亩地施用量需配制 0.5% 杀虫双颗粒剂 12~15 公斤。

（3）防治大豆蚜虫，每亩用 30% 杀虫双水剂 150 毫升（3 两），加水 75 公斤喷雾。

（4）防治柑橘潜叶蛾，在新梢萌发后用 25% 杀虫双水剂，加水稀释 500~700 倍，在树冠上均匀喷雾；防治柑橘红蜘蛛，掌握在春梢抽发前施药，可避免伤害天敌，用 25% 杀虫双水剂，加水稀释 400~500 倍，均匀喷雾；防治果树蚜虫、梨星毛虫，用 30% 杀虫双水剂，加水稀释 800~1 000 倍，在树冠上均匀喷雾。

注意事项：

（1）稻田施用杀虫双颗粒剂和毒土，应保持 3~6 厘米水层 4~5 天。

（2）棉花对杀虫双敏感，不宜使用。

（3）杀虫双对家蚕的毒性很大，而且残效期长，因此，在蚕区使用时要十分小心，以免杀虫双污染桑叶和蚕具。

（4）杀虫双水剂稳定性较差，不宜久存。

3. 蝉蛉畏（杀螟硫脲、杀虫硫脲）

蝉蛉畏纯品为白色针状结晶，工业品为黄色至深灰色的固体，具有拒食和内吸作用，触杀作用很小，对人、畜毒性低，对鱼类安全，对蜜蜂毒性也低，在酸性中较稳定。

剂型：25%、50% 可湿性粉剂。

防治对象：蝉蛉畏是一种高效、低毒、低残留的新型杀虫、杀螨剂，对害虫具有选择性，残效期长；对害虫天敌中的捕食性益虫——瓢虫、寄生蜂无影响，但对捕食性蜘蛛有毒性。适用于防治棉花红蜘蛛、棉铃虫、棉红铃虫、水稻螟虫和玉米螟等。

使用方法：

（1）防治棉花红蜘蛛，用 25% 可湿性粉剂 300 倍液喷雾，效果可达 97%，残效期达 15 天以上。

（2）防治棉花红铃虫、棉铃虫等，用 50% 可湿性粉剂 500 倍液，或 25% 可湿性粉剂 250 倍液喷雾，在卵盛孵期防治，效果可达90%以上。

（3）防治水稻螟虫，每亩用25%可湿性粉剂200~300克，加水60公斤左右，在螟卵盛孵前喷雾，或加水400~500公斤泼浇，或加细土20~25公斤撒施，可以兼治稻纵卷叶螟和稻飞虱。

（4）防治玉米螟，按1∶10比例制成颗粒剂，每亩用50%可湿性粉剂200克效果很好。

注意事项：

（1）螟蛉畏尚处在试验示范阶段，在推广前有些使用技术和慢性毒性有待进一步研究。

（2）药剂要安全妥善保管，防止受潮失效。

4. 杀虫丹

杀虫丹纯品为白色结晶，工业品为无定形颗粒状固体，具有吸湿性，易溶于水，有较强的胃毒、触杀及内吸作用，并兼备熏蒸、杀卵作用，残效期30天左右。具有高效、低毒、无污染环境等特点。

剂型：95%可湿性粉剂。

防治对象：杀虫丹适用于水稻、小麦、大豆、蔬菜、柑橘等作物，对螟虫、叶蝉、飞虱、蚜虫、造桥虫、食心虫、小菜蛾、菜青虫、锈壁虱等有良好的防治效果。

使用方法：

（1）防治水稻螟虫、稻纵卷叶螟、稻苞虫、稻蓟马，每亩用95%可湿性粉剂35克（7钱），兑水60公斤喷雾。

（2）防治稻飞虱、叶蝉，每亩用95%可湿性粉剂50克（1两），兑水60公斤喷雾，或用同样剂量拌毒土撒施。

（3）防治小麦黏虫，每亩用95%可湿性粉剂100克，兑水70公斤喷雾。

（4）防治大豆天蛾，每亩用95%可湿性粉剂25克（5钱），兑水50公斤喷雾。防治豆荚螟、食心虫，每亩用95%可湿性粉剂50克（1两），兑水50公斤喷雾。

（5）防治蔬菜小菜蛾，每亩用95%可湿性粉剂25克（5钱），兑水 40 公斤喷雾。防治菜青虫，每亩用 95% 可湿性粉剂 50 克（1 两），兑水 40 公斤喷雾。

（6）防治柑橘潜叶蛾、锈壁虱、红蜘蛛成螨，将 95% 可湿性粉剂兑水稀释 1 500～2 500 倍，均匀喷雾。

注意事项：

（1）杀虫丹对蚕有毒，使用时注意不要污染蚕桑。

（2）如误服本药剂，应立即催吐，以 1%～2% 苏打水洗胃，并送患者到医院治疗。

5. 单甲脒

单甲脒对多种农业害虫有效，对各种螨类有较高的杀伤作用。对害虫天敌影响不大，对人、畜安全。

剂型：25% 单甲脒水剂。

防治对象：适用于棉花、水稻、小麦、果树、蔬菜等多种作物，对各种螨类均有良好的防治效果，特别是防治对三氯杀螨醇已经产生抗药性的螨类效果明显，对棉花红铃虫，水稻三化螟、二化螟等也有较好的防治效果。

使用方法：

（1）防治各种螨类，用 25% 单甲脒水剂，加水稀释 1 500～2 000 倍，每亩喷药液量根据作物大小而定，喷雾要均匀周到。据试验，用以上药剂量施药后 48 小时，防治苹果红蜘蛛、山楂红蜘蛛，效果达 95% 以上；防治棉花红蜘蛛，效果在 98%～100%；防治柑橘红蜘蛛效果在 97% 以上。

（2）防治棉花红铃虫，用 25% 单甲脒水剂，加水稀释 200 倍，连续喷洒 3 次，对二、三代红铃虫平均防效可达 92%，防治效果优于久效磷和辛硫磷；防治棉蚜，用 25% 单甲脒水剂，加水稀释 500 倍喷洒，防治效果可达 98% 以上。

（3）防治水稻二化螟、三化螟，用 25% 单甲脒水剂，加水稀释 2 000 倍，对三化螟造成的枯心率可减少 93%。

注意事项：单甲脒对防治棉小灰象鼻虫、盲蝽象等效果差。

6. 双甲脒

双甲脒又称双二甲脒，原药为白色或黄色针状结晶，具有一些碳胺的味道，几乎不溶于水，对热比较稳定，在酸性环境中不稳定，长期储存在潮湿地方易分解变质。

剂型：20%双甲脒乳剂，25%、50%可湿性粉剂。

防治对象：双甲脒既能杀虫，又可杀螨，应用范围很广。主要用于防治夜蛾科害虫、食心虫，对果树螨类防治最佳。

使用方法：

（1）防治柑橘红蜘蛛，在成橘园采果后，春梢抽发前施药，可避免伤害害虫天敌。用20%双甲脒乳剂，加水1 500倍稀释，用压缩喷雾器喷洒，喷药液量多少可根据树的大小而定。气温高时，两次用药可间隔2~3个月。

（2）防治柑橘锈壁虱，在6~9月间，用20%双甲脒乳油，加水稀释1 000~2 000倍，均匀喷雾于叶正面和背面，残效期可达20天左右。

（3）防治柑橘木虱，一般在柑橘刚发新梢或木虱初发生时，用20%双甲脒乳剂，加水稀释2 000倍均匀喷雾。

（4）防治山楂红蜘蛛，在果树开花前后，用20%双甲脒乳剂，加水稀释1 000倍，用机动喷雾器喷洒，残效期可达1个月。

注意事项：

（1）双甲脒在果树收获前11天内应停止使用。

（2）双甲脒不能与碱性农药混合使用。

（3）在果树上每年只可用药两次，在高温季节施药效果较好。

（五）微生物杀虫剂

1. 苏云金杆菌（Bt）

苏云金杆菌简称Bt，是包括许多变种的一类产晶体芽孢杆菌。其有效成分是细菌芽孢和晶体毒素，当菌药随着食物被害虫吞食后，立即导致害虫中毒，直至死亡，对人、畜、作物和害虫的天敌安全。无毒无害，不污染环境。

剂型：每毫升（每克）含孢子 100 亿以上的悬浮剂和可湿性粉剂。

防治对象：对鳞翅目害虫的幼虫有很强的毒杀作用，经各地试验、示范和推广，适用于水稻、棉花、苎麻、蔬菜、果树、茶树、烟草等多种作物，防治效果良好。若扩大杀虫范围，可与杀虫双等药剂混用，效果更佳。

使用方法：

（1）防治菜青虫、小菜蛾、苎麻黄蛱蝶、柑橘凤蝶等害虫，在幼虫低龄期，每亩用悬浮剂 100~150 毫升（2~3 两），加适量水稀释，或用悬浮剂加水 500~1 000 倍稀释，均匀喷雾，每亩喷药液量根据作物大小而定，防效可达 90% 以上。

（2）防治棉铃虫、棉大卷叶蛾、茶毛虫、茶尺蠖、烟青虫等害虫，在幼虫 2 龄以前，每亩用悬浮剂 150 毫升（3 两），或用悬浮剂加水稀释 300~400 倍，均匀喷雾，防效可达 80%~90%。

（3）防治稻苞虫、稻纵卷叶螟，每亩用悬浮剂 200~250 毫升（4~5 两），加适量水喷雾，有良好的防治效果。

（4）防治水稻二化螟、三化螟，每亩用悬浮剂 150~200 毫升（3~4 两），加 25% 杀虫双 50~100 毫升（1~2 两），混配成药液，在卵孵始盛期均匀喷雾，防治效果比单用更好。

（5）防治桃小食心虫，据辽宁省试验，用悬浮剂施药两次，分别加水 500 倍、700 倍，在采收前调查虫果率，防治效果分别为 98.1% 和 99%，而用 1605 乳剂 1 200 倍液所做的对照试验，防治效果为 91.2%。

注意事项：

（1）该制剂不能与碱性农药或杀菌剂混用。

（2）防治害虫要适时，喷雾一定要均匀周到；在防治稻田害虫时，还需保留田水。

（3）如害虫发生期长，发生量大，喷药 1 次还不能完全控制为害，则应适当增加防治次数。

2. 杀螟杆菌（菌药）

杀螟杆菌对害虫以胃毒作用为主，将菌药喷在植物上，害虫吃了带菌的植物，由于毒素和芽孢的作用，很快就停止取食为害，直至死亡。

图 21　害虫吃了带杀螟杆菌的植物，很快就停止取食为害直至死亡

剂型：杀螟杆菌的商品制剂为灰白色或淡黄色原粉，每克菌粉含活芽孢100亿个以上。

防治对象：主要对菜青虫、小菜蛾、稻苞虫、玉米螟、稻纵卷叶螟、松毛虫、茶毛虫、甘薯天蛾、棉铃虫等部分鳞翅目幼虫有较好的毒杀作用。

使用方法：

（1）防治稻苞虫、菜青虫、灯蛾等幼虫，每亩用菌粉75~100克（1.5~2两），加水稀释喷雾。

（2）防治玉米螟、尺蠖、刺蛾、避债蛾等幼虫，用菌粉1 500~3 000倍液，喷药液量可根据植株大小而定。

（3）防治黏虫、棉铃虫、棉卷叶虫，用菌粉1 000~1 500倍液喷雾；或每亩用菌粉50~75克（1~1.5两），每亩用药液量75公斤左右喷雾。

（4）防治水稻螟虫，每亩用菌粉500克（1斤），加水250~400公斤，进行泼浇。

（5）杀螟杆菌与化学杀虫剂混用，比单独使用效果更好，杀虫速度更快，如每亩用菌粉50克（1两）加90%晶体敌百虫100克（2两）混合，加水稀释喷雾，可以提高防效。

注意事项：

（1）杀螟杆菌应避免在低于20℃以下时使用，以免影响药效。

（2）不能与杀菌剂混用。

（3）禁止在桑园、养蚕场所使用。

（4）应密封、贮存在阴凉、干燥处，以免吸潮结块。

3. 杀虫菌一号

杀虫菌一号属于晶体芽孢杆菌群，工业产品为灰白色或淡黄色粉末。对人、畜、蜜蜂无毒，对鸟类和害虫的天敌没有伤害，对作物安全，但对家蚕和蓖麻蚕有很强的毒性。

剂型：杀虫菌一号制剂为菌粉，每克菌粉含孢子100亿个以上。

防治对象：杀菌剂一号对害虫主要是胃毒作用，对鳞翅目害虫的幼虫有极强的毒性，对部分双翅目、膜翅目和鞘翅目害虫也有一定防治效果，已在生产上用于防治稻苞虫、玉米螟、菜青虫、枣尺蠖、天幕毛虫、松毛虫、毒蛾等害虫。

使用方法：用每克含活孢子数在 100 亿个以上的菌粉，加水 500~1 000 倍喷雾；或者在露水未干时，用 500 克（1 市斤）菌粉、10~15 公斤滑石粉或其他细粉混合均匀后喷粉，对稻苞虫、菜青虫、玉米螟、松毛虫、苹果巢蛾等都有较好的防治效果。若要扩大杀虫范围和提高防效，可与敌百虫等杀虫剂混合使用。

注意事项：

（1）杀虫菌一号的杀虫速度没有化学农药快，用药时间应根据虫情适当提前一些。

（2）不能和杀菌剂混用。

（3）本品易吸潮，贮存时应放在干燥阴凉处，谨防暴晒、水淋和鼠咬。

（4）杀虫菌一号对家蚕、蓖麻蚕有很强的毒力，禁止在桑园和蓖麻上使用。如果误用本品，立即用 1‰ 的漂白粉清毒。

4. 白僵菌

白僵菌是一种真菌杀虫剂，菌落为白色粉状，孢子圆球形，生物发酵产品为白色或灰色粉状物，用双层塑料薄膜袋包装。菌体遇到较高温度会自然死亡而失效，因此，必须在阴凉干燥的地方贮藏。白僵菌对人、畜无害，但对家蚕、柞蚕染病力很强。

剂型：菌粉，每克含孢子 76 亿个左右。

防治对象：白僵菌杀虫是靠孢子接触虫体后，遇适宜的环境条件就萌发，生长菌丝，菌丝穿过体壁在虫体内大量繁殖，使害虫得病，4~5 天后就可死亡。死亡的虫体白色僵硬，体表长满菌体及白粉状孢子，所以称"白僵菌"。现已广泛用于农业和林业上，可防治多种害虫，对松毛虫防效特别显著，对蔬菜和其他作物的菜青虫、稻苞虫、玉米螟、大豆食心虫等也有良好的效果。

使用方法：

（1）防治松毛虫，可采用四种方法。一是喷洒菌液：将菌粉加水稀释后配成菌液,每毫升菌液含孢子1亿个,用菌液在林间喷雾,这种方法适宜水源方便和林木较低的森林。二是喷撒菌粉:用菌粉与10%敌百虫粉混匀,每克混合粉含孢子1亿个,一般每亩林木可用混合粉0.6~0.75公斤。松毛虫死亡较快,而白僵菌又能在死虫体中迅速繁殖,再扩大感染面,增加效果。三是放带菌活虫:将4龄以上幼虫采回喷菌,再放回林中,视虫害轻重每点可放300~500条。四是放病死虫体:拾白僵菌死亡虫体,放到白僵菌未扩散的林内,扩大感染病面。

(2) 防治玉米螟,可采用每克含孢子76亿个左右、萌发率在90%左右的菌粉,以1:10掺和煤渣做成颗粒剂,撒于玉米心叶口内,或以1:100加水成液剂灌心(加入0.1%的洗衣粉,效果更佳)。

(3) 防治大豆食心虫,可在秋季幼虫脱荚前,在豆地撒施菌粉(以1:10掺和细土撒施),每亩用量5~6公斤,防治效果良好。

注意事项:

(1) 白僵菌杀虫剂对家蚕、柞蚕染病力强,因此在饲家蚕、柞蚕地区不宜使用。

(2) 菌液随配随用,配好的菌液要在两小时内喷完,以免孢子过早萌发而失去治病的能力。颗粒剂也应随用随拌,不可存放。

(3) 不能与杀菌剂混用。

5. 苦参碱

苦参碱是天然植物性农药,从苦参根、茎、叶和花中都可以分离得到。对人、畜低毒,杀虫谱广,具有触杀、胃毒作用。作用于神经系统,先麻醉中枢神经,而后中枢神经产生兴奋,进而作用于横膈膜及呼吸肌神经,使害虫窒息死亡。

剂型:0.3%可溶性液剂,2.5%乳油,1.1%粉剂。

防治对象:苦参碱对于蔬菜、苹果树、棉花等作物上的菜青虫、蚜虫、红蜘蛛防治效果较好。

使用方法:

(1) 防治菜青虫,按每百平方米 2.81~6.75 克(有效成分)喷雾,可有效防治蔬菜上的菜青虫。

(2) 防治蚜虫,按每百平方米 2.81~18 克(有效成分)喷雾,可有效防治蔬菜上的蚜虫。

(3) 防治红蜘蛛,使用量为每百平方米 7.56~22.5 克(有效成分)喷雾。

(4) 防治小菜蛾,按每百平方米 4.5~6.75 克(有效成分)喷雾。

(5) 防治烟青虫,按每百平方米 4.5~6 克(有效成分)喷雾。

(6) 防治茶尺蠖,使用量为每百平方米 4.3~5.7 克(有效成分)喷雾。

(7) 防治韭蛆,使用量为每百平方米 330~660 克(有效成分),加水灌根。

注意事项:

使用时应遵守通常的农药使用保护规则,做好个人保护;贮存在阴凉、通风处,严禁与酸性农药混用。

6. 烟碱

烟碱是天然植物性杀虫剂,主要来源于茄科烟草属植物,无公害农产品理想品种之一。对害虫有胃毒和麻醉神经作用,是一种典型的神经毒剂。烟碱的蒸汽可从虫体任何部位侵入体内而发挥毒杀作用。其特点是易挥发,故持效期短。

剂型:10% 乳油,10% 高渗水剂。

防治对象:烟碱可用于防治菜豆、蚕豆、蔬菜等作物上的蚜虫、斑潜蝇、烟青虫。

使用方法:

(1) 防治棉花上的蚜虫,每百平方米使用 10% 烟碱乳油 75~105 克(有效成分),喷雾;防治菜豆上的蚜虫,使用量为每百平方米 30~40 克(有效成分)喷雾。

(2) 每百平方米使用 30% 增效烟碱乳油 70~105 克(有效成

分）喷雾，可有效防治蚕豆上的斑潜蝇。

（3）防治烟青虫，每百平方米使用10%烟碱乳油75~112.5克（有效成分）兑水喷雾。

注意事项：

由于烟碱对人高毒，所以配药时应遵守通常的农药使用保护规则，做好个人保护。

（1）烟碱易挥发，贮存时应密封。

（2）配成的药液应立即使用。

（3）烟碱对蜜蜂有毒，使用时应远离养蜂场所。

（4）在稀释药液时，加入一定量的肥皂或石灰，能提高药效。

（5）急救治疗措施：用清水或盐水彻底冲洗。如丧失意识，开始时可吞服活性炭，清洗肠胃。禁服吐根糖浆。无解毒剂，对症治疗。

7. 鱼藤酮

鱼藤酮是传统植物性杀虫剂之一。豆科鱼藤属、鸡血藤属、梭果属等植物中都含有鱼藤酮及鱼藤酮类似物，是制备鱼藤酮杀虫剂的原料来源。该药剂杀虫谱广，对害虫有触杀和胃毒作用。有选择性，无内吸性，见光易分解，在空气中易氧化，在作物上残留时间短，对环境无污染，对天敌安全。

剂型：2.5%、7.5%乳油。

防治对象：能有效地防治蔬菜等多种作物上的蚜虫。

使用方法：对蚜虫有特效。防治十字花科蔬菜蚜虫，使用量为每百平方米有效成分24~37.5克，喷雾。防治番茄蚜虫，使用量为每百平方米有效成分18~27克，喷雾。

注意事项：

本品遇光、空气、水和碱性物质会加速降解，失去药效，不宜与碱性农药混用，密闭存放在阴凉、干燥、通风处。对家畜、鱼和家蚕高毒，施药时应避免药液飘移到附近水池、桑树上。安全间隔期为3天。

可与多种药剂混用，以提高药效或扩大防治谱，如与敌敌畏、氰戊菊酯、苦参碱等混用,可有效防治菜青虫;与辛硫磷混用,可有效防治棉铃虫;与水胺硫磷复配,可有效防治柑橘的矢尖蚧。

8. 印楝素

印楝素是从印楝树中提取的植物性杀虫剂,是当今世界上公认的最优秀的生物农药。其特点是高效、低毒、广谱,对天敌干扰少,无明显的脊椎动物毒性和作物药害,在环境中降解迅速。印楝素具有拒食、忌避、内吸和抑制生长发育作用。主要作用于昆虫的内分泌系统,降低蜕皮激素的释放量;也可以直接破坏表皮结构或阻止表皮几丁质的形成,干扰呼吸代谢,影响生殖系统发育等。作用机制特殊,作用位点多,害虫不易产生抗药性。

剂型:0.3%乳油。

防治对象:可防治多种作物害虫。对于防治柑橘作物上的红蜘蛛、锈蜘蛛、蚜虫、潜叶蛾、粉虱;蔬菜上的小菜蛾、菜青虫、烟青虫、棉铃虫以及茶小绿叶蝉、茶黄蓟马和各类蝗虫有较好的防治效果。

(1)使用0.3%印楝素乳油每百平方米2.25~4.5克(有效成分),兑水喷雾,可有效防治十字花科蔬菜的小菜蛾。

(2)防治柑橘上的害虫,建议使用0.3%印楝素乳油1 000~1 300倍液,使用间隔期8~10天,兑水喷雾可防治柑橘作物上的红蜘蛛、锈蜘蛛、蚜虫、潜叶蛾、粉虱。

注意事项:

(1)印楝素属植物源杀虫剂,药效较慢,应在幼虫发生前预防使用。印楝素药效持效期长。

(2)不能与碱性化肥、农药混用,也不可用碱性水进行稀释。

9. 藜芦碱

藜芦碱是以中草药为主要原料经乙醇提取的植物农药,具有触杀、胃毒作用。其杀虫机制为,药剂经虫体表皮或吸食进入消化系统,造成局部刺激,引起反射性虫体兴奋,继之抑制虫体感觉神经末梢,经传导抑制中枢神经而致害虫死亡。对人畜安全、低毒、低污染。药效期长达10天以上。主要用于大田作物、果林蔬菜虫害的防治。

剂型：0.5%可溶性液剂。

防治对象：用于防治十字花科蔬菜上的菜青虫、蚜虫以及棉花上的棉铃虫及棉蚜等。

（1）防治菜青虫：在菜青虫3龄前施药。每亩0.5%藜芦碱可溶性液剂75~100毫升（有效成分为每百平方米5.62~7.5克）兑水40~50升，均匀喷雾，持效期可达14天，可兼治其他鳞翅目害虫和蚜虫。

（2）防治棉蚜：在棉花百株卷叶率达5%时施药，每亩使用0.5%藜芦碱可溶性液剂75~100毫升（有效成分为每百平方米5.62~7.5克）兑水40升喷雾，可兼治低龄棉铃虫。

（3）防治棉铃虫：在棉铃虫卵孵化盛期施药，每亩使用0.5%藜芦碱可溶性液剂75~100毫升（有效成分为每百平方米5.62~7.5克）兑水40升喷雾，可兼治棉蚜。对1~3龄低龄幼虫效果好，4龄以上幼虫死亡率低。

注意事项：

（1）不可与强酸和碱性农药混用。

（2）易光解，应放置阴凉干燥处，避免阳光照射。

（3）在黄昏前施药效果能充分发挥。

（4）急救治疗：用鞣酸或活性炭混悬液洗胃，静脉滴注葡萄糖液，肌肉注射阿托品等。对症治疗。

（5）可与有机磷、菊酯类混用，但须现配现用。

10. 甜菜夜蛾核型多角体病毒

甜菜夜蛾核型多角体病毒（商品名：蛾恨、绿洲3号、武大绿洲菜园）属于高度特异型微生物病毒杀虫剂，杀虫机理是让甜菜夜蛾核型多角体病毒在生物制剂及其增效助剂的作用下直接进入甜菜夜蛾幼虫的脂肪体细胞和肠细胞核，随即复制，致使甜菜夜蛾染病死亡；再通过横向传染使种群不断引发流行病，通过纵向传染杀蛹和卵，从而有效控制甜菜夜蛾的危害及抑制抗性的蔓延。对植物没有任何药害。

剂型：可湿性粉剂，悬浮剂。

防治对象：主要用于防治十字花科蔬菜甜菜夜蛾、斜纹夜蛾、小菜蛾、菜青虫等。

使用方法：

（1）甜菜夜蛾：于甜菜夜蛾 2～3 龄幼虫（以低龄幼虫为主）发生高峰期每百平方米用 1 000 万 PIB/毫升甜菜夜蛾核型多角体病毒 0.3% 高氯悬浮剂 15.0～18.75 克，或每百平方米用 16 000IU/毫克苏·1 万 PIB/毫克甜核可湿性粉剂 11.25～15 克兑水均匀喷雾，施药后 3 天开始表现防效，持效期 7 天。

（2）斜纹夜蛾：于甜菜夜蛾、斜纹夜蛾 2～3 龄幼虫（以低龄幼虫为主）发生高峰期用 1 000 万 PIB/克甜菜夜蛾核型多角体病毒·16 000IU/毫克苏云金杆菌可湿性粉剂 60～80 克/亩，兑水 50～60 公斤配成药液均匀喷洒，施药 4 小时后，害虫出现中毒症状，3 天后防效达 90% 左右。

注意事项：

（1）阴天全天或晴天傍晚后施药，尽量避免在晴天上午 9 时至下午 6 时之间施药。

（2）与其他杀虫剂、杀菌剂、微肥混用时，注意现配现用。

（3）避免在桑园及养蚕场所附近使用。

（4）不能同化学杀菌剂混用。

（5）应储藏于干燥、阴凉、通风处。

11. 茶尺蠖核型多角体病毒

茶尺蠖核型多角体病毒（商品名：武大绿洲茶园）属高度特异型微生物病毒杀虫剂，杀虫机理是让茶尺蠖核型多角体病毒在生物制剂及其增效助剂的作用下直接进入茶尺蠖幼虫的脂肪体细胞和肠细胞核，随即复制，致使茶尺蠖染病死亡；再通过横向传染使种群不断引发流行病，通过纵向传染杀蛹和卵，从而有效控制茶尺蠖的危害及抑制抗性的蔓延。对植物没有任何药害。

剂型：悬浮剂。

防治对象：主要用于防治茶尺蠖、茶毛虫、茶小卷叶蛾。

使用方法：防治茶尺蠖使用 10 000PIB/微升茶尺蠖核型多角体病毒·2 000IU/微升苏云金杆菌悬浮剂 100～150 毫升/亩，兑水喷雾。茶尺蠖幼虫 3 龄前杀灭率为 90%以上，3 龄后杀灭率为 70%以上，持效期 20 天以上。茶尺蠖、茶毛虫病毒可长年在茶园中流行，以此控制虫害。

注意事项：

（1）阴天全天或晴天傍晚后施药，尽量避免在晴天上午 9 时至下午 6 时之间施药。

（2）桑园及养蚕场所不得使用。

（3）不能同化学杀菌剂混用。

（4）应储藏于干燥、阴凉、通风处。

12. 菜青虫颗粒体病毒

菜青虫颗粒体病毒（商品名：杨康、武洲 1 号、武大绿洲精准虫克）为一种新型活体病毒杀虫剂，其杀虫机理是颗粒体病毒经害虫食入后直接作用于害虫幼虫的脂肪体和中肠细胞核，并迅速复制，导致幼虫染病死亡。菜青虫感染颗粒体病毒后，体色由青绿色逐渐变为黄绿色，最后变为黄白色，体节肿胀，食欲不振，最后停食死亡。该病毒专化性强，只对靶标害虫有效，不影响害虫的天敌，不污染环境，持效期长，对害虫不易产生抗性，是生产无公害蔬菜的生物农药。

剂型：可湿性粉剂，悬浮剂。

防治对象：主要用于防治十字花科蔬菜菜青虫、小菜蛾、银纹夜蛾、菜螟等害虫。

防治方法：每亩用 10 000PIB/毫克菜青虫颗粒体病毒·16 000IU/毫克苏可湿性粉剂 50～75 克，或使用 1 000 万 PIB/毫升菜青虫颗粒体病毒·2 000IU/微升苏云金杆菌悬浮剂 200～240 毫升，于阴天或晴天下午 4 时后兑水喷雾，持效期 10～15 天。

注意事项：

（1）使用时先用少量水将药粉兑成乳液，再稀释到桶中。

（2）以阴天或晴天下午 4 时后喷雾最佳。

(3) 施药时期以卵高峰期最佳，不得迟于幼虫3龄前施药。
(4) 不能与碱性农药混用。
(5) 储藏于干燥、阴凉、通风处。

13. 棉铃虫核型多角体病毒

棉铃虫核型多角体病毒（商品名：棉铃虫病毒、杀虫病毒等）为一种新型活体病毒杀虫剂，是由活虫感染该病毒致病后，经收集加工制成。害虫通过取食感染病毒，病毒粒子侵入害虫中肠上皮细胞进入血淋巴，在气管基膜、脂肪体等组织繁殖，逐步侵染虫体全身细胞，使虫体组织化脓引起死亡。该病毒专化性强，且可传给后代，一次施药可长时间有效，有利于对害虫为害的自然控制。

剂型：可湿性粉剂，悬浮剂。

防治对象：该病毒寄主范围广，可用于农业和林业，防治棉花、玉米、高粱、烟草、番茄等作物的棉铃虫以及毒蛾、苜蓿粉蝶、粉纹夜蛾、斜纹夜蛾、蓑蛾等害虫。

使用方法：棉铃虫的防治在害虫卵盛期到孵化盛期喷药，喷药兑水要充足，全株均匀周到喷洒，确保喷药质量，才能取得理想的防治效果。用药后7天防效达最高值，防治效果、保蕾效果与当前常用化学药剂使用相当。使用20亿PIB/毫升棉铃虫核型多角体病毒悬浮剂90～120毫升/亩，或10亿PIB/克棉铃虫核型多角体病毒可湿性粉剂100～170克/亩兑水喷雾，使药剂能够粘在卵的表面，利用害虫幼虫孵出时咬食卵壳的习性，使之感染病毒，提高防效。

注意事项：
(1) 使用前仔细阅读使用说明，结合当地害虫种类用药。
(2) 施药应选择阴天或晴天早晨或下午4时后喷雾最佳，避免在高温、强光下施药。
(3) 于害虫卵盛期到孵化盛期喷药防治效果最佳。
(4) 喷药当天如遇下雨应补喷，药剂须在保质期内用完。
(5) 桑园及养蚕场所不能使用，不能同化学杀菌剂混用。
(6) 储藏于干燥、阴凉、通风处。

14. 多杀菌素

多杀菌素（催杀、菜喜）是从放射菌代谢物提纯出来的生物源杀虫物，毒性极低，可防治小菜蛾、甜菜夜蛾及蓟马等害虫。喷药后当天即可见效果，杀虫速度可与化学农药相媲美，非一般的生物杀虫剂可比。中国及美国农业部登记的采收期都只有1天，最适合无公害蔬菜生产应用。

剂型及商品名：48%催杀悬浮剂，2.5%菜喜悬浮剂。

防治对象：防治棉花上的棉铃虫、烟青虫、蔬菜小菜蛾、甜菜夜蛾、蓟马等害虫。

使用方法：

（1）棉铃虫、烟青虫的防治，在害虫处于低龄幼虫期施药，每亩用48%催杀悬浮剂4.2~5.6毫升（有效成分2~2.7克），兑水20~50升，稀释后均匀喷雾。

（2）小菜蛾的防治，在甘蓝莲座期，小菜蛾处于低龄幼虫期时施药，每亩用2.5%菜喜悬浮剂33~50毫升（有效成分0.825~1.25克），兑水20~50升喷雾。

（3）甜菜夜蛾的防治，于低龄幼虫时期施药，每亩用2.5%菜喜悬浮剂50~100毫升（有效成分1.25~2.5克）兑水喷雾，傍晚施药防治效果最好。

（4）蓟马的防治，在蓟马发生期，每亩用2.5%菜喜悬浮剂33~50毫升（有效成分0.825~1.25克），或用2.5%菜喜悬浮剂1 000~1 500倍液，即每100升水加2.5%菜喜悬浮剂67~100毫升（有效浓度16.7~25毫克/升）均匀喷雾，重点喷洒幼嫩组织如花、幼果、顶尖及嫩梢等。

中毒解救：如溅入眼睛，应立即用大量清水连续冲洗15分钟。作业后用肥皂和清水冲洗暴露的皮肤，被溅及的衣服必须洗涤后才能再用。如误服，立即就医，是否需要引吐，由医生根据病情决定。

注意事项：

（1）本品为低毒生物源杀虫剂，但使用时仍应注意安全防护。

(2) 将本品存于阴凉、干燥、安全的地方,远离粮食、饲料。

(3) 清洗施药器械或处置废料时,应避免污染环境。

(六) 杀螨剂

1. 托尔克(螨完锡)

托尔克工业品为浅色粉剂,在阳光下稳定。除强碱外,能和大多数药剂混用。悬浮性好,在喷雾器中无沉淀;一般贮存两年不变质。

剂型:50%托尔克可湿性粉剂。

防治对象:托尔克是一种特效杀螨剂,其残效期长,药效可达30天以上,对作物安全;对果树红蜘蛛、成螨和若螨均有很好的防治效果;对有机磷和有机氯农药产生抗性的螨类也有同样效果,但对螨卵效果较差。

使用方法:

(1) 防治柑橘红蜘蛛,掌握在害螨密度高峰前期,用50%托尔克可湿性粉剂,加水2 000倍喷雾;防治苹果红蜘蛛,在苹果开花前后防治,用50%托尔克可湿性粉剂,加水1 000倍喷雾。

(2) 防治茶锈壁虱,在以下几个时期用药:害螨越冬前和早春;或茶叶采摘前、害螨发生中心点片时;或害螨发生高峰期前;或幼苗期、茶苗出圃前,用50%托尔克可湿性粉剂,加水1 500倍喷雾,效果可维持1个月。

注意事项:

(1) 茶叶螨类大多集中在叶背面和茶丛中、下部为害,所以喷药时一定要保证质量,茶丛内外和叶背面都要均匀喷雾。

(2) 对鱼有毒性,注意不要使药剂污染水源。

2. 三唑锡(倍乐霸、三唑环锡)

三唑锡工业品为黄色粉末,耐贮存,是一种持效期较长的有机锡类杀螨剂。

剂型:25%、50%可湿性粉剂。

防治对象:三唑锡对成螨、若螨和夏卵都有较强的杀灭效果,对冬卵效果差；对作物和各种天敌安全。

使用方法：

（1）防治柑橘各类害螨，在春梢大量抽发期施药。用25%可湿性粉剂，加水稀释1 000倍，均匀喷雾。

（2）防治苹果、梨、葡萄等各类害螨，在为害初期，用25%可湿性粉剂，加水稀释1 000~1 500倍，均匀喷雾。

（3）防治棉花、茄子红蜘蛛，用25%可湿性粉剂，加水稀释1 000倍，对着植株叶面、叶背均匀周到喷雾。

注意事项：

（1）收获前的安全间隔期为20天。

（2）使用时避免沾染皮肤和眼睛，如不慎沾染药液，应迅速用大量清水冲洗。

（3）如误食中毒，应将患者放在空气流通的地方，保持患者温暖，并立即请医生洗胃和用轻泻剂催泻。

3. 克螨特（丙炔螨特）

克螨特为高效低毒性杀螨剂，药品为琥珀色黏稠状液体，易燃，不能与强酸、强碱混合，对光稳定，耐贮存。

剂型：30%可湿性粉剂，73%乳剂，4%粉剂。

防治对象：克螨特是广谱性杀螨剂，具有胃毒和触杀作用，但对植物没有渗透作用。对多种作物的成、若螨有良好的防治效果，且对天敌无害；对棉花、蔬菜、茶树、果树上的螨类有特效。

使用方法：

（1）防治棉花红蜘蛛，根据棉花长势和虫情，每亩用73%乳剂35~70毫升（0.7~1.4两），加水60~80公斤喷雾。在棉花现蕾期喷洒，药效可维持1个月左右。

（2）防治蔬菜红蜘蛛，在苗期每亩可用73%乳剂15~20毫升（3~4钱），加水适量喷洒；或在中后期，每亩用73%乳剂40~50毫升（0.8~1两），加水适量喷洒。

（3）防治柑橘红蜘蛛，用73%乳剂加水2 000倍喷洒；或用

30%可湿性粉剂,加水1 000倍喷洒,药液量根据树的大小而定。防治柑橘锈壁虱,可用73%乳剂,加水4 000倍喷雾。

(4)防治茶橙瘿螨,每亩用73%乳剂120毫升(2.4两),加水100公斤,均匀喷雾于茶叶正面和背面,维持药效可达半个月以上。

注意事项:

(1)克螨特除了不能与波尔多液等碱性药剂混用之外,可同其他农药混合使用。

(2)克螨特在高温下对幼苗易产生药害,因此,在苗期使用不可任意加大浓度。

(3)克螨特对鱼有毒,使用时应注意。

(4)如要同时防治其他害虫,须另加杀虫剂。

(5)克螨特对皮肤有轻微刺激,如皮肤接触量较大,应立即用清水冲洗15分钟。

4. 螨代治(溴螨酯)

螨代治工业品为褐色液体,在酸性和中性介质中稳定,遇碱易分解。对人、畜低毒,对作物和害虫天敌安全。

剂型:25%、50%螨代治乳剂。

防治对象:螨代治是一种触杀剂,专门用于防治各种螨类。对果树、棉花等作物的螨类有特效,持效期可达3~6个星期。温度高低对药效影响不大,并能与多种杀虫剂、杀菌剂混用。

使用方法:

(1)防治苹果、梨红蜘蛛,在开花前喷第一次,平均3片叶子有1头螨时喷第二次。用50%螨代治乳剂,加水稀释1 000倍喷雾,每亩用药液量可根据树的大小而定。

(2)防治柑橘红蜘蛛,在春梢大量抽发期施药。用50%螨代治乳剂,加水1 250倍稀释,均匀喷雾,效果可达98%~100%;防治柑橘锈壁虱,用50%螨代治乳剂,加水2 500倍稀释后,均匀喷雾。

(3)防治棉花红蜘蛛,用50%螨代治乳剂加水2 000~3 000

倍稀释，或每亩 40~50 毫升（0.8~1 两），加水 75 公斤喷雾。

（4）防治茶叶瘿螨，用 50% 乳剂。加水 8 000 倍喷雾；防治茶橙瘿螨，用 50% 乳剂，加水 3 000 倍喷雾；防治茶短须螨，用 50% 乳剂，加水 2 000 倍喷雾。

注意事项：

（1）各种螨类都易在叶背面藏身，喷药时务必均匀、周到。

（2）螨代治无内吸作用，一定要让药液接触害虫身体才能使其致命。因此喷药时不仅要从上"雪花盖顶"，而且要从下往上"金丝缠身"，让药液全面覆盖植株。

（3）不能与碱性农药混用。

（4）果树收获前 20 天停止用药。

（5）避免在低温下使用，否则效果较差。

5. 三氯杀螨醇（开乐散）

三氯杀螨醇工业品为褐色液体，对酸稳定，遇碱易分解失效；对螨类以触杀作用为主；持效期较长，对害虫天敌安全。

剂型：20%、40% 三氯杀螨醇乳剂。

防治对象：三氯杀螨醇对棉花、果树、蔬菜、茶、桑树等作物上的各种红蜘蛛均有良好的防治效果，对幼螨及卵也有较强的杀伤作用，残效期可保持 20 天。

使用方法：

（1）防治棉花红蜘蛛，每亩用 20% 三氯杀螨醇乳剂 75~100 毫升（1.5~2 两），加水均匀喷雾。

（2）防治柑橘红蜘蛛、锈壁虱，在春梢大量抽发期施药，用 20% 三氯杀螨醇乳剂，加水稀释 1 000 倍喷雾。

（3）防治苹果红蜘蛛，在苹果树开花前后，用 20% 三氯杀螨醇乳剂，加水 300 倍喷雾。

（4）防治茶叶螨类，一般掌握在高温时防治较为适宜。用 20% 三氯杀螨醇乳剂，加水 2 000 倍稀释后喷雾。

注意事项：

（1）不能和碱性农药混用。

图22 三氯杀螨醇对果树等作物上的各种红蜘蛛均有良好的防治效果

（2）对茄子、苹果的有些品种易产生药害，使用时要注意。

（3）在水果、蔬菜和茶叶上使用时要严格控制药量，以免留下残毒。

（4）三氯杀螨醇无内吸作用，喷雾一定要周到。

6. 卡死克

卡死克原药为无味白色结晶。常温下，对光和水解的稳定性好，热稳定性亦好。属低毒杀虫、杀螨剂，对螨类具有触杀和胃毒作用，杀幼若螨效果好，不能直接杀死成螨，但接触药的雌成螨产卵量减少，可导致不育或所产的卵不孵化。

剂型：5%乳油。

防治对象：卡死克是目前酰基脲类杀虫剂中能做到虫、螨兼治，药效好，残效期长的品种之一，适用于防治对常用农药已产生抗性的害虫。能防治鳞翅目、鞘翅目、双翅目、半翅目、螨类等害虫。其特点是作用缓慢，施药后不能迅速显示出药效，需经10天左右药效才明显上升。对螨类的天敌安全，是较理想的选择性杀螨剂。

使用方法：

（1）防治棉花红蜘蛛，在若、成螨发生期，平均每叶螨数2~3头时，每亩用5%乳油50~75毫升喷雾，20天后，效果还在95%以上。防治棉铃虫，在产卵盛期至卵孵盛期，剂量同上。防治棉红铃虫，在二、三代产卵高峰至卵孵盛期喷雾，药剂量同前，隔7~10天再喷一次，杀虫效果可达85%以上，保铃效果达70%~80%。在棉田红蜘蛛与红铃虫或棉铃虫混合发生时，可以做到虫螨兼治。

（2）防治茄子红蜘蛛，在若螨发生盛期，平均每叶螨数2~3头时，用5%乳油1 000~2 000倍液喷雾，药后20~25天的防治效果达90%~95%。

（3）防治菜青虫，在2~3龄幼虫盛发期，用5%乳油2 000~3 000倍液喷雾；防治小菜蛾，在叶菜苗期或生长前期，1~2龄幼虫盛发期，或叶菜生长中后期，2~3龄幼虫盛发期，用5%乳油1 000~2 000倍液喷雾，药后15~20天防效可达90%以上。

（4）防治柑橘红蜘蛛、柑橘木虱，前者于卵始盛孵期施药，后者于若虫盛发初期施药，用5%乳油500~1 000倍液喷雾；防治柑橘潜叶蛾，成虫盛发期内放梢的，当梢长1~3厘米，新叶被害率约10%时开始施药，以后虫量若较大时，隔一星期再施药1次，用5%乳油1 500~2 000倍液，均匀喷雾。

（5）防治苹果叶螨，掌握在苹果树开花前后越冬代和第一代若螨集中发生期喷药，可兼治越冬代卷叶虫，用5%乳油1 000~1 500倍液喷雾。单独防治苹果小卷叶蛾，在越冬幼虫出蛰始期和末期，用5%乳油500~1 000倍液各喷雾1次。

注意事项：

（1）施药时间应较一般有机磷、拟除虫菊酯杀虫剂提前3天左右。对钻蛀性害虫宜在卵孵盛期,幼虫蛀入作物之前施药。对害螨宜在幼若螨盛发期施药。

(2) 不要与碱性农药混用,否则会减效。

(3) 要求喷药均匀、周到。

(4) 如误服,不要催吐,请医生对症治疗。可以洗胃,洗胃时应避免呕吐物吸入肺部,防止因溶剂刺激而引起肺炎。

7. 尼索朗

尼索朗原药为浅黄色或白色结晶,是一种新型低毒杀螨剂,对植物表皮层具有较好的穿透性,无内吸传导作用。该剂在阴冷、干燥条件下可保存两年不变质。

剂型:5%乳油,5%可湿性粉剂。

防治对象:尼索朗对多种作物害螨具有强烈的杀卵、杀幼若螨的特性,对成螨无效,但对接触到药液的雌成虫所产的卵具有抑制孵化的作用;该药属于非感温型杀螨剂,温度影响不大,残效期长,药效可保持50天左右。对叶螨防效特别好,对锈螨、瘿螨防效较差;在常用浓度下使用,对作物安全,对天敌、蜜蜂及捕食螨影响很小。

使用方法:

(1) 防治棉花蜘蛛,6月底以前,在叶螨点片发生及扩散初期用药。每亩用5%尼索朗乳油60~100毫升或5%可湿性粉剂60~100克(有效成分3~5克),兑水75~100公斤,在发生中心防治,做到全株均匀喷雾。

(2) 防治柑橘红蜘蛛,在春季害螨始盛发期。平均每叶有螨2~3头时,用5%乳油或5%可湿性粉剂1 500~2 000倍液均匀喷雾。

(3) 防治苹果红蜘蛛,在苹果开花前后,平均每叶有螨3~4头时防治,用5%乳油或5%可湿性粉剂1 500~2 000倍液,均匀喷雾。

(4) 防治山楂红蜘蛛,在越冬成虫出蛰后或害螨发生初期防治,用5%可湿性粉剂或5%乳油1 500~2 000倍液,均匀喷雾。

注意事项:

(1) 尼索朗无内吸性,喷雾时要均匀、周到。

(2) 尼索朗对成螨无杀伤作用,要掌握好防治适期,时间上应比其他杀螨剂要稍早些使用,以便充分发挥药效。

(3) 万一误服此药,应让中毒者大量饮水、催吐,保持安静,并立即送医院治疗。

8. 速螨酮(NC—129)

速螨酮制剂为白色粉末,中毒,属于广谱性杀螨剂,对幼、若、成螨及卵均有较大杀伤力,速效性及特效性均较好,与其他常用杀螨剂无交互抗性。

剂型:20%可湿性粉剂。

防治对象:速螨酮适用于柑橘、苹果树,对叶螨、锈螨、瘿螨、跗线螨有良好的防治效果;对叶蝉、蓟马、粉虱等害虫也有效。

使用方法:

(1) 防治柑橘红蜘蛛,春季若虫盛期用20%速螨酮可湿性粉剂,加水成3 000~5 000倍液喷雾,对各种虫态防效均有效,持效期在30天以上。

(2) 防治柑橘锈壁虱,在6~9月或初见被害果叶时,用20%速螨酮可湿性粉剂,加水成3 000~4 000倍液,均匀喷雾。

(3) 防治苹果叶螨,在苹果开花前后用20%速螨酮可湿性粉剂3 000~4 000倍液喷雾。

注意事项:

(1) 本剂无内吸作用,喷雾应均匀周到。

(2) 应远离热源和火源贮存。

(3) 如不慎吸入药液蒸汽,应将患者移至空气流通处,使其呼吸通畅。

9. 霸螨灵

霸螨灵属于低毒杀螨剂,施药后使成螨、幼螨迅速麻痹致死,且持效期较长,使螨的各虫态在下一个生育期不能蜕皮,达到持续控制的作用。

剂型：5%霸螨灵悬乳剂。

防治对象：霸螨灵适用于苹果、柑橘、梨、葡萄、桃、茶树、草莓、西瓜等作物，对苹果叶螨、山楂叶螨，柑橘叶螨、锈螨等均有良好的防治效果。

使用方法：

（1）防治苹果叶螨、山楂叶螨，用5%霸螨灵悬乳剂，兑水2 000~3 000倍，每亩喷药液60~80公斤。

（2）防治柑橘叶螨、柑橘锈螨，用5%霸螨灵悬乳剂，兑水1 000~2 000倍，每亩喷药液60~80公斤。

（3）防治茶树神泽叶螨，用5%霸螨灵悬乳剂加水稀释1 000倍，每亩喷药液50~70公斤。

（4）防治葡萄、梨、桃叶螨类，用5%悬乳剂兑水稀释1 000~2 000倍（有效浓度25~50ppm）喷雾。

（5）防治草莓、西瓜、甜瓜、菊花叶螨类，用悬乳剂兑水稀释1 000~2 000倍喷雾，在幼螨发生初期至成螨期均可适用。

注意事项：

（1）为了避免叶螨产生抗药性，可与其他农药交替使用。

（2）在发生初期达到防治指标即用药。施药时叶片正面、背面都要喷到，不要漏喷。

（3）在大风天气，应避免在桑园、水田、江河、湖泊、鱼塘等附近使用，以免药液飘移到这些作物或场所，产生污染。

（4）喷药时注意个人防护，要戴口罩和穿防护衣。工作完毕要用肥皂水及时清洗手、脸及其他裸露部位。

10. 复方浏阳霉素

复方浏阳霉素由浏阳霉素和乐果混配而成，是一种特异性杀螨剂，触杀活性大，并有内吸作用。对作物残毒小，对眼睛有刺激性。

剂型：20%复方浏阳霉素乳油。

防治对象：复方浏阳霉素适用于棉花、瓜类、茄子、豆类、苹果、柑橘、茶树、枸杞等作物，对多种螨均有效，且能兼治某些蚜虫。对果树红蜘蛛的残效期一般为5~7天，对瓜类、豆类、茄子、棉花的红蜘蛛,残效期可维持1~2周。

使用方法:

(1) 防治棉花、茄子、大豆、豇豆、瓜类等作物的红蜘蛛,每亩用20%复方浏阳霉素100毫升(2两),或将药剂兑水稀释1 000倍喷雾,效果可达95%左右。

(2) 防治苹果、柑橘、芋头红蜘蛛,将复方浏阳霉素兑水稀释1 000倍喷雾,效果为90%~95%。

(3) 防治梨瘿螨、茶橙瘿螨、柑橘锈螨、枸杞锈螨,将复方浏阳霉素用水稀释1 000~1 500倍喷雾,均有良好的防治效果。

注意事项:

(1) 本药品对眼睛有刺激性,易引起水肿、角膜混浊和视觉模糊,但不久就能恢复正常,使用时务必遵守安全操作规程。

(2) 复方浏阳霉素对鱼类和天敌昆虫比较敏感。

(七)其他杀虫、杀螨剂

1. 扑虱灵(噻嗪酮)

扑虱灵商品外观为灰白色粉粒,悬浮性能好。它是一种抑制昆虫发育的新型选择性杀虫剂,作用机制为抑制昆虫几丁质的合成和干扰其新陈代谢,使若虫蜕皮畸形而缓慢死亡。对人、畜、禽、鱼毒性极低,对家蚕、蜜蜂和天敌影响甚微。

剂型:10%、25%扑虱灵可湿性粉剂,20%乳油。

防治对象:扑虱灵对稻飞虱若虫具有极强的杀伤力,对产卵和卵的孵化有强烈的抑制作用,可使害虫繁殖的后代成活率下降,但不能直接杀死成虫。对大豆、果树、茶树、花卉等植物的飞虱科、叶蝉科、粉虱科和蚧科害虫,也有较好的防治效果。

使用方法:

(1) 防治水稻稻飞虱、叶蝉,在主害代低龄若虫始盛期喷药一次,双季稻每亩用25%扑虱灵可湿性粉剂25克(有效成分6.25克);单季稻用25~50克(有效成分6.25~12.5克),兑水50~70公斤常量喷雾,或兑水8公斤弥雾喷施,重点喷植株中下部,并应均匀周到。

(2) 防治柑橘矢尖蚧,于若虫盛孵期喷药 1~2 次。两次喷药间隔 15 天左右。喷雾浓度以扑虱灵 25% 可湿性粉剂 1 500~2 000 倍液（有效浓度 125~166ppm）为宜。

(3) 防治茶树小绿叶蝉,于 6~7 月若虫高峰前期或春茶采摘后,用扑虱灵 25% 可湿性粉剂 750~1 500 倍液（有效浓度 166~333ppm）喷雾,间隔 10~15 天喷第二次。喷雾时应先喷茶园四周,然后喷中间。

注意事项:

(1) 药液直接接触到白菜、萝卜时,会产生药害。

图 23　扑虱灵的残药请勿倒入鱼池

(2) 配制药液时应搅拌均匀，现配现用。避免在雨天作业，防止药液流失影响药效；残药勿倒入鱼池。

(3) 用药时须避免直接接触药粉和药液，如被沾染，用肥皂水清洗干净；万一误饮，应催吐并治疗。

(4) 安全间隔期：水稻施药后14天可收割，茶叶为8天。

2. 多噻烷

多噻烷原粉为白色结晶，为沙蚕毒素类农药新品种，商品外观为棕红色单相液体，是一种广谱性杀虫剂。

剂型：30%多噻烷乳油，3%多噻烷粉剂。

防治对象：多噻烷对害虫主要是胃毒、触杀和内吸传导作用，还有杀卵及一定的熏蒸作用，适用于水稻、旱粮、棉花、蔬菜等作物，对稻螟虫、飞虱、叶蝉、玉米螟、棉蚜、红铃虫、棉铃虫、红蜘蛛、菜青虫、黄条跳甲等害虫有较好的防治效果。

使用方法：

(1) 防治水稻二化螟、三化螟，稻纵卷叶螟，稻苞虫等，每亩用30%多噻烷乳油85～100毫升（1.7～2两），兑水60公斤喷雾，防治效果良好。

(2) 防治稻飞虱、稻叶蝉，每亩用30%乳油100～120毫升（2～2.4两），兑水60公斤喷雾；或用3%粉剂1.5～2公斤，拌适量毒土撒施，施药后灌水，保持3厘米左右水层，让其自然落干。

(3) 防治高粱、玉米螟，用30%乳油800倍液，每株用药液10毫升（2钱）灌注高粱心叶；防治甘薯卷叶蛾，每亩用30%乳油100～150毫升（2～3两），兑水60公斤喷雾。

(4) 防治棉蚜、棉铃虫、红铃虫、棉叶蝉、红蜘蛛，每亩用30%乳油100～150毫升（2～3两），兑水60～70公斤喷雾。

(5) 防治菜青虫、白菜叶蝉、黄条跳甲，每亩用30%乳油165毫升（3.3两），兑水50公斤喷雾。

注意事项：

(1) 本药剂稀释浓度应大于300倍，否则对高粱、棉花易产生药害。

（2）多噻烷对稻飞虱天敌黑肩绿盲蝽为中等毒性，对稻田蜘蛛有一定影响，但7天后可恢复正常。

（3）如误服多噻烷中毒，应立即催吐，用碱性液体洗胃，并立即送医院治疗。

3. 茴蒿素

茴蒿素纯品即山道年，为无色扁平的斜方系柱晶体，或白色结晶性粉末，无臭，稍微有苦味，在日光下易变成黄色。商品药剂外观为深褐色液体。

剂型：0.65%茴蒿素杀虫水剂。

防治对象：茴蒿素是一种植物性杀虫剂，主要杀虫作用为胃毒，可用于防治蔬菜、果树等作物上的害虫，对菜青虫、蚜虫、尺蠖等有效。

使用方法：

（1）防治菜青虫，掌握在幼虫2~3龄期，每亩用0.65%茴蒿素水剂250毫升（5两），兑水60~70公斤喷雾。

（2）防治菜蚜，在蚜虫发生期，每亩用0.65%茴蒿素水剂200毫升（4两），兑水60~70公斤喷雾。

（3）防治苹果尺蠖、蚜虫，在害虫发生期，用0.65%茴蒿素水剂加水稀释400~500倍液，均匀喷雾。

注意事项：

（1）茴蒿素不能与碱性农药混合使用。

（2）应在干燥、避光和通风良好的地方贮存。

4. 抑太保

抑太保是一种阻碍害虫蜕皮的新型杀虫剂，安全性高，残效期长，对食叶性的鳞翅目、双翅目等害虫的幼虫有效，对已有抗药性的小菜蛾、潜叶蛾等害虫有较高的效果。

剂型：5%抑太保乳油。

防治对象：抑太保适用于棉花、蔬菜、大豆、柑橘、苹果、梨、茶树等作物，对棉铃虫、红铃虫、菜青虫、小菜蛾、斜纹夜蛾、卷叶虫等害虫有良好的防治效果，对天敌较安全。

使用方法：

（1）防治棉花红铃虫、棉铃虫，每亩用 5% 抑太保乳油 60~120 毫升（1.2~2.4 两），兑水 70 公斤喷雾。根据虫害发生情况施药 1~2 次。

（2）防治甘蓝、白菜小菜蛾、菜青虫、斜纹夜蛾、黑点银纹夜蛾等害虫，用 5% 抑太保乳油兑水稀释 2 000~3 000 倍，根据虫情喷洒 1~3 次。最后一次用药在收获前 7 天。

（3）防治大豆斜纹夜蛾，用 5% 抑太保乳油加水稀释 2 000 倍，每亩喷药液 60 公斤，共喷雾 2 次。最后一次施药在收获前 14 天。

（4）防治柑橘潜叶蛾，用 5% 乳油兑水稀释 2 000~3 000 倍喷雾，一个新梢期施药两次。

（5）防治苹果卷叶虫，在幼虫发生初期，用 5% 乳油兑水稀释 2 000 倍喷雾，共喷 4 次，最后一次在收获前 20 天。

（6）防治梨树卷叶蛾类，用 5% 乳油兑水稀释 2 000 倍喷雾，全生育期共喷 3~4 次，最后一次在收获前 28 天。

（7）防治茶小卷叶虫，用 5% 乳油兑水稀释 2 000 倍液喷雾，共喷两次，最后一次在采茶前 14 天。

注意事项：

（1）抑太保是一种具有阻碍幼虫蜕皮致使其死亡的药剂，施药后幼虫死亡需要 3~5 天以上，所以在幼虫期要尽早进行防治。

（2）抑太保在植物体内没有渗透移动性，需要在叶片的正面、反面均匀喷雾。

（3）抑太保对蚕和鱼类有毒，应避免在桑园和鱼塘附近使用。

5. 除虫脲（铁灭灵）

除虫脲纯品为白色结晶，工业品外观为白色可流动的液体。对光、热比较稳定，遇碱易分解，常温下可贮存两年以上。

剂型：20% 除虫脲悬浮剂，25% 铁灭灵可湿性粉剂。

防治对象：除虫脲适用于水稻、棉花、旱粮、蔬菜、果树等作物，对害虫主要是胃毒和触杀作用，对鳞翅目害虫有特效，对鞘翅目、双翅目害虫也有效。对植物无药害,对天敌无明显不良影响,对人畜安全。

使用方法:

(1) 防治水稻纵卷叶螟,在幼虫 3 龄前,每亩用 20% 除虫脲悬浮剂 12.5 克兑水喷雾。该药还有较强的杀卵作用。

(2) 防治黏虫,每亩用 20% 除虫脲悬浮剂 5~10 克,兑水喷雾。

(3) 防治玉米螟及玉米铁甲虫,在幼虫初孵期或产卵高峰期,每亩用 20% 除虫脲悬浮剂 50~100 克(1~2 两),兑水喷雾或灌心叶,可杀卵及初孵幼虫。

(4) 防治菜青虫、小菜蛾,在幼虫发生初期,每亩用 20% 除虫脲悬浮剂 50~75 克(1~1.5 两),兑水喷雾。防治甜菜夜蛾,在幼虫发生初期,每亩用 20% 除虫脲悬浮剂 50 克(1 两)。防治斜纹夜蛾,在产卵高峰期或卵孵化期,每亩用 20% 除虫脲悬浮剂 50~75 克,兑水喷雾,有杀卵作用。

(5) 防治柑橘木虱,在晚春及夏秋季每亩用 50 克(1 两)20% 除虫脲悬浮剂,兑水喷雾,对杀若虫效果特别好。

(6) 防治松毛虫、天幕毛虫、杨毒蛾,在幼虫 3~4 龄期,每亩用 20% 除虫脲悬浮剂 10 克,兑水喷雾,并有杀卵作用。

注意事项:

(1) 药液不能与碱性物质混合。

(2) 贮存时,应原包装放在阴凉、干燥、避光处。

(3) 施药应掌握在幼虫低龄期,宜早期喷。喷药时力求均匀周到。

(4) 使用时应注意操作规程,避免眼睛和皮肤接触药液。如不慎发生中毒,可对症治疗。

6. 菊马乳油

菊马乳油是 5% 氰戊菊酯与 15% 马拉硫磷复配剂。外观呈淡黄色或棕色,毒性中等;具触杀和胃毒作用;杀虫谱较广,击倒力强,效果显著;兼有植物生长刺激作用。

剂型：20%菊马乳油。

防治对象：菊马乳油适用于小麦、果树、蔬菜、油菜、棉花等多种作物的叶面害虫，对螨类也有较好的兼治效果。

使用方法：

（1）防治小麦蚜虫，每亩用20%菊马乳油30～35毫升（6～7钱），兑水60公斤于穗期喷雾1次。

（2）防治油菜蚜虫，每亩用20%菊马乳油30～40毫升（6～8钱），兑水50公斤于油菜开盘期喷雾；不宜在花期喷用。

（3）防治菜青虫，每亩用20%菊马乳油30～40毫升（6～8钱），兑水50公斤，在菜青虫3龄前喷雾效果较好，可兼治菜蚜。

图24 菊马乳油杀虫谱较广，击倒力强，效果显著

(4) 防治棉花红铃虫、棉铃虫、金刚钻、棉蚜、红叶螨等,每亩用20%菊马乳油35~50毫升(0.7~1两),兑水70公斤喷雾。

(5) 防治水稻二化螟、三化螟、稻苞虫、稻蝗、蓟马等,用20%菊马乳油加水稀释1 000~1 400倍,每亩喷药液70公斤。

(6) 防治果树害虫、柑橘蚜虫,用20%菊马乳油兑水稀释1 000~2 000倍液喷雾;柑橘红蜘蛛用1 000倍液喷雾;梨、苹果、桃食心虫用1 000倍液喷雾。

注意事项:
(1) 不能与碱性药剂及植物生长刺激素混用。
(2) 贮存时应远离火源。
(3) 菊马乳油对蜜蜂、家蚕、鱼类有毒。

7. 多杀菊酯(乐氰乳油)

多杀菊酯是3%氰戊菊酯与22%乐果的复配剂,中等毒性,具有触杀、胃毒作用,有一定内吸性,对刺吸式口器和咀嚼式口器害虫都有强烈的毒杀作用。

剂型:25%多杀菊酯乳油,40%乐氰乳油。

防治对象:适用于防治蔬菜、果树、茶树及水稻等作物上的害虫。对菜青虫、烟青虫、螨类、甘蓝夜蛾、菜螟、飞虱、叶蝉均有效。

使用方法:

(1) 防治蔬菜害虫,对茄子红蜘蛛、辣椒跗线螨、菜青虫、烟青虫,每亩用25%多杀菊酯乳油15~30毫升(3~6钱),兑水40公斤喷雾;防治甘蓝夜蛾、菜螟每亩用25%多杀菊酯乳油25~50毫升(0.5~1两)喷雾。防治菜蚜每亩用25%多杀菊酯乳油10~20毫升(2~4钱)喷雾。

(2) 防治水稻稻飞虱、蓟马、叶蝉,每亩用25%多杀菊酯乳油15~30毫升(3~6钱),兑水70公斤喷雾。

(3) 防治棉红铃虫、造桥虫、盲蝽,每亩用25%多杀菊酯乳油25~50毫升(0.5~1两),兑水70公斤喷雾。

(4) 防治花卉或其他作物蚜虫，用25%多杀菊酯乳油稀释3 000~5 000倍液喷雾。

(5) 防治小麦蚜虫，每亩用40%乐氰乳油30~35毫升（6~7钱），兑水75~100公斤喷雾。

注意事项：

(1) 不能与碱性农药混用。

(2) 本品对蜜蜂、家蚕、鱼类的毒性较大。

8. 辛氰（新光一号）

辛氰是用辛硫磷、氰戊菊酯和其他助剂配制而成的一种混合制剂，可以有效地防治对其他药剂已产生抗性的多种害虫，并能延缓抗药性的发展。

剂型：50%辛氰乳油。

防治对象：辛氰乳油是一种广谱、高效、低毒、低残留的杀虫剂，适用于棉花、小麦、果树、蔬菜等作物，对多种蚜虫、菜青虫、棉铃虫、二化螟等害虫有良好的防治效果。

使用方法：

(1) 防治棉花蚜虫，每亩用50%辛氰乳油20~30毫升（4~6钱），兑水75公斤喷雾。

(2) 防治小麦蚜虫，每亩用50%辛氰乳油10~12毫升（2~2.4钱），兑水50公斤喷雾。

(3) 防治甘蓝蚜虫、菜青虫，每亩用50%辛氰乳油10~20毫升（2~4钱），兑水60公斤喷雾。

注意事项：

(1) 禁止与碱性农药混用；其他按用药常规进行。

(2) 应放于阴凉干燥处，存放期两年。

9. 敌氧菊酯（百毒灵）

敌氧菊酯属于三元复配农药。

剂型：30%敌氧菊酯乳油。

防治对象：本品具有较强的触杀、胃毒、内吸、熏蒸、拒食、拒产卵等作用，并对害虫的蛹、幼虫等有较强的杀伤力，本品既杀虫、又杀螨,广谱性强,适用于防治水稻、棉花、小麦、果树、烟草、花卉等作物上的刺吸式口器害虫和一些咀嚼式口器害虫,防治对有机磷农药产生抗药性的蚜虫、红蜘蛛,柑橘、林木上的介壳虫等,都具有防治特效作用。

使用方法:

(1) 防治蚜虫,每亩用30%敌氧菊酯乳油10~20毫升兑水75公斤喷雾,每亩可加食用醋2两混合使用,效果更佳。

(2) 防治菜青虫、螟虫、蓟马、蛾类、28星瓢虫、叶蝉、飞虱等,每亩用30%敌氧菊酯乳油25~30毫升兑水75公斤喷雾。

(3) 防治红(黄)蜘蛛、钻心虫、棉小造桥虫、柑橘锈壁虱(黑果病)、柑橘介壳虫(孵化盛期施用),每亩用30%敌氧菊酯乳油30~50毫升,兑水75公斤喷雾。

注意事项:

(1) 严禁用于高粱;对桃、苹果易产生药害,用时先做药害试验;苹果幼果期禁用。

(2) 严禁与碱性农药混用、混放,避免降低药效。

(3) 使用时避免药液沾染皮肤,施药后用肥皂水洗手、洗脸。

(4) 如发现头痛、头晕、呕吐等现象,立即到通风处休息。

(5) 本品易挥发,用后应将瓶盖盖紧,在阴暗处存放。

(6) 蔬菜收获前10天停止用药。

10. 双灵

双灵是南京保丰农药厂生产的一种多元复配农药,药效稳定,悬浮性能好,毒性低,能兼治多种害虫。

剂型:双灵可湿性粉剂。

防治对象:双灵是水稻害虫专用药剂,适用于稻飞虱、稻纵卷叶螟、螟虫等害虫,对纹枯病、稻曲病也有较好的防治效果。

使用方法:据试验,防治稻飞虱、稻纵卷叶螟、螟虫,每亩用双灵可湿性粉剂250克(半斤),兑水60公斤喷雾。10天内,灭稻飞虱效果维持在92.8%;灭稻纵卷叶螟效果达97.7%;灭二化螟效果在80%左右。在病、虫同时发生的田块,还可兼治纹枯病、稻曲病。

注意事项：应贮存在通风干燥的地方，保存期为一年以上。

11. 灭杀毙

灭杀毙属于广谱、高效、低毒的杀虫、杀螨剂，有击倒力强、药效持久之特点。对人、畜毒性较低，对害虫不易产生抗药性。有效期为两年。商品药剂外观为黄色到黄褐色透明油状液体，对光及酸、中性液体都较稳定，但遇碱会分解，强酸会破坏药性。

剂型：21%灭杀毙乳油。

防治对象：灭杀毙杀虫范围广，适用于粮食、棉花、蔬菜、烟草、森林、果树等作物，对玉米螟、稻纵卷叶螟、黏虫、菜青虫、菜蚜、棉铃虫、红铃虫、红蜘蛛，松毛虫等有很好的防治效果。

使用方法：

（1）防治稻纵卷叶螟、稻飞虱、蓟马、黏虫，用灭杀毙兑水稀释3 000~4 000倍，每亩喷药液60公斤。

（2）防治玉米螟，用灭杀毙兑水稀释3 000~4 000倍，用药液灌玉米心叶。

（3）防治棉铃虫、红铃虫、红蜘蛛，用灭杀毙兑水稀释2 000~3 000倍，每亩喷药液75公斤。

（4）防治蔬菜小菜蛾、菜蚜、菜青虫等，将灭杀毙兑水稀释4 000~5 000倍，每亩喷药液50公斤。

（5）防治果树食心虫、蚜虫，将灭杀毙兑水稀释3 000~4 000倍喷雾；防治果树红蜘蛛，将灭杀毙兑水稀释2 000~3 000倍，均匀喷雾。

（6）防治森林松毛虫，将灭杀毙兑水稀释4 000~5 000倍，于松毛虫卵期或幼虫孵化初期喷雾。

注意事项：

（1）灭杀毙在碱性溶液中易分解失效，也不宜和强酸物质混合使用，以免破坏药效。

（2）喷雾时要均匀周到，使药液充分接触虫体。喷药后如遇雨,应重新补喷。

(3) 本药剂应现配现用,不可久放。

(4) 食用作物在收获前 10 天内停止用药。

(5) 灭杀毙易燃,严禁接触烟火。

(6) 灭杀毙不宜用金属器具盛装,贮存时应保持低温、干燥、密闭。

图 25　喷了灭杀毙以后如遇雨,应重新补喷

12. 胺氯菊酯

胺氯菊酯是一种复合农药新品种,其主要成分为拟除虫菊酯和水胺硫磷。

剂型:20% 胺氯菊酯乳油。

防治对象：胺氯菊酯具有较强的触杀胃毒作用，适用于棉花、水稻、果树、蔬菜等作物，对棉铃虫、棉蚜、红蜘蛛、螟虫、飞虱、潜叶蛾、小菜蛾、28 星瓢虫、黄条跳甲、菜青虫等均有较好的防治效果。

使用方法：

（1）防治棉铃虫、棉蚜，将胺氯菊酯兑水稀释 1 500～2 000 倍；防治棉红蜘蛛则兑水稀释 2 000～3 000 倍，每亩喷药液 75 公斤。

（2）防治水稻三化螟，每亩用 20% 胺氯菊酯乳油 75～150 毫升（1.5～3 两），兑水 60 公斤喷雾。

（3）防治果树红蜘蛛，将胺氯菊酯兑水稀释 2 000～3 000 倍，均匀喷雾。

（4）防治 28 星瓢虫，将胺氯菊酯兑水稀释 1 500～2 000 倍喷雾；防治菜青虫，每亩用药量 100 毫升，兑水喷雾；防治菜蚜，每亩用药量 50 毫升，兑水喷雾。

注意事项：

（1）胺氯菊酯虽为中等毒性农药，但使用时应注意安全防护，以免不慎中毒。

（2）操作完毕后，必须用肥皂洗净手脸和其他裸露部分。

（3）幼童、孕妇或身体不健康者均不宜接触本药。

（4）在施药过程中，如有头昏、头痛、不舒服时，应立即停止工作，离开现场休息。如有恶心呕吐、腹痛多汗、流涎等中毒现象，应送医疗部门急救。

（5）本品易燃，严禁火种。

13. 优寿宝

优寿宝是一种新推广的药剂，用于防治稻飞虱，有与优乐得同样的效果，明显高于叶蝉散等药剂。

剂型：25% 优寿宝可湿性粉剂。

防治对象：适用于水稻上各种飞虱。

使用方法：用 25% 优寿宝可湿性粉剂 75～150 克（1.5～3 两），加水 60 公斤，对着水稻中下部均匀喷雾，用药 1 个月内，白背飞虱虫口下降率维持在95%以上，褐飞虱在用药1个月内，虫口下降率在80%左右。

14. 敌马合剂

敌马合剂是一种杀虫谱广、低毒、击倒快的杀虫剂，是敌百虫和马拉硫磷的混合制剂。

剂型：60%敌马乳剂，4%敌马粉剂。

防治对象：主要用于防治棉蚜、麦蚜、吸浆虫和蝗虫。防治棉蚜的效果高于甲胺磷和氧化乐果，特别是防治伏蚜，是当前最理想的药剂之一。防治麦蚜成本低，见效快。在防治蝗虫上，是目前取代有机氯的优良品种。

使用方法：

（1）防治棉花苗蚜，每亩用60%敌马乳剂75毫升（1.5两），加水喷雾，1天后防蚜效果为85%，2天后为90%，3天后达到95%以上；防治棉花伏蚜，每亩用60%敌马乳剂100毫升（2两），兑水喷雾，防效高于甲胺磷和氧化乐果，效果达90%~99%。

（2）防治小麦蚜虫，每亩用60%敌马乳剂50~75毫升（1~1.5两），兑水喷雾，3天后效果在95%~99%以上。

（3）防治蝗虫，每亩用60%敌马乳剂75毫升（1.5两），用东方红18型喷雾器超低溶量喷雾，施药后2~3天，虫口下降率可达92.2%~98.5%；每亩用4%敌马粉剂2~2.5公斤，3天后防治效果在95%以上。

（4）防治小麦吸浆虫，可采用两种方法：一是喷粉，掌握在吸浆虫羽化成虫迁飞前，每亩用4%敌马粉剂1 500~2 000克（1.5~2公斤），防治效果可达98%；二是采用毒土法，在有灌溉条件的地区，结合小麦灌二、三水（在北方即5月20~30日）时一次施入，每亩用4%敌马粉剂1.5公斤，可以收到很好的防治效果。

15. 呋·福种衣剂

呋·福种衣剂是由有效成分克百威加福美双及适宜的助剂混配而成，兼有克百威的杀虫作用和福美双的抗菌作用。

剂型：20%悬浮剂。

防治对象：用于防治苗期蚜虫、蓟马、黏虫、玉米螟、地下害虫、线虫等害虫，对丝黑穗病和镰刀菌以及腐霉菌引起的茎基腐病有兼治作用。

使用方法：

（1）防治玉米蚜虫、蓟马、黏虫、玉米螟，按药、种子 1:40 的比例，进行种子包衣。

（2）防治玉米地下害虫，按 1:50（农药:种子）的比例进行种子包衣。

（3）对于玉米丝黑穗病的防治，按 1:50（农药:种子）的比例进行种子包衣。

注意事项：

（1）本品为专用剂型，适宜于玉米良种包衣，平原地区制种玉米亲本包衣效果好。

（2）使用本制剂不需添加其他农药、化肥和稀释剂，以免引起药效和毒性变化。

（3）为使种衣牢固，包衣时间最迟不少于播种前两周。

（4）药剂若出现沉淀，经摇匀后使用不影响药效。

（5）经包衣的玉米种子不得食用和做饲料。

（6）严格按农药安全规则和包衣操作规程进行操作。包衣车间场地应通风良好，操作人员每两小时应到户外休息 20~30 分钟；接触种衣剂的部位，应立即用碱水冲洗；中毒者一般用阿托品做皮下注射解毒。

（7）本品为高毒农药，应严格保管，妥善存放。

16. 氟虫腈

氟虫腈（商品名：锐劲特）是一种苯基吡唑类杀虫剂，杀虫广谱，对害虫以胃毒作用为主，兼有触杀和一定的内吸作用，因此对蚜虫、叶蝉、飞虱、鳞翅目幼虫、蝇类和鞘翅目等重要害虫有很高的杀虫活性，对作物无药害。该药剂可施于土壤，也可叶面喷雾。施于土壤能有效地防治玉米根叶甲、金针虫和地老虎；叶面喷洒时，对小菜蛾、菜粉蝶、稻蓟马等均有高水平防效，且持效期长。

剂型：5%锐劲特悬浮剂、颗粒剂。

防治对象：氟虫腈是一种对许多种类害虫都具有杰出防效的广谱性杀虫剂，对环戊二烯类、菊酯类、氨基甲酸酯类杀虫剂已产生抗药性的害虫都具有极高的敏感性。

使用方法：

（1）防治小菜蛾，在蔬菜、油菜上的小菜蛾处于低龄幼虫期施药，每亩用5%锐劲特悬浮剂18～30毫升（有效成分0.9～1.5克），加水均匀喷雾，喷雾时要全面，使药液喷到植株的各部位。

（2）防治水稻害虫（二化螟、水稻蓟马、稻黑蝽、褐飞虱、白背飞虱、稻象甲），每亩用5%锐劲特悬浮剂30～40毫升（有效成分1.5～2克）；防治水稻蝗虫每亩用5%锐劲特悬浮剂40～60毫升（有效成分2～3克）；防治稻象甲每亩用5%锐劲特悬浮剂60～80毫升（有效成分3～4克），防治稻纵卷叶螟每亩用5%锐劲特悬浮剂30～50毫升（有效成分1.5～2.5克）。

（3）防治马铃薯甲虫，每亩用5%锐劲特悬浮剂18～35毫升（有效成分0.9～1.75克）。

注意事项：

（1）锐劲特对虾、蟹、蜜蜂高毒，在饲养上述动物的地区应谨慎应用。

（2）施药时应戴口罩、手套等，并严禁吸烟和饮食。

（3）避免药物与皮肤和眼睛直接接触，一旦接触，应用大量清水冲洗。

（4）施药后要用肥皂洗净全身，并将作业服等保护用具用温碱性洗涤剂洗净。

（5）如发生误食，需催吐并携此标签尽快求医，苯巴比妥类药物可缓解中毒症状。

（6）本剂应以原装妥善保管在干燥阴凉处，远离食品和饲料，并放于儿童触及不到的地方。

（7）请严格按标签要求使用本品。

17. 吡虫啉

吡虫啉（商品名称：大功臣、一遍净、康福多）是新一代氯尼古丁杀虫剂，具有广谱、高效、低毒、低残留、害虫不易产生抗药性，对人、畜、植物和天敌安全等特点，并有触杀、胃毒和内吸多重药效。害虫接触药剂后，中枢神经正常传导受阻，使其麻痹死亡。速效性好，药后1天即有较高的防效，残留期长达25天左右。药效和温度呈正相关，温度高，杀虫效果好。主要用于防治刺吸式口器害虫。

剂型：2.5%和10%可湿性粉剂，5%乳油，20%浓可溶剂。

防治对象：防治绣线菊蚜、苹果瘤蚜、桃蚜、梨木虱、卷叶蛾、粉虱、斑潜蝇、稻飞虱、叶蝉、稻象甲、烟蚜、苹果黄蚜、柑橘潜叶蛾、秀负泥虫、金龟子、白蚁、火蚁等害虫。

使用方法：

（1）防治稻飞虱，一般在分蘖期到圆秆拔节期（主害代前一代）平均每丛有虫0.5~1头；孕穗、抽穗期(主害代)每丛有虫10头；灌浆乳熟期每丛有虫10~15头;蜡熟期每丛有虫15~20头时进行防治。每亩用10%可湿性粉剂10~20克（有效成分1~2克），兑水喷雾。喷雾时务必将药液喷到稻丛中、下部，以保证防效。

（2）防治烟蚜，在蚜量上升阶段或每株平均蚜量100头时进行防治。每亩用10%可湿性粉剂20~40克（有效成分2~4克），兑水喷雾。

（3）防治柑橘潜叶蛾，防治重点是保护秋梢。在嫩叶被害达5%或田间嫩叶萌发率达25%时开始防治。用10%可湿性粉剂1 000~2 000倍液，或每100升水加入10%可湿性粉剂10~20克（有效浓度100~200毫克/升）喷雾。由于吡虫啉有内吸性，用药时间可比使用其他药剂晚一点，通常喷药1~2次即可，间隔10~15天。

（4）防治苹果黄蚜，在虫口上升时用药，用20%浓可溶剂5 000~8 000倍液，或每100升水加20%浓可溶剂12.5~20毫升（有效浓度25~40毫克/升）喷雾。

(5) 防治梨木虱,主要在春季越冬成虫出蛰而又未大量产卵和第一代若虫孵化期防治。用20%浓可溶剂2 500～5 000倍液,或每100升水加20%浓可溶剂20～40毫升(有效浓度40～80毫克/升)喷雾。

(6) 防治棉蚜,当苗蚜百株蚜量1 000头、3叶期卷叶株率达20%;伏蚜平均单株上、中、下3叶蚜量达200头时即应进行防治。防治苗蚜每亩用10%可湿性粉剂10～20克(有效成分1～2克);防治伏蚜每亩用10%可湿性粉剂20～30克(有效成分2～3克),兑水喷雾。

(7) 防治温室白粉虱,在若虫虫口上升时喷药。每亩用10%可湿性粉剂30～60克(有效成分3～6克),兑水喷雾。

(8) 防治菜蚜,在虫口上升时喷药,每亩用10%可湿性粉剂10～20克(有效成分1～2克),兑水喷雾。

注意事项:

(1) 不宜在强光下喷雾使用,以免降低药效。

(2) 喷药时应穿戴防护服、手套,工作完后应用肥皂和清水清洗手和身体暴露部分。

(3) 应将药剂保存在儿童接触不到并且通风、凉爽的地方,应远离食物和饲料,加锁保管。

(4) 适期用药,收获前一周禁止用药。

18. 米满

米满是促进鳞翅目幼虫蜕皮的新型仿生杀虫剂;幼虫取食米满后,在不该蜕皮时产生蜕皮反应,开始蜕皮,由于不能完全蜕皮而导致幼虫脱水、饥饿而死亡。与其他抑制幼虫蜕皮的杀虫剂的作用机理相反,其杀虫机理独特,适用于害虫抗性综合治理。米满对高龄和低龄的幼虫均有效。幼虫取食米满后仅6～8小时就停止取食(胃毒作用),不再为害作物,比蜕皮抑制剂的作用更迅速,3～4天后开始死亡。对作物保护效果好,无药害,无残留药斑。

剂型:24%悬浮剂。

防治对象:苹果卷叶蛾、松毛虫、甜菜夜蛾、美国白蛾、天幕毛虫、云杉毛虫、舞毒蛾、尺蠖、玉米螟、菜青虫、甘蓝夜蛾、黏虫。

使用方法：

（1）防治甘蓝、甜菜夜蛾，在害虫发生时，每亩用24%米满悬浮剂40毫升（有效成分9.6克），加水10~15升喷雾。

（2）防治苹果卷叶蛾，在害虫发生时，用24%米满悬浮剂1 200~2 400倍液，或每100升水加24%米满悬浮剂41.6~83毫升（有效浓度100~200毫克/升）喷雾。

（3）防治松树松毛虫，在松毛虫发生时，用24%米满悬浮剂1 200~2 400倍液，或每100升水加24%米满悬浮剂41.6~83毫升（有效浓度100~200毫克/升）喷雾。

注意事项：

（1）使用前，务必仔细阅读产品标签。

（2）施药时应戴手套，避免药物溅及眼睛和皮肤。

（3）施药时严禁吸烟和饮食。

（4）喷药后要用肥皂和清水彻底清洗。

（5）本品对鸟无毒，对鱼和水生脊椎动物有毒，对蚕高毒；不要直接喷洒到水面，废液不要污染水源；在养殖蚕桑地区禁用此药。

（6）贮藏于干燥、阴凉、通风良好的地方，远离食品、饲料，避免儿童接触。

19. 阿克泰

阿克泰的有效成分干扰昆虫体内神经的传导作用，其作用方式是模仿乙酰胆碱，刺激受体蛋白，而这种模仿的乙酰胆碱又不会被乙酰胆碱酯酶所降解，使昆虫一直处于高度兴奋中，直到死亡。

剂型：25%阿克泰水分散颗粒剂。

防治对象：对水稻、小麦、棉花、苹果、梨等多种经济作物及蔬菜上的各种蚜虫、飞虱、粉虱等刺吸式口器害虫特效，对马铃薯甲虫有很好的防治效果，对多种咀嚼式口器害虫也有很好的防治效果。

使用方法：阿克泰是新一代的杀虫剂，具有良好的胃毒和触杀性，强内吸传导性，植物叶片吸收后迅速传导到各部位，害虫吸食药剂后，活动迅速被抑制，停止取食，并逐渐死亡。具有高效、持效期长、单位面积用药量低等特点，其持效期可达1个月左右。

（1）防治稻飞虱，每亩用25%阿克泰水分散颗粒剂1.6~3.2克（有效成分0.4~0.8克），在若虫发生初盛期进行喷雾，每亩喷液量30~40升，直接喷在叶面上，可迅速传导到水稻全株。

（2）防治苹果蚜虫，用25%阿克泰水分散颗粒剂5 000~10 000倍液，或每100升水加25%阿克泰水分散颗粒剂10~20毫升（有效浓度25~500毫克/升），或每亩用25%阿克泰水分散颗粒剂5~10克（有效成分1.25~2.5克）进行叶面喷雾。

（3）防治瓜类白粉虱，使用25%阿克泰水分散颗粒剂浓度为2 500~5 000倍，或每亩用25%阿克泰水分散颗粒剂10~20克（有效成分2.5~5克）进行喷雾。

（4）防治棉花蓟马，每亩用25%阿克泰水分散颗粒剂13~26克（有效成分3.25~6.5克）进行喷雾。

（5）防治梨木虱，用25%阿克泰水分散颗粒剂1 000倍液，或每100升水加25%阿克泰水分散颗粒剂10克（有效浓度25毫克/升），或每亩果园用25%阿克泰水分散颗粒剂6克（有效成分1.5克）进行喷雾。

（6）防治柑橘潜叶蛾，用25%阿克泰水分散颗粒剂3 000~4 000倍液，或每100升水加25%阿克泰水分散颗粒剂25~33克（有效浓度62.5~83.3毫克/升），或每亩用25%阿克泰水分散颗粒剂15克（有效成分3.75克）进行喷雾。

注意事项：

（1）害虫接触阿克泰药剂后立即停止取食等活动，但死亡速度较慢，死虫的高峰通常在施药后2~3天出现。

（2）阿克泰是新一代杀虫剂，其作用机理完全不同于现有的杀虫剂，也没有交互抗性问题，因此对抗性蚜虫、飞虱效果特别优异。

(3) 阿克泰使用剂量低，应用过程中不要盲目加大用药量，以免造成不必要的浪费。

(4) 阿克泰低毒，一般不会引起中毒事故，如误食引起不适等中毒症状，没有专门解毒药剂，可请医生对症治疗。

二、杀　菌　剂

（一）杂环类杀菌剂

1. 百坦（羟锈宁、三唑醇）

百坦工业品为红色粉末，具微臭味，不溶于水，原装情况下贮存两年以上不变质。内吸传导性强，对作物具有保护和治疗作用。对人、畜毒性较低。

剂型：10%、15%、25%干拌种剂，17%、25%湿拌种剂。

防治对象：百坦杀菌范围广，对种子和空气传播的病害，如麦类散黑穗病、坚黑穗病、腥黑穗病、条纹病、颖枯病、雪腐病、白粉病、锈病等有特效，对土传病害如玉米、高粱丝黑穗病也有良好的防治效果。

使用方法：

（1）防治麦类散黑穗病、小麦网腥黑穗病、光腥黑穗病，每100公斤种子用15%百坦干拌种剂50~100克（1~2两）；或用25%百坦干拌种剂30~60克（0.6~1.2两）拌100公斤种子，效果均在80%以上。

（2）防治小麦、大麦条锈病、叶锈病和白粉病，每100公斤种子用15%百坦干拌种剂200~250克（4~5两），或用25%百坦干拌种剂120~150克（2.4~3两），均有良好的防效。

（3）防治麦类颖枯病、根腐病、条纹病和雪腐病等，每100公斤种子用15%百坦干拌种剂200~250克（4~5两），或用25%百坦干拌种剂120~150克（2.4~3两），效果均在80%以上。

（4）防治玉米丝黑穗病，因种子表皮光滑，需加黏着剂（如

图26 百坦杀菌范围广,对于种子带菌的病害有特效

果种子量少,可以用湿毛巾将种子擦湿润,然后拌种),黏着剂用稠米汤或用面粉煮成稀浆糊均可,目的是让药剂能黏附在种子表面。每100公斤种子用15%百坦干拌种剂400~500克(0.8~1斤),或用25%百坦干拌种剂250~300克(5~6两),防病效果可达90%左右。

(5)防治高粱丝黑穗病,每100公斤种子用15%百坦干拌种剂100~150克(2~3两),或用25%百坦干拌种剂60~90克(1.2~1.8两),防病效果可达80%以上。

注意事项:

(1)拌种时务必使种子表面粘药均匀,才能提高杀菌效果。

(2)药品应放在儿童摸不到的地方,也不能与食物及饲料一起贮存。

(3)如误食引起中毒,应立即找医生对症治疗。目前尚无特效解毒药剂。

2. 灭病威（多硫胶悬剂）

灭病威是多菌灵加硫黄复合剂，是广州市化工研究所研制的一种新型杀菌剂，由广州珠江电化厂生产。其内吸作用好，黏着力特强，耐雨水冲刷，施药后 4~6 小时下小到中雨，仍能保持药效。

剂型：40%灭病威胶悬剂。

防治对象：灭病威具有广谱、高效作用，对水稻稻瘟病有良好的防治效果，相当于三环唑，明显优于富士一号、克瘟散、多菌灵和异稻瘟净等，对水稻纹枯病的药效与井岗霉素相近。此外，对小麦赤霉病，油菜菌核病，花生叶斑病和锈病，柑橘炭疽病、疮痂病和褐腐病，以及蔬菜、西瓜炭疽病等均有良好的防治效果。

使用方法：

（1）防治水稻病害，穗瘟在水稻破口初期或齐穗期，各喷施一次40%灭病威胶悬剂，每亩次用药200克（4两），加水75公斤喷雾，有80%左右的效果。对水稻后期几种常见并发病害，如纹枯病和秆腐病效果均在85%以上。

（2）防治小麦赤霉病，每亩用40%灭病威胶悬剂，满幅播种的为200克（4两），棉麦套种的每亩用药100克（2两），加水40~60公斤，在抽穗末期和扬花期各喷雾1次，有85%左右的防治效果。

（3）防治花生锈病、叶斑病，在发病初期，每亩用40%灭病威胶悬剂250克（半斤），加水喷雾，隔12~14天后喷1次，效果很好。

（4）防治蔬菜白粉病、叶斑病、锈病和炭疽病，每亩用40%灭病威胶悬剂150~200克（3~4两），加水65~75公斤，在发病初期施药1次，隔1星期再施1次药，染病特别重的田共施药3次，可获得满意效果。

（5）防治西瓜、木瓜炭疽病，用40%灭病威胶悬剂加水350~400倍稀释，适量喷雾1~2次。

注意事项：防治豆角、西瓜、木瓜病害，在夏季高温强光时，植物对灭病威较敏感，宜采用较低浓度，并在下午施药为好。

3. 三环唑（三赛唑、克瘟灵）

三环唑纯品为白色针状结晶，对热和光都较稳定，对人、畜毒性低，对植物安全；耐雨水冲刷，在施药后1小时遇到下雨，也不需要补喷药，效果仍然很好。

剂型：20％、75％三环唑可湿性粉剂，30％三环唑胶悬剂，20％三环唑乳油。

防治对象：三环唑防治水稻稻瘟病有特效，施药后能被水稻的根、茎、叶吸收，并能在植物体内输导，在整个水稻生长期间喷1~2次药，就能有效地预防稻瘟病的发生。

使用方法：

（1）防治水稻苗瘟，在秧苗3~4叶期或移栽前5天使用，每亩用20％三环唑可湿性粉剂50~75克（1~1.5两），加水30~50公斤均匀喷雾。

（2）防治水稻叶瘟，当叶瘟刚发生时，每亩用20％三环唑可湿性粉剂100克（2两），加水60公斤喷雾。湖北省推广应用的方法是，用20％三环唑可湿性粉剂1 750倍液，浸秧把一分钟，取出堆闷半小时，再栽种，对叶瘟的防治效果优于喷雾。

（3）防治水稻穗瘟，在水稻破口初期，每亩用20％三环唑可湿性粉剂75~100克（1.5~2两），或用75％三环唑可湿性粉剂30克（6钱），加水60公斤喷雾。一般施药1次，即有80％左右的效果。如果病情严重，气候又有利于病害发展，在齐穗时喷药1次，药量同第一次，效果更好。

注意事项：

（1）三环唑属于预防性杀菌剂，治疗效果较差，一般应在病害发生前使用，特别是防治穗颈瘟，一定要在破口初期使用，切忌推迟施药时间，以免影响效果。

（2）30％三环唑胶悬剂是一种新剂型，配药时要搅拌均匀，以充分发挥其药效。

（3）使用时，应避免身体直接接触药粉和药液。

4. 富士一号（稻瘟灵、异丙硫环）

富士一号纯品为白色结晶，略有臭味；对光和温度均稳定，耐贮存；对人、畜安全，对作物无药害。

剂型：40%乳剂，40%可湿性粉剂。

防治对象：富士一号是内吸性杀菌剂，主要防治水稻稻瘟病，有优良的防治效果。对纹枯病、稻叶蝉、稻飞虱也有一定的控制作用。

使用方法：

（1）防治水稻苗瘟、叶瘟，在发病始期，每亩用40%富士一号可湿性粉剂100克（2两），或用40%富士一号乳剂100毫升（2两），加水60～75公斤喷雾。药后3天见效，可维持药效6个星期。

（2）防治水稻穗瘟，在水稻破口期与齐穗期各施药1次。每亩用40%富士一号可湿性粉剂100克（2两），或用40%富士一号乳剂100毫升（2两），加水60～75公斤喷雾。

注意事项：

（1）富士一号在运输和贮存时勿受雨淋，不能受潮。

（2）施药时田间要有水层并保水。

（3）可以同绝大多数农药混用，但不可与强碱农药（如石灰硫黄合剂）混用。

（4）使用时应遵守操作规程。如误食，即用浓食盐水使其呕吐，解开衣服，将中毒者放在阴凉、空气新鲜的地方休息。

5. 粉锈宁（三唑酮）

粉锈宁制剂为白色至浅黄色粉末，具微臭味，耐酸、碱，可与多种药剂混用。在正常贮存条件下，两年以上不变质。对人、畜毒性较低。

剂型：15%、25%可湿性粉剂，20%乳剂。

防治对象：粉锈宁是一种高效内吸杀菌剂，具有预防、治疗和铲除等效果。对白粉病和锈病有特效，对麦类云纹病、叶枯病、根腐病和玉米丝黑穗病也有良好的防治效果。

使用方法：

（1）防治麦类白粉病、条锈病、叶锈病、秆锈病、叶枯病和云纹病，在发病初期，每亩用25%可湿性粉剂35克，或15%可湿性粉剂50克，或20%乳剂35毫升，加水75公斤喷雾。喷药1次即可。

（2）防治小麦条锈病、白粉病、根腐病、散黑穗病、纹枯病，用15%可湿性粉剂拌种，每100公斤种子拌药200克（1斤种子用1克药），防效在90%以上。一药兼治数病，已广泛推广应用。

（3）防治玉米丝黑穗病、高粱丝黑穗病，用15%可湿性粉剂400克（8两），拌100公斤种子。

（4）防治黄瓜、豆类白粉病，在发病初期每亩用25%可湿性粉剂，加水2 000~3 000倍喷雾，每亩喷药液50~75公斤。

（5）防治苹果、梨白粉病，初发病时用25%可湿性粉剂，加水稀释5 000~10 000倍喷雾，小果树每亩喷药液100~150公斤，大果树每亩喷药液300公斤；防治苹果、梨锈病，用25%可湿性粉剂，加水稀释2 500~4 000倍，喷药液量同白粉病。

（6）防治烟草白粉病，在感病初期用药，每亩用25%可湿性粉剂5~10克（1~2钱），加水50公斤喷雾，根据需要间隔两星期喷1次。

注意事项：

（1）粉锈宁易燃，贮存时应远离火源。切勿与粮食、食品和饲料一起存放。

（2）不宜和碱性药剂混用，以免降低药效。

（3）瓜果、蔬菜等作物在收获前半个月内停止用药。

6. 多菌灵（苯骈咪唑44号）

多菌灵工业品为棕色粉末状，化学性质稳定，对高等动物的毒性较低，是一种应用范围很广的杀菌剂。

剂型：10%、25%、50%多菌灵可湿性粉剂，40%多菌灵胶悬剂，40%多菌灵硫黄悬浮剂。

防治对象：多菌灵为高效、低毒、内吸性杀菌剂，对麦类赤霉病、水稻稻瘟病、纹枯病，棉花苗期病害，油菜菌核病，瓜类白粉病,禾谷类作物的黑穗病等均有良好的防治效果。

图 27 多菌灵为高效、低毒、内吸性杀菌剂

使用方法:

(1)防治麦类赤霉病,每亩用 50% 多菌灵可湿性粉剂 100 克 (2两),加水 70 公斤均匀喷雾。在小麦抽穗至扬花期,根据天气预报,用药 1~2 次,防治效果很好。

(2)防治水稻稻瘟病,对叶瘟每亩用 50% 多菌灵可湿性粉剂 60~75 克(1.2~1.5 两),加水 60~75 公斤喷雾;防治穗颈瘟,可在孕穗末期和齐穗期各喷药 1 次,喷药量与防治叶瘟相同,但不如三环唑、灭病威的药效好。

（3）防治水稻纹枯病、小粒菌核病，用25%多菌灵可湿性粉剂120~150克（2.4~3两），加水60~70公斤喷雾，根据病情，隔一星期再喷1次，效果良好。

（4）防治棉花立枯病、炭疽病，用50%多菌灵可湿性粉剂拌种，用药量为种子重量的1%，即100公斤棉籽用50%可湿性粉剂1公斤拌种。

（5）防治高粱丝黑穗病、散黑穗病，用50%多菌灵可湿性粉剂500~700克（0.5~0.7公斤）拌种100公斤，但药效不如百坦与粉锈宁。

（6）防治油菜菌核病，掌握在盛花期喷药，每亩用50%多菌灵可湿性粉剂100~150克（2~3两），加水75公斤喷雾；或每亩用40%多菌灵胶悬剂100克（2两），在油菜初花期喷雾1次，如果病情严重，在盛花期再喷1次，效果比托布津好。

（7）防治花生根腐病、立枯病，用50%多菌灵可湿性粉剂500~1 000克（0.5~1公斤），拌种100公斤。拌种前先将花生种子浸泡24小时，或用水淋湿，然后拌种，效果更好。

注意事项：

（1）贮存时应放在干燥的地方，以免吸湿结块。

（2）配药时要充分搅拌，喷药时要均匀周到。

（3）防治麦类赤霉病、条锈病、白粉病时，可与粉锈宁混合使用，效果更好。

（4）收获前20~25天停止用药。

7. 叶枯宁（川化—018、噻枯唑）

叶枯宁是一种安全、高效、经济的防治细菌性病害的杀菌剂，施用后有良好的预防和治疗作用，持效期为10~15天，对作物安全，增产幅度大。一般用于稻田，对鱼类和天敌等也相当安全。

剂型：20%、25%叶枯宁可湿性粉剂。

防治对象：对水稻白叶枯病有特效，对柑橘溃疡病等细菌性病害也有防治效果。

使用方法：防治水稻白叶枯病，在秧苗3叶期与移栽前5~7

天，各施1次，每亩次用20%叶枯宁100克，兑水75公斤，喷雾防治；在大田白叶枯病发病初期，每亩用20%叶枯宁可湿性粉剂100克，加水75公斤均匀喷雾，隔7~10天再喷药1次，效果良好。

注意事项：

（1）叶枯宁（川化—018）虽属低毒药剂，但在接触和使用时仍要注意安全。

（2）拆开的包装用后要重新封好，存放在干燥、阴凉地方，以免受潮后影响药效。

8. 特克多（涕必灵）

特克多纯品为灰白色粉末，在酸、碱溶液中和高温、低温水中都很稳定，耐贮存，不易挥发。对动物、鱼类和蜜蜂都较安全。

剂型：45%特克多乳剂，60%特克多可湿性粉剂。

防治对象：特克多是一种高效、广谱、内吸性杀真菌剂，对作物有良好的保护和治疗作用，还可以用做水果、蔬菜的贮存防腐，延长其保鲜期。

（1）防治甜橙贮藏期青霉病、绿霉病、褐色蒂腐病、黑色蒂腐病，用45%特克多乳剂，加水稀释成1 000倍液，浸泡橙子1分钟，捞出来晾干，再将橙子装进塑料薄膜口袋，贮藏于地窖中，温度控制在15~24℃，相对湿度在85%~100%，可保存2~3个月，仍很新鲜。

（2）防治香蕉炭疽病、黑腐病，用45%特克多乳剂，加水600倍稀释，将香蕉放入药液中浸3分钟，捞出来晾干，装入竹箩筐，放置于地窖或地下室，温度控制在18~22℃，相对湿度在80%~95%，可保鲜1个月以上。

（3）防治油菜黑胫病，采用拌种法，播种前每100公斤种子拌60%特克多可湿性粉剂400克（8两），充分拌匀后即可播种；如果油菜在大田发生黑胫病，可以采取喷雾防治，掌握在油菜四片真叶时喷药1次，根据病情需要，可在春天油菜生长旺盛时再喷药1次，每亩次用60%特克多可湿性粉剂65克（1.3两），加水50~80公斤喷雾。

（4）防治水稻恶苗病，拌种和浸种都有效。拌种可用60%特克多可湿性粉剂300~500克（0.6~1斤），拌稻种100公斤。浸种用60%可湿性粉剂，加水600倍配成药液即可。

9. 灭稻瘟一号

灭稻瘟一号是吉林省延边农药厂生产的新型杀菌剂，它是三环唑和春雷霉素的复配制剂，近年来在各地示范推广，防治稻瘟病效果显著。

使用方法：施用灭稻瘟一号防治稻瘟病时，应掌握在叶瘟初发期，穗颈瘟在水稻破口10%左右时各用药1次，每亩次用药量100克。用灭稻瘟一号每亩费用比富士一号降低10%以上，比三环唑降低30%左右，其防治效果接近于富士一号和三环唑。

10. 加收热必

加收热必是加收米和热必斯的混合制剂，现已大面积推广。它综合了两种药剂的长处，既有预防作用，又有治疗效果。对酸和弱碱稳定，残效期长，安全性高，对人、畜、鱼类低毒，一般浓度下，对作物不产生药害。

剂型：21.2%加收热必可湿性粉剂。

防治对象：主要用于水稻稻瘟病，预防效果在90%以上，治疗效果在85%以上。

使用方法：

（1）防治水稻叶瘟，每亩用21.2%加收热必可湿性粉剂100克（2两），加水75~100公斤，在发病初期用药，一般用药两次。

（2）防治水稻穗瘟，用叶瘟相同的药量，喷雾两次，第一次在水稻破口初期，第二次在齐穗期。

注意事项：

（1）不能与强碱性农药混用，但可以和其他农药混用。

（2）施药时，要戴口罩，施药完毕，用肥皂充分洗手、脸等身体裸露部位，同时要漱口。

（3）加收热必属于低毒药剂，一般不会出现严重中毒，如误食该药，喝大量食盐水使它吐出即可。

(4) 未用完的药要密封，放在较暗和阴凉地方保存。

(5) 安全间隔期：收获前 21 天。

11. 氧环三唑（氧环宁、丙唑灵）

氧环三唑为浅黄色黏稠液体，对高等动物低毒，是一种有保护性和治疗作用的新内吸剂。

剂型：25% 乳剂，25% 可湿性粉剂。

防治对象：对小麦白粉病、锈病、根腐病，玉米丝黑穗病等均有良好的防治效果。

使用方法：

(1) 防治小麦白粉病、锈病，在发病初期每亩用 25% 氧环三唑可湿性粉剂 50~100 克（1~2 两），加水 50~75 公斤喷雾，防效在 90% 左右。

(2) 防治玉米丝黑穗病、高粱丝黑穗病，拌种药量为种子重量的 1‰，即 100 公斤种子拌 25% 氧环三唑可湿性粉剂 100 克（2两），拌均匀后播种。

注意事项：

(1) 拌种时药量要严格掌握，高于 1‰ 易出现药害。

(2) 如需要喷药两次，中间间隔需 20 天以上。

12. 拌种灵

拌种灵纯品为白色粉末状结晶，人、畜接触毒性低，口服毒性大。

剂型：40% 拌种灵可湿性粉剂，30% 拌种灵胶悬剂，40% 拌种双可湿性粉剂（含拌种灵 20% 和福美双 20%）。

防治对象：拌种灵具有内吸性强、效果好和应用范围广等特点，既能做种子的处理，又可做叶面喷洒，对棉花立枯病、炭疽病、角斑病，禾谷类作物的黑穗病，红麻炭疽病，花生锈病等多种病害均有很好的防治效果。

使用方法：

(1) 防治玉米丝黑穗病、高粱丝黑穗病，用 40% 拌种双可湿性粉剂或 40% 拌种灵可湿性粉剂，按种子重量的 5‰ 药量进行拌种。

(2) 防治高粱散黑穗病、坚黑穗病，用 40% 拌种灵可湿性粉剂或 40% 拌种双可湿性粉剂,均按种子重量的 3‰ 药量拌种。

(3) 防治小麦散黑穗病、腥黑穗病,用 40% 拌种双可湿性粉剂或 40% 拌种灵可湿性粉剂,按种子重量的 2‰ 药量拌种。

(4) 防治棉花立枯病、炭疽病,用 40% 拌种双可湿性粉剂或 40% 拌种灵可湿性粉剂按种子重量的 5‰ 药量拌种;防治棉花角斑病,用 40% 拌种灵可湿性粉剂,或 30% 胶悬剂,加水 350 倍稀释,做叶面喷雾。

(5) 防治红麻炭疽病,用 40% 拌种灵可湿性粉剂或 40% 拌种双可湿性粉剂,按种子重量的 5‰ 药量拌种;或用 40% 拌种灵可湿性粉剂 160 倍稀释液浸种。

(6) 防治花生锈病,用 40% 拌种灵可湿性粉剂,加水 500 倍稀释,做叶面喷洒有良好效果。

注意事项:

(1) 拌种灵和拌种双一般只能干拌种,湿拌种易出现药害。棉花可采用湿拌种。

(2) 小麦拌种要严格掌握药量,否则易产生药害。

(3) 口服毒性大,应妥善保管,远离粮食和食物贮存。

13. 拌种双

拌种双是由拌种灵和福美双按 1:1 的比例混配而成,作用优于单一使用拌种灵或福美双。拌种双具有内吸性,拌种后可进入种皮或种胚,杀死种子表面及潜伏在种子内部的病原菌;同时,也可在种子发芽后进入幼芽和幼根,从而保护幼苗免受土壤病原菌的浸染。

剂型:40% 拌种双可湿性粉剂。

防治对象:拌种双用于防治小麦、高粱黑穗病,棉花苗期病害以及红麻炭疽病等。

使用方法:

(1) 小麦黑穗病的防治,每 100 公斤种子用 40% 的拌种双可湿性粉剂 100~200 克(2~4 两)拌种。

(2) 高粱黑穗病的防治,每 100 公斤种子用 40% 拌种双可湿性粉剂 300~500 克(0.6~1 斤)拌种。

图 28 经药剂处理过的种子应妥善存放,以免人、禽(畜)误食中毒

(3) 棉花苗期病害的防治,每 100 公斤种子用 40% 拌种双可湿性粉剂 500 克(1 斤)拌种。

(4) 红麻炭疽病的防治,用 40% 的拌种双可湿性粉剂,配成 160 倍药液拌种。

注意事项:

(1) 冬麦区用 40% 拌种双可湿性粉剂拌种,每 100 公斤种子拌种药量超过 150 克会出现药害;其他麦区也要注意药害问题。

(2) 使用时应戴橡皮手套等防护用具,施药后用肥皂洗手、脸。

(3) 经药剂处理过的种子应妥善存放，以免人、禽（畜）误食中毒。

(4) 贮运过程中注意防潮，置于阴凉干燥处，贮运（藏）要有专门的车皮或仓库，不得与食物和日用品混在一起。

14. 双效灵

双效灵属氨基酸铜络合物，是一种深蓝色水溶液，有内吸性，可以任意用水稀释，对光和温度很稳定，贮存期约两年以上。

剂型：10%双效灵水剂。

防治对象：双效灵杀菌范围广，对小麦、蔬菜、瓜果和花生等作物的多种病害有一定的防治效果，并具有增产作用。

使用方法：

(1) 防治棉花、烟草、茶的立枯病、根腐病，可用10%双效灵水剂，加水稀释成100倍液，闷种6小时；或用100倍稀释液浸种6~12小时，均有良好的防治效果。

(2) 防治番茄晚疫病和四季豆炭疽病，用10%双效灵水剂，加水200~400倍稀释，于发病初期均匀喷洒于叶面，每隔7天用药1次，连续用药3~4次，效果可达80%~90%。

(3) 防治黄瓜、菠菜霜霉病，用10%双效灵水剂，加水300倍稀释，在发病初期，均匀喷洒于叶面，每隔7天用药1次，连续用药3次以上，效果可达85%以上。

注意事项：

(1) 双效灵不能暴晒，应贮存在阴凉处；不能与酸、碱药物混用。

(2) 施药时间最好选择在阴天或者晴天的下午3点钟以后。

15. 速克灵

速克灵是一种新型杀菌剂，与现有杀菌剂的作用机理不同，它具有内吸性，耐雨水冲刷，对阻止病斑发展有特效，持效时间长。对人、畜、鱼类毒性低，对天敌影响小，对作物安全。

剂型：50%速克灵可湿性粉剂。

防治对象：适用于油菜、蚕豆、豌豆、向日葵、果树、蔬菜和花卉等多种作物病害,对菌核病、灰霉病、黑星病、褐腐病、大斑病、根腐病等均有较好的防治效果。

使用方法:

(1) 防治油菜、番茄、黄瓜、向日葵等作物的菌核病,每亩用50%速克灵可湿性粉剂40~50克(0.8~1两),加水45公斤喷雾;或用50%速克灵可湿性粉剂1 000~2 000倍液喷雾,药液量根据作物大小而定。

(2) 防治葡萄灰霉病、番茄灰霉病、桃灰霉病,用50%速克灵可湿性粉剂1 000~2 000倍液;或每亩用50%可湿性粉剂50克,加适量水喷雾。

(3) 防治玉米大斑病、樱桃褐腐病,用50%速克灵可湿性粉剂1 000~1 500倍液喷雾;或每亩用50%速克灵可湿性粉剂50~75克(1~1.5两),加水75~100公斤喷雾。

注意事项:

(1) 配药后要及时喷洒,不要长时间放置,以免影响药效。

(2) 不要和石硫合剂、波尔多液等碱性药物混用。

(3) 药剂用毕存放在阴凉干燥处。

16. 乐必耕

乐必耕是一种低毒性杀菌剂,纯品为白色结晶体,在光、热、酸、碱条件下都很稳定,耐贮存。

剂型: 6%可湿性粉剂。

防治对象: 适用于果树、蔬菜病害的预防和治疗,对苹果黑星病、白粉病、腐烂病,梨黑星病、锈病,瓜类白粉病以及花生叶斑病、锈病均有很好的防治效果。

使用方法:

(1) 防治苹果黑星病、白粉病、腐烂病,梨锈病、黑星病和花生锈病,在病害刚发生时施药,用6%乐必耕可湿性粉剂,加水稀释1 500~2 000倍,进行叶面喷雾,根据病情每隔10~14天喷雾1次,共喷3~4次。

(2) 防治瓜类白粉病,在病害初发生时施药,用6%乐必耕可湿性粉剂，加水稀释 2 500~5 000 倍，进行叶面喷雾，根据病情，以后每隔 10~14 天喷药 1 次，共喷 3~4 次。

注意事项：

（1）使用时按照操作规程，避免身体直接接触药粉和药液。

（2）水果和蔬菜收获前 20 天停止使用。

17. 土菌清（恶霉灵）

土菌清原药为无色结晶，能溶于大多数有机溶剂。在酸、碱溶液中较稳定，无腐蚀性。商品外观为水剂，浅黄棕色透明液体，比重为 1.2，可与大多数农药混配，贮存有效期两年以上。

剂型：土菌清 30% 水剂，70% 可湿性粉剂。

防治对象：土菌清是一种内吸性杀菌剂，同时，又是一种土壤消毒剂，它能被植物的根吸收，使根的活性提高，从而能促进植株生长；适用于水稻、蔬菜等作物，对腐霉菌、镰刀菌引起的病害有较好的预防效果。

使用方法：

（1）防治水稻苗期立枯病，用于秧苗苗床或育秧箱，每平方米用 30% 土菌清水剂 3~6 毫升（0.6~1.2 钱），兑水喷在苗床或育秧箱上，然后再播种。移栽前视情况以相同药量再喷 1 次。

（2）防治甜菜立枯病，常采用以下两种拌种方法：

干拌：每 100 公斤甜菜种子，用 70% 土菌清可湿性粉剂 500~700 克（1~1.4 斤）与 50% 福美双可湿性粉剂 500~800 克（1~1.6 斤），混合均匀后再拌种。

湿拌：每 100 公斤甜菜种子，先用种子重量的 30% 的水将种子润湿，然后用 70% 土菌清可湿性粉剂 400~700 克（0.8~1.4 斤），与 50% 福美双可湿性粉剂 500~800 克（1~1.6 斤）混合均匀后拌种。

注意事项：

（1）干拌闷种有时易出现药害。

（2）土菌清虽属低毒杀菌剂，但施药时也应穿工作服注意保护。

（3）如药剂不慎沾染皮肤和眼睛，应立即用清水冲洗；万一误服,要催吐,让患者保持安静,并送医院对症治疗。

18. 双苯三唑醇(百科、双苯唑菌醇)

双苯三唑醇原药是一种无色结晶,商品外观为透明浅褐色液体,乳化性能好,常温贮存稳定,保存期在两年以上。

剂型:30%百科乳油。

防治对象:双苯三唑醇是一种广谱性杀菌剂,能渗透叶面的角质层而进入植株组织,具有保护和治疗作用,适用于花生、果树、花卉等作物,对锈病、白粉病、褐斑病、黑星病、叶斑病等有良好的防治效果。

使用方法:

(1)防治花生锈病、叶斑病,每亩次用30%百科乳油40~60毫升(0.8~1.2两),兑水60公斤喷雾,间隔期为两周,根据病情需喷药2~3次。

(2)防治苹果黑星病,在病害初发生时开始喷药,用30%百科乳油稀释2 000~2 500倍,均匀喷雾,间隔期为20天,共喷药3~4次。

(3)防治水仙花褐斑病,当病害初发生时开始喷药,每亩用30%百科乳油30~40克(6~8钱),兑适量水喷雾,间隔期为20天,根据病情喷药4次左右。

注意事项:

(1)百科乳油虽属低毒杀菌剂,施药时仍需按操作规程进行,以免中毒。

(2)本药剂应贮存在远离家禽、食物、饲料和儿童触摸不到的地方。

(3)如不慎发生中毒,可根据病情对症治疗。

19. 禾穗宁(万菌灵、戊环隆)

禾穗宁纯品外观为无色结晶,商品外观为白色粉末,属于低毒杀菌剂,其悬浮性能好,常温下贮存比较稳定。

剂型:25%禾穗宁可湿性粉剂。

防治对象:禾穗宁是一种非内吸性杀菌剂,具有保护作用,持效期长，适用于水稻和观赏植物，对丝核菌引起的水稻纹枯病有特效。

使用方法：防治水稻纹枯病，在水稻分蘖末期至圆秆拔节期病蔸率达20%，孕穗期至抽穗期病蔸率达25%~30%时，即用药防治，每亩次用25%禾穗宁可湿性粉剂50~70克（1~1.4两），兑水75公斤喷雾；或在纹枯病初发生时喷第一次药，20天后再喷第二次，用药量同上。

注意事项：

（1）水稻纹枯病与稻瘟病同时发生时，本药剂可与克瘟散药剂混用。

（2）贮存药剂时，应放在儿童触摸不到的地方，也不要与食物和饲料存放在一起。

（3）本药剂虽属低毒杀菌剂，但对哺乳动物有轻微毒性，万一发生中毒，可对症治疗。

20. 扑海因（异菌脲）

扑海因纯品为无色结晶，属于低毒杀菌剂，能与大多数农药混用，但遇碱性物质不稳定。在常温条件下可贮存两年以上。

剂型：50%扑海因可湿性粉剂，25%扑海因悬浮剂。

防治对象：扑海因是一种广谱性接触杀菌剂，适用于玉米，蔬菜、花生、果树等作物，对小斑病、菌核病、早疫病、灰霉病及冠腐病等有较好的防治效果。

使用方法：

（1）防治玉米小斑病，在病害初发生时开始喷药，每亩次用50%可湿性粉剂250~350克（5~7两），兑水喷雾。间隔期为半个月，共喷药两次。

（2）防治油菜菌核病，在油菜初花期和盛花期各喷1次药，每亩次用50%可湿性粉剂70~100克（1.4~2两），兑水60公斤喷雾。

（3）防治花生冠腐病，用50%扑海因可湿性粉剂拌种，药剂量为种子重量的0.2%~0.3%，即100公斤种子用50%可湿性粉剂200~300克（4~6两），拌匀播种。

图29 施药后的扑海因空包装应妥善销毁

(4) 防治葡萄、草莓灰霉病,掌握在初发病时喷药,每亩次用50%可湿性粉剂100克(2两),兑水75公斤喷雾。

注意事项:

(1) 喷药时应注意安全防护,避免药液接触皮肤或眼睛;如已接触应立即洗净。

(2) 药剂应放在儿童触摸不到且干燥通风的地方,药剂空包装应妥善销毁。

(3) 本药剂在一季作物上最多施用3次,最后1次施药距收获期(安全间隔期)为一星期。

21. 菌核净

菌核净纯品为白色鳞片状结晶，原药为淡棕色固体，常温下贮存影响不大，遇酸较稳定，遇碱或日光易分解。商品外观为淡棕色粉末。

剂型：40%菌核净可湿性粉剂。

防治对象：菌核净为亚胺类杀菌剂，具有直接杀菌、内渗治疗、残效期长的特性。适用于水稻、小麦、油菜、烟草等作物，对纹枯病、赤霉病、白粉病和赤腥病都有良好的防治效果。

使用方法：

（1）防治水稻纹枯病，每亩次用40%菌核净可湿性粉剂200~250克（4~5两），兑水75公斤，于病株率达到20%时开始喷药，根据病情间隔10~15天再喷1次。

（2）防治油菜菌核病，每亩用40%菌核净可湿性粉剂100~150克（2~3两），兑水75公斤，在油菜始花期和盛花期各喷一次药，药液尽量喷在植株中下部。

（3）防治烟草赤腥病，每亩用40%菌核净可湿性粉剂200~300克（4~6两），于发病初期喷药，根据病情隔10天再喷药1次。

注意事项：

（1）菌核净虽属低毒杀菌剂，但施用时仍应注意防护，避免身体直接接触。操作完毕要及时洗净手、脸和可能被污染的部位。

（2）本药剂能通过食道引起中毒，无特效药解毒。若发生中毒，对患者可采取对症治疗。

（3）贮存时不得与食物及日用品一起混放，应贮存在干燥、避光和通风条件良好的地方。

22. 乙烯菌核利（农利灵）

乙烯菌核利工业品为灰白色粉末，在水中分散性好，常温贮存稳定，保存期在两年以上。按我国毒性分级标准，属于低毒杀菌剂。

剂型：50%可湿性粉剂。

乙烯菌核利主要干扰细胞核功能，并对细胞膜和细胞壁有影响，改变细胞膜的渗透性，使细胞破裂。对果树、蔬菜类作物的灰霉病、褐斑病、菌核病有良好的防治效果。

使用方法：

(1) 防治番茄灰霉病、早疫病，于发病初期开始喷药，每亩次用50%乙烯菌核利可湿性粉剂75~100克，兑水喷雾，间隔7~8天喷1次，整个作物生育期共喷3~4次。

(2) 防治黄瓜灰霉病，于发病初期开始喷药，每亩使用50%乙烯菌核利可湿性粉剂75~100克，兑水喷雾，间隔7~10天喷1次，共喷3~4次。

(3) 防治油菜菌核病、大白菜黑斑病、花卉灰霉病，于发病初期开始喷药，用药剂量和次数同黄瓜灰霉病。

注意事项：

(1) 乙烯菌核利在黄瓜和西红柿上的最高残留量为0.05ppm，安全间隔期为21~35天。

(2) 如不慎将药液溅到皮肤上或眼睛内，应立即用大量清水冲洗。如误服中毒，应立即催吐。

23. 施保克（咪鲜胺）

施保克是咪唑类广谱杀菌剂，是通过抑制甾醇的生物合成而起作用。尽管其不具有内吸作用，但具有一定的传导性能，对水稻恶苗病，芒果炭疽病，柑橘青绿霉病、炭疽病和蒂腐病，香蕉炭疽病及冠腐病等有较好的防治效果；还可以用于水果采后处理，防治贮藏期病害。另外通过种子处理，对禾谷类许多种传和土传真菌病害有较好的活性。单用时，对斑点病、霉腐病、立枯病、叶枯病、条斑病、胡麻叶斑病和颖枯病有良好的防治效果，与萎锈灵或多菌灵混用，对腥黑穗病和黑粉病有极佳的防治效果。在土壤中主要降解为易挥发的代谢产物，易被土壤颗粒吸附，不易被雨水冲刷掉。对土壤中的生物低毒，但对某些土壤中的真菌有抑制作用。

剂型：25%施保克乳油，45%施保克水乳剂。

防治对象：水稻恶苗病、稻瘟病，胡麻叶斑病，小麦赤霉病，大豆炭疽病、褐斑病，油菜菌核病，向日葵炭疽病、灰霉病，香蕉叶斑病，葡萄黑豆病、蒂腐病、青霉病、绿霉病、甜菜褐斑病等。

使用方法：

(1) 防治水稻恶苗病，在不同地区用法不同。长江流域及长江以南地区，用25%施保克乳油200~300倍液，或每100升水加25%施保克乳油33.2~50毫升（有效浓度62.5~83.3毫克/升），将调配好的药液浸种5~7天，浸种时间的长短是根据温度而定的，低温时间长，温度高时时间短。在黑龙江省，用施保克药液浸种的时间和播种催芽前浸泡种子的时间一致，即5~7天，然后把浸过的种子取出催芽。

(2) 防治水稻稻瘟病菌，在黑龙江省，7月下旬至8月上旬水稻"破肚"出穗前和扬花前后，每亩用25%施保克乳油40~60毫升（有效成分10~15克），加水20升，用人工喷雾器喷洒1次。结合喷施叶面肥，如磷酸二氢钾、增产菌，效果较好，防病效果可达78%~88.5%，可使水稻增加千粒重，减少秕粒率，增加产量。除防治稻瘟病外，也可兼防水稻胡麻叶斑病等其他病害。

(3) 防治柑橘病害，用25%施保克乳油500~1 000倍液，或每100升水加25%施保克乳油100~200毫升（有效浓度250~500毫克/升），在采果后做防腐保鲜处理。常温药液浸果1分钟后捞起晾干，可以防治柑橘青霉病、绿霉病、炭疽病、蒂腐病。

(4) 防治芒果炭疽病菌，用25%施保克乳油500~1 000倍液，或每100升水加25%施保克乳油100~200毫升（有效浓度250~500毫克/升）采收前在芒果花蕾期至收获期喷洒5次。

(5) 芒果保鲜，用25%施保克乳油250~500毫升，或每100升水加25%施保克乳油200~400毫升（有效浓度500~1 000毫克/升），当天采收的果实，当天用药处理完，常温药液浸果1分钟后捞起晾干。

(6) 防治小麦赤霉病，在黑龙江省，6月下旬至7月上旬小麦抽穗扬花期，每亩用25%施保克乳油53~66.7毫升（有效成分13.25~16.7克）喷雾。拖拉机悬挂喷雾器喷雾（播种时留出轮轨道)每亩喷药液 10~13 升;飞机喷洒,每亩喷洒药液 1~3 升。防治小麦赤霉病同时也可兼治穗部和叶部根腐病及叶部多种叶枯病害。可结合叶面追肥一起进行喷洒,经济效益十分显著。

(7) 防治甜菜褐斑病,在 7 月下旬甜菜叶上出现第一批褐斑时,每亩用 25% 施保克乳油 80 毫升(有效成分 20 克),加水 25 升喷 1 次,隔 10 天再喷 1 次,共喷 2~3 次。或播前用 800~1 000 倍液浸种。在块根膨大期每亩 150 毫升(有效成分 37.5 克)喷洒 1 次,可增产增收,经济效益显著。

中毒解救:如有人中毒,应迅速脱去沾有药液的衣服,并且用肥皂及清水清洗皮肤;若药液溅入眼睛,用清水冲洗至少 15 分钟,严重者经处理后应立即送往医院;若中毒发生呕吐,应使患者保持安静,并立即送往医院或请大夫到现场治疗,送患者上医院时,一定要带上产品标签、说明书等,将有助于医生进行抢救和处理。

(二) 苯类杀菌剂

1. 百菌清(达科宁)

百菌清纯品为白色结晶,工业成品外观为白色至灰色疏松粉末,略有刺激性臭味,不溶于水,稍溶于有机溶液。在常温下稳定,不耐强碱,耐雨水冲刷,不腐蚀容器。

剂型:75% 百菌清可湿性粉剂;10% 百菌清油剂;2.5% 百菌清烟剂;40% 百菌清胶悬剂。

防治对象:百菌清属于高效低毒广谱性杀菌剂,有保护和治疗作用,持效期较长,主要是抑制病菌孢子发芽。适用于玉米、花生、蔬菜、瓜果等作物,对霜霉病、大斑病、锈病、白粉病、炭疽病、枯萎病、晚疫病、叶霉病等有良好的防治效果。

使用方法:

(1) 防治玉米大斑病,在玉米大斑病发生初期,每亩次用 75% 百菌清可湿性粉剂 120~140 克(2.4~2.8 两),兑水 75 公斤喷雾,可根据病情隔 7 天再喷 1 次。

（2）防治花生锈病、褐斑病、黑斑病，在发病初期开始喷药，每亩次用75%百菌清可湿性粉剂100~125克（2~2.5两），兑水75公斤喷雾，根据病情以后每隔10~14天喷药1次。

（3）防治瓜类霜霉病、白粉病、炭疽病、疫病等，每亩次用75%百菌清可湿性粉剂150~200克（3~4两），兑水均匀喷雾。第一次用药在发病初期，以后每隔一星期喷药1次。

（4）防治马铃薯晚疫病、早疫病及灰霉病等，在马铃薯封行前病害初发生时，每亩次用75%百菌清可湿性粉剂100克（2两），兑水50公斤喷雾，以后根据病情每隔8~10天喷药1次。

（5）防治葡萄炭疽病、白粉病、果腐病，在叶片发病初期或开花后两周开始喷药，用75%百菌清可湿性粉剂稀释660~750倍喷雾。

（6）防治草莓灰霉病、叶枯病、叶焦病、白粉病等，在开花初期、中期和末期各喷药1次，每亩次用75%百菌清可湿性粉剂100克（2两），兑水50公斤喷雾。

注意事项：

（1）百菌清对皮肤、黏膜有刺激性，施药时要戴口罩、手套；施药结束时，要用肥皂将手、脸、脚等裸露部位洗干净。

（2）本药剂对鱼类有毒，施药时应防止药液流入池塘和河流。清洗喷雾器时注意药液不要污染水源。

（3）不要与石灰硫黄合剂混用。

（4）对桃、梅要严格掌握药量，浓度高时会发生药害；在苹果幼果期应避免使用。

（5）本品应防潮防晒，贮存在阴凉干燥处；严禁与食物、种子、饲料混放，以防误用中毒。

2. 纹达克（灭锈胺）

纹达克原药为白色结晶，易溶于大多数有机溶剂，对酸、碱溶液和热光均稳定。商品外观为白色粉末，能与大多数杀虫剂和杀菌剂混用，常温下贮存稳定期为3年左右。

剂型：75%纹达克可湿性粉剂。

防治对象：纹达克主要防治水稻纹枯病，具有阻止和抑制纹枯病菌侵入寄主的能力，达到预防和治疗作用。

使用方法：

防治水稻纹枯病，在水稻分蘖期病株率达到 20%～30% 时即喷药 1 次，每亩用 75% 纹达克可湿性粉剂 75 克（1.5 两），兑水 70 公斤喷雾。如果水稻生长茂盛，气候高温高湿，有利病害发生时，可增加施药次数，即隔 7～10 天喷药 1 次。

注意事项：

（1）纹达克对人、畜毒性很低，但喷洒时仍应注意防护。喷洒完毕，立即用清水洗净手和身体其他裸露部位。

（2）本药剂对桑树有毒，施药时注意不要污染桑园。

（3）贮存药剂时，应密封瓶子，保持干燥，放置阴凉处。

（4）万一误服本药，应尽快催吐并马上去医院治疗。

3. 望佳多（氟纹胺）

望佳多纯品为白色晶状固体，商品外观为灰白色粉末，悬浮性能好，属于低毒性杀菌剂，在常温条件下贮存稳定性在 3 年以上。

剂型：20% 望佳多可湿性粉剂。

防治对象：望佳多适用于水稻、小麦、蔬菜、苹果、梨树等作物防病治病，是防治水稻纹枯病的新药剂，药效长，对水稻安全，既能治疗水稻纹枯病，又可使水稻提高结实率。

使用方法：防治水稻纹枯病，在水稻分蘖盛期和破口期各喷药 1 次，每次每亩用 20% 望佳多可湿性粉剂 100～125 克（2～2.5 两），兑水 75 公斤喷雾，将药液重点喷在水稻基部。

注意事项：

（1）望佳多可与大多数农药混合使用。

（2）施药时应注意个人防护。

（3）本药剂对鱼类有毒，残药液不可倒入鱼塘，以免鱼类中毒。

（4）药剂应贮存于阴凉、干燥处，避免阳光照射。

4. 稻瘟酞（四氯苯酞、热必斯、氯百杀）

四氯苯酞原药为白色粉末，在酸性及弱碱性溶液中稳定，但遇强碱则分解，对光及热都比较稳定。

剂型：50%稻瘟酞可湿性粉剂，2.5%粉剂。

防治对象：稻瘟酞为保护性有机氯杀菌剂，主要防治稻瘟病。

使用方法：

（1）防治水稻叶瘟，在发病初期，每亩用50%稻瘟酞可湿性粉剂100克，加水75公斤喷雾，或加8公斤水低溶量喷雾。如病情仍在蔓延发展，隔一星期再喷药1次。或用2.5%粉剂喷粉，每亩用药2~2.5公斤。

（2）防治穗颈瘟，于抽穗前3~5天（破口期）用药1次，每亩用50%稻瘟酞可湿性粉剂100~125（2~2.5两）克，加水75公斤喷雾，或加8公斤水低溶量喷雾；视病情隔7天在齐穗期再喷药1次。

注意事项：

（1）喷雾或喷粉都要均匀周到。

（2）本药剂在水稻上使用安全间隔期为21天，残效期为10天。因此，水稻齐穗后不要施药。

（3）不能与碱性农药混合使用。

（4）对桑蚕有一定的影响，在桑园附近用药时应注意风向。

（5）对人、畜毒性低，但应注意不要误食和吸入。如误食，应饮用大量清水并催吐。

5. 甲霜安（阿普隆、瑞毒霉、保种灵）

甲霜安纯品为白色结晶固体，拌种的剂型为粉红色粉末。该药剂毒性较低，是一种内吸杀菌剂，施药后植物的根、茎、叶均可吸收。

剂型：25%可湿性粉剂，35%拌种粉剂，5%颗粒剂，还有和铜制剂、代森锰锌的混合剂。

防治对象：对各种霜霉病菌、疫霉病菌和腐霉病菌有良好的防治效果。

使用方法:

(1) 防治黄瓜霜霉病、白菜霜霉病、番茄晚疫病,用25%可湿性粉剂,加水稀释600～800倍喷雾。在苗期用药1次,移栽到大田后出现病株时再喷药,以后每隔7～10天喷1次,连喷2～3次。

(2) 防治谷子白发病,每100公斤种子用35%拌种粉剂200～300克(4～6两),先把种子用水淋湿,拌1分钟,加入35%拌种粉剂再拌3～5分钟,每100公斤种子用水500毫升(1斤)。

(3) 防治大豆霜霉病,将35%甲霜安拌种剂300克(6两)和100公斤大豆种子拌和均匀播种。

(4) 防治葡萄霜霉病,用25%甲霜安可湿性粉剂,加水500～700倍稀释喷雾,根据病情隔5～7天再喷1次,共喷两次即可。

图30　长期单一使用甲霜安,病菌易产生抗性

(5) 防治烟草黑胫病、猝倒病，在苗床发病，每平方米可用 25%甲霜安可湿性粉剂 0.5~1 克或每平方米用 5%甲霜安颗粒剂 3~5 克，效果良好。

(6) 防治马铃薯晚疫病，每亩用 25%甲霜安可湿性粉剂 60~70 克（1.2~1.4 两），加水 75 公斤喷雾，隔 5~7 天再喷 1 次药，药量不变。

注意事项：

(1) 长期单一使用该药，病菌易产生抗性。

(2) 贮存时注意远离儿童和家畜，以免中毒。目前，误食中毒还无特效解毒剂，仅只能做"头痛医头"式的症状治疗。

(3) 在作物开花期不要用药。

6. 敌克松（地可松）

敌克松工业品为黄棕色粉末，水溶液呈红棕色，对光敏感，在日光直射下会分解，在碱性介质中稳定。

剂型：50%、65%、70%敌克松可湿性粉剂。

防治对象：敌克松是一种良好的种子、土壤处理杀菌剂，具有内吸渗透性，被植物根、叶吸收后，可保持较长时间的药效。主要用于防治水稻苗期烂秧，棉花苗期立枯病、根腐病、炭疽病、猝倒病，马铃薯根腐病、环腐病，大白菜软腐病，烟草黑胫病和甜菜立枯病等。

使用方法：

(1) 水稻苗期烂秧的防治，敌克松对因低温引起的水稻苗期烂秧，用 50%敌克松可湿性粉剂加水 1 000 倍稀释，在秧苗 1 叶 1 心至 2 叶期喷雾，如果持续低温，于低温来临时再施 1 次。抢救严重病苗，可将敌克松提高到 500 倍使用，喷雾后有壮苗作用。

(2) 防治土传病害，可用敌克松作为表层土壤处理，每亩用 65%敌克松可湿性粉剂 1~2 公斤，加 20~40 公斤干细土，混匀后撒在苗床内；或在播种时每亩用 65%敌克松可湿性粉剂 0.5~0.75 公斤拌适量细土撒在播种沟内。若做营养钵，每 500 公斤土加

65%敌克松可湿性粉剂20~30克（4~6钱），充分混合后装钵，可防治多种苗病。

（3）防治棉苗立枯病、炭疽病、根腐病等，可用种子量的0.3%~1.0%的65%敌克松可湿性粉剂拌种，即每100公斤棉籽用纯药300~1000克（0.3~1公斤）。

（4）防治大白菜软腐病、霜霉病，瓜类枯萎病等，用65%敌克松可湿性粉剂，加水500倍稀释，或每亩用65%敌克松可湿性粉剂150克（3两），加水均匀喷雾。

（5）防治番茄绵疫病、炭疽病，每亩用65%敌克松可湿性粉剂200~400克（4~8两），配成600~800倍水溶液喷雾。

（6）防治烟草黑胫病，每亩用250~500克（0.5~1斤）65%敌克松可湿性粉剂，加水700~1000倍液喷雾。

注意事项：

（1）敌克松对人、畜毒性较大，使用时要加强个人防护，操作完毕应立即用肥皂洗净手脸。

（2）敌克松不能与石硫合剂、波尔多液等药剂混用，以免降低药效。

（3）配药时可先加少量水搅成均匀浆糊状，再加需要浓度的水量稀释喷雾，并做到现配现用。

7. 甲基托布津（甲基硫菌灵）

甲基托布津纯品为无色结晶，制剂为淡褐色可湿性粉末，难溶于水，可与强碱性以外的多种药剂混用。

剂型：50%、70%可湿性粉剂，10%乳剂，40%胶悬剂。

防治对象：甲基托布津是一种广谱、内吸性杀菌剂。对麦类赤霉病、水稻稻瘟病、油菜菌核病、蔬菜白粉病、番茄叶霉病、棉花苗期病害、柑橘贮藏期病害、花生叶斑病等都有较好的防治效果。

使用方法：

（1）防治麦类赤霉病，每亩用70%甲基托布津可湿性粉剂75~100克（1.5~2两），加水均匀喷雾，在抽穗和扬花初期各用药1

次,效果较显著。防治小麦白粉病,在发病初期用第一次药,隔一星期再用 1 次,能有效地控制为害,用药量同赤霉病。

(2) 防止水稻纹枯病,在幼穗形成期至孕穗期,每亩用 70% 甲基托布津可湿性粉剂 70~100 克(1.4~2 两),加水稀释后喷雾,共用药两次,效果较好。

(3) 防治苹果白粉病、腐烂病、黑星病、黑点病等,每亩用 70% 可湿性粉剂 30~50 克(0.6~1 两),加水 50 公斤,隔一星期用药 1 次,共防治 3~4 次,有良好效果。

(4) 防治油菜菌核病,黄瓜炭疽病,番茄叶霉病、灰霉病等,每亩用 70% 可湿性粉剂 50~75 克(1~1.5 两),加水 50~70 公斤喷雾,根据发病情况决定喷药次数。

(5) 防治烟草白粉病,每亩用 70% 可湿性粉剂 100~150 克(2~3 两),加水 50~70 公斤喷雾,隔 7~10 天喷一次,共喷药 2~3 次。

注意事项:

(1) 药剂用后要密封好,保存在干燥、凉爽的阴暗处,避免光照和受潮。

(2) 本品除了含铜的药剂(如波尔多液)以外,可以和其他药剂混用。

(3) 施药结束后将暴露的皮肤洗干净。

(4) 作物收获期前 14 天应停止用药。

8. 施佳乐(嘧霉胺)

施佳乐是一种新型杀菌剂,属苯胺基嘧啶类。其作用机理独特,通过抑制病菌酶的产生从而阻止病菌的浸染并杀死病菌。由于其作用与其他杀菌剂不同,因此,施佳乐尤其适合于防治对常用的非苯胺基嘧啶类杀菌剂已产生抗药性的灰霉病菌。施佳乐同时具有内吸传导和熏蒸作用,施药后能迅速达到植株的花、幼果等喷雾无法达到的部位杀死病菌,药效更快,更稳定。施佳乐的药效对温度不敏感,在相对较低的温度下施用,其保护及治疗效果同样好。

剂型：40%施佳乐悬浮剂（每升含有效成分400克）

防治对象：施佳乐对灰霉病有特效，可防治黄瓜、番茄、葡萄、草莓、豌豆、韭菜等果蔬的灰霉病。还可用于防治梨黑星病、苹果黑星病和斑点落叶病。

使用方法：防治黄瓜、番茄灰霉病，在发病前或发病初期施药，每亩用40%施佳乐悬浮剂25～95毫升（有效成分10～38克）。喷药液量一般每亩30～75升，若黄瓜、番茄植株大，用高药量和高水量；反之，用低药量和低水量。每隔7～10天用药1次，共施药2～3次。一个生长季节防治灰霉病需施药4次以上时，应与其他杀菌剂轮换使用，避免产生抗性。露地黄瓜、番茄施药一般应选早晚风小、气温低时进行。晴天上午8时至下午5时空气相对湿度低于65%、气温高于28℃时停止施药。

注意事项：

施佳乐在蔬菜、草莓等作物上的安全间隔期为3天。注意安全贮藏、使用和处置药剂。如发生意外中毒，请立即携带产品标签送医院治疗。施佳乐在推荐剂量下对作物各生长期都很安全，可以在生长季节的任何时间使用。在不通风的温室或大棚中，如果用药剂量过高，可能导致部分作物叶片出现褐色斑点。因此，请注意按照标签的推荐浓度使用，并建议施药后通风。

9. 适乐时（咯菌腈）

适乐时有效成分对子囊菌、担子菌、半知菌的许多病原菌有非常好的防效。当用适乐时处理种子时，有效成分在处理时及种子发芽时只有很小量内吸，但却可以杀死种子表面及种皮内的病菌。有效成分在土壤中不移动，因而在种子周围形成一个稳定而持久的保护圈，持效期可长达4个月以上。

适乐时处理种子安全性极好，不影响种子出苗，并能促进种子提前出苗。适乐时在推荐剂量下处理的种子在适宜条件下存放3年不影响出芽率。

剂型：2.5%、10%适乐时悬浮种衣剂（每升含有效成分分别为25克、100克）

防治对象：小麦腥黑穗病、雪腐病、赤霉病、纹枯病、根腐病、全蚀病、颖枯病、秆黑粉病；大麦条纹病、网斑病、坚黑穗病、雪腐病；玉米青枯病、茎基腐病、猝倒病；棉花立枯病、根腐病（镰刀菌引起）；花生立枯病、茎腐病；水稻恶苗病、胡麻叶斑病、早期叶瘟病、立枯病；油菜黑斑病、黑胫病；马铃薯立枯病、疮痂病；蔬菜枯萎病、炭疽病、褐斑病、蔓枯病。

使用方法：适乐时悬浮种衣剂拌种均匀，成膜快，不脱落，既可供农户简易拌种使用，又可供种子行业机械化批量拌种处理。

大麦、小麦、玉米、花生、马铃薯每100公斤种子用2.5%适乐时100~200毫升或10%适乐时25~50毫升（有效成分2.5~5克）；棉花每100公斤种子用2.5%适乐时100~400毫升，或10%适乐时25~100毫升（有效成分2.5~10克）；大豆每100公斤种子用2.5%适乐时200~400毫升，或10%适乐时50~100毫升（有效成分5~10克）；水稻每100公斤种子用2.5%适乐时200~800毫升，或10%适乐时50~200毫升（有效成分5~20克）；油菜每100公斤种子用2.5%适乐时600毫升，或10%适乐时150毫升（有效成分15克）；蔬菜每100公斤种子用2.5%适乐时400~800毫升，或10%适乐时100~200毫升（有效成分10~20克）。

手工拌种：准备好桶或塑料袋，将适乐时用水稀释（一般稀释到1~2升/100公斤种子，大豆0.6~0.9升/100公斤种子），充分混匀后倒入种子中，快速搅拌或摇晃，直至药液均匀分布到每粒种子上（根据颜色判断）。若地下害虫严重，可加常用拌种剂混匀后拌种。

机械拌种：根据所采用的拌种机械的性能及作物种子，按不同的比例把适乐时加水稀释好即可拌种。例如，国产拌种机一般药种比为1∶60，可将适乐时加水稀释至1660毫升/100公斤种子（大豆1000毫升/100公斤种子以内）；若采用进口拌种机，一般药种比为1∶80~120，可将适乐时加水调配至800~1250毫升/100公斤种子的程度即可开机拌种。

中毒解救：无专用解毒剂，对症治疗。如药液不慎溅入眼中及皮肤上，用大量清水冲洗即可。

注意事项：

（1）农药泼洒在地上，应立即用沙、锯末、干土吸附，吸附物集中深埋。沾染农药的地面要用大量清水冲洗。回收药物不得再用。

（2）药物必须用原包装贮存，置于阴凉、干燥、通风之处。

（3）勿与食物、饲料同放；勿使儿童、闲人、牲畜进入农药存放之处。

（4）经处理的种子必须放置于有明显标签的容器内，勿与食物、饲料同放。

（5）经处理的种子绝对不得用来喂禽畜，绝对不得用来加工饮料或食品。

（6）用剩的种子可以存放3年，但即使已过时失效，也绝对不可把种子洗净做饲料及食品。

（7）播后必须盖土。

10. 施保功（咪鲜胺锰络合物）

施保功对子囊菌引起的多种作物病害具有特效。它通过抑制甾醇的生物合成而起作用。尽管其不具有内吸作用，但它具有一定的传导性能，对蘑菇褐腐病和褐斑病、芒果炭疽病、柑橘青绿霉病及炭疽病和蒂腐病、香蕉炭疽病和冠腐病等有较好的防治效果，还可以用于水果采后处理，防治贮藏期病害。在土壤中主要降解为易挥发的代谢产物，易被土壤颗粒吸附，耐雨水冲刷。对土壤中的生物低毒，但对某些土壤中的真菌有抑制作用。

剂型：50%施保功可湿性粉剂。

防治对象：褐腐病，白腐病（湿泡病），青、绿霉病，蒂腐病，炭疽病，灰霉病，枯萎病，早疫病，赤星病，叶枯病，叶斑病，茎枯病，紫斑病。

应用技术见下表：

作物	防治对象	用药量	施药方法
蘑菇	褐腐病 白腐病 (温泡病)	0.8～1.2克/平方米（有效成分0.4～0.6克）	第一种方法：第一次施药在覆土前，每平方米覆盖土用施保功0.8～1.2克，兑水1升，均匀拌土。第二次施药在第二潮菇转批后，每平方米菇床用施保功0.8～1.2克，兑水1升，均匀喷施于菇床上 第二种方法：第一次施药在覆土后5～9天，每平方米菇床用施保功0.8～1.2克，兑水1升，均匀喷施在菇床上。第二次施药在第二潮菇转批后，每平方米菇床用施保功0.8～1.2克，兑水1升，均匀喷施于菇床上
柑橘	青霉病 绿霉病 炭疽病 蒂腐病	1000～2000倍或每100升水加50～100克（有效浓度250～500毫克/升）	采后防腐保鲜处理： 1. 当天采收的果实，须当天用药处理完毕。处理前应先洗去果实表面的灰尘、药渍 2. 常温药液浸果1分钟后捞起晾干，如能结合单果包装的方式，则效果更佳
芒果	炭疽病	1000～2000倍或每100升水加50～100克（有效浓度250～500毫克/升）	采前园地叶面喷施： 1. 花蕾期至收获期需施药5～6次，第一次施药在花蕾期，第二次施药在始花期，以后每隔7天施药1次，采前10天施最后1次药 2. 在喷雾器水箱内，务必将施保功药剂和水搅拌均匀，施药时药液要均匀喷施于植株叶片和果实上

续表

		500~1000倍或每100升水加100~200克（有效浓度500~1000毫克/升）	采后防腐保鲜处理： 1. 当天采收的果实，须当天用药处理完毕。处理前应先洗去果实表面的灰尘、药渍。 2. 常温药液浸果1分钟后捞起晾干，如能结合单果包装的方式，则效果更佳。
黄瓜	炭疽病	每亩25~50克（有效成分12.5~25克）	叶面喷施，每亩加水30~50升，发病初期开始施药，以后每隔7~10天施药1次

注意事项：施保功在西瓜苗期易出现药害；气温太高时，应加大稀释倍数。

（三）有机磷、硫杀菌剂

1. 乙磷铝（灭疫净）

乙磷铝工业品为白色粉末，在一般条件贮存时稳定，但遇强酸、强碱易分解。

剂型：40%、80%乙磷铝可湿性粉剂，30%胶悬剂。

防治对象：主要用于防治果树、烟草和蔬菜等作物病害。对大白菜、黄瓜、葡萄、莴苣等蔬果的霜霉病和西瓜褐腐病等均有良好的防治效果。

使用方法：

（1）防治大白菜霜霉病，在病害初发时，每亩用40%乙磷铝可湿性粉剂500~750克（1~1.5斤），加水75~100公斤，每隔10天喷1次药，共喷2~3次，有良好的防病与增产效果。

（2）防治黄瓜霜霉病，每亩用40%乙磷铝可湿性粉剂100~250克（2~5两），加水50公斤喷雾，每隔7天喷药1次，连喷

3～4次,效果很好。

(3) 防治烟草黑胫病,每亩用40%乙磷铝可湿性粉剂750克(1.5斤),加水50公斤,均匀喷雾。

(4) 对于其他霜霉病,可采用浇根防治,每公斤40%乙磷铝可湿性粉剂,加水稀释成120倍药液,每株用药液量根据作物大小而定。

注意事项:

(1) 该药的使用以预防为主,最好在发病前或发病初期用药。

(2) 对黄瓜易产生药害,使用时应严格掌握浓度。

(3) 配药时先用少量水搅成糊状,然后再加水稀释到所需要的浓度。

(4) 该药受潮易结块,但不影响药效,可以捶碎了再用。贮存时要放在干燥处。

2. 克瘟散(稻瘟光)

克瘟散制剂为浅棕色透明液体,具硫醇气味,在原包装及正常贮存条件下,两年以上不变质,并可以和多种药剂混用。

剂型:30%、40%、50%克瘟散乳剂,1.5%、2%、2.5%粉剂。

防治对象:主要用于防治水稻稻瘟病,药效优于稻瘟净、异稻瘟净,能刺激水稻生长,可兼治水稻胡麻叶斑病、稻小粒菌核病、纹枯病等。

使用方法:

(1) 防治水稻叶瘟,在发病初期喷药,每亩用40%克瘟散乳剂75～100毫升(1.5～2两),加水75～100公斤喷雾,隔5～7天再喷1次,药液量同前,能有效地控制叶瘟的扩展。

(2) 防治水稻穗颈瘟,每亩用40%克瘟散乳剂75～100毫升(1.5～2两),加水75～100公斤均匀喷雾,在抽穗10%时喷第一次药,齐穗时再喷第二次药,能收到良好的防治效果。

注意事项:

(1) 克瘟散可与甲胺磷、杀螟松、辛硫磷、甲基1605等农药混用,但会增加毒性,使用时要加强安全防护。

(2) 贮存时应放在儿童摸不到和远离食物及饲料的地方。

(3) 如不慎中毒,立即吞服两片硫酸阿托品,并送往医院诊治。

(4) 不能与碱性药物混用。

3. 派克定（培福朗、谷种定）

派克定是一种广谱性杀真菌剂,对病原真菌有很高的生长抑制活性。其作用方式是抑制病菌类脂的生物合成。

剂型：25%派克定水剂,25%培福朗水剂,3%培福朗糊剂。

防治对象：派克定适用于苹果、葡萄、芦笋、柑橘以及麦类、高粱等作物,对青霉病、绿霉病、腐烂病、花腐病、茎枯病、黑痘病、雪腐病、腥黑穗病等有良好的防治效果。

使用方法：

(1) 防治小麦腥黑穗病,在小麦播种前一天,用25%培福朗水剂或25%派克定水剂拌种,每百公斤种子用以上药剂200~300毫升(4~6两),拌后放置一天。

(2) 防治高粱黑穗病,用25%派克定水剂200~300毫升(4~6两)拌种。

(3) 预防苹果腐烂病,在苹果树休眠期,于3月下旬喷雾1次,用25%派克定水剂500~800倍液,将树全身都均匀周到地喷一遍。7月上旬施第二次药,可用毛刷蘸取25%派克定水剂100倍液,均匀刷药液于树干和侧枝上,在病疤处要刷透,以提高防效。

(4) 防治苹果斑点落叶病,用25%派克定水剂1 000倍液,在发病初期开始喷药,每隔10天1次,共喷5~6次。

(5) 防治芦笋茎枯病,用25%派克定水剂,兑水稀释800倍,从发初病开始喷药,根据病情每隔10~15天喷1次药。

注意事项：

(1) 在小麦和柑橘上使用要严格掌握剂量。

(2) 派克定对皮肤和眼睛有刺激作用,应避免直接接触药液。若不慎中毒,应立即催吐并静卧,然后及时请医生来治疗。

（3）药剂应贮存在远离食物、饲料及儿童触摸不到的地方。

4. 福美双（赛欧散、阿锐生）

福美双工业品为淡红色粉末。遇碱、潮湿易分解失效。对人、畜低毒，但对人体皮肤有一定刺激性。

剂型：50%可湿性粉剂。

防治对象：可防治水稻、麦类、玉米、蔬菜、果树等作物的多种病害。据湖北省云梦县1988年试验，福美双作为拌种剂防治棉花苗病也有比较好的效果。

使用方法：

（1）防治稻瘟病、胡麻叶斑病、麦类坚黑穗病、腥黑穗病、玉米黑粉病和番茄、甘蓝、茄子、菠菜、豌豆的立枯病，用50%福美双可湿性粉剂500克（1斤），拌种100公斤，效果良好。

（2）防治苹果黑点病，梨黑星病，葡萄白粉病，桃、李树细菌性穿孔病，马铃薯晚疫病，黄瓜白粉病、霜霉病、炭疽病等，用50%福美双可湿性粉剂500克（1斤），加水稀释250~400倍，每亩喷药液量根据植株大小而定。

图31 拌过福美双的种子不能做饲料

(3) 防治烟草、甜菜根腐病，甘蓝、番茄黑肿病等土传病害，可用50%可湿性粉剂100克（2两），处理土壤500公斤，作为温室苗床土壤消毒。

(4) 防治棉花苗病，用50%福美双可湿性粉剂300克（6两）拌棉籽100公斤，加适量水充分拌匀，立即播种。经过处理后的棉籽，出苗速度快，防病效果一般在70%~80%。

注意事项：

(1) 不能与硫酸铜等制剂混用。

(2) 防治棉花苗期病害，若与利克菌混用，在总用量不变的情况下，效果比单用更佳。

(3) 福美双药粉有刺激气味，使用过程中应戴口罩。

(4) 拌过药的种子不能再食用,也不能做饲料。

5. 代森锰锌

代森锰锌由西安近代化学所研制，经过几年各地试验推广，防病效果与美国进口药品效果一致。

剂型：50%、70%、80%代森锰锌可湿性粉剂。

防治对象，对番茄早疫病和晚疫病，黄瓜、西瓜、甜瓜（香瓜）的霜霉病和炭疽病，白菜、甘蓝、花菜霜霉病和炭疽病，菜豆和豌豆锈病，辣椒疫病和炭疽病，马铃薯晚疫病，葡萄霜霉病、白腐病、黑痘病，苹果、梨锈病、干腐病、炭疽病和轮纹病等均有良好的防治效果。

使用方法：根据植株的大小，每亩次用80%代森锰锌可湿性粉剂75~200克（1.5~4两），或用稀释500~700倍药液在植株发病前或发病初期开始喷雾；根据需要，隔7~10天再喷药，用药量不变。

（四）农用抗菌素

1. 加收米（春日霉素）

加收米与我国的春雷霉素作用相同，但性质不同。春雷霉素是一种小金色放线菌，加收米是链霉菌。标准品是白色片状或针状结晶,制剂外观为蓝色或深绿色液体,在室温条件下稳定,遇碱易分解。

剂型:2%加收米水剂。

防治对象:主要用于防治水稻稻瘟病,具有预防和治疗作用。对番茄叶霉病、甜菜褐斑病等也有防治效果。

使用方法:

(1) 防治水稻苗瘟、叶瘟,在发病初期,或根据气象条件对感病品种在发病前 5~7 天开始喷雾,每亩用 2%加收米水剂 100 毫升(2 两),加水 75~100 公斤均匀喷雾,根据需要(如病情较严重或气候有利于发病)隔 5~7 天喷第二次药,药液量同前。

(2) 防治水稻穗颈瘟,在破口期和齐穗期各喷药 1 次,喷洒药液量同上。

在上述药剂用量中,加入两勺中性洗衣粉,效果更好。

注意事项:

(1) 配制的稀释药液量不能太少,喷雾时水量要充足。

(2) 除碱性药物外,可与其他药剂混用,达到兼治其他病虫的目的。

(3) 不要把药液喷到杉树、藕以及大豆上,以免发生药害。

(4) 安全间隔期:收获前 14 天。

2. 井岗霉素

井岗霉素是一种吸水放线菌产生的抗菌素,吸湿性强,纯品为白色结晶。对人、畜低毒,对鱼、虾无害,使用时对皮肤无刺激,对植物无药害、无残留。可与杀虫双、巴丹、乐果、速灭威等多种杀虫剂混用。

剂型:1%、3%、5%、10%井岗霉素水剂,2%井岗霉素可湿性粉剂,0.33%井岗霉素粉剂,3%、20%井岗霉素水溶性粉剂。

防治对象:井岗霉素的内吸作用很强,对水稻纹枯病防治效果好,即使在发病后用药也有一定效果。此外,对水稻的小粒菌核病、紫秆病、稻曲病,玉米大、小斑病,蔬菜白绢病,茄科立枯病等多种病害也有较好的防治效果。

使用方法：防治水稻纹枯病，在水稻拔节期或发病初期，每亩用5%井岗霉素水剂100毫升（2两），加水100公斤喷雾；或用泼浇方法，每亩次用5%井岗霉素水剂100毫升（2两），加水250公斤泼浇；或用0.33%井岗霉素粉剂1.5公斤，用东方红-18型机喷粉；或每亩用5%井岗霉素水剂100毫升（2两），加水2公斤，加干细土20公斤，拌和制成毒土撒施在稻基部。

选以上任何一种方法，用药1~2次，不但能有效地防治水稻纹枯病，而且对水稻有促进生长作用，从而增加产量。

注意事项：

(1) 施药后应保持稻田水深1~2寸，保水3天。

(2) 贮存时要注意防腐，应放在阴凉、干燥、通风的地方。

(3) 用东方红-18型机喷粉，晴天在早晚有露水的时间，风力小于3级时喷粉为宜。

(4) 除碱性药剂外，可与其他药物混用；安全间隔期为14天。

3. 灭瘟素（稻瘟散、勃拉益斯）

灭瘟素是一种选择性高的农用抗菌素，纯品为白色针状结晶。本剂化学性质稳定，内吸性强，耐雨水冲刷，残效期一周左右。对人、畜毒性较高，对眼、皮肤有刺激作用。常温下可贮存4年。

剂型：2%灭瘟素乳油、20%灭瘟素可湿性粉剂。

防治对象：灭瘟素主要用于水稻稻瘟病，特别是对穗颈稻瘟效果良好，药效优于异稻瘟净。

使用方法：

(1) 防治叶瘟、苗瘟，在初见急性型病斑时使用，每亩用20%灭瘟素可湿性粉剂50~75克（1~1.5两），兑水75公斤喷雾。如田间发病普遍，应全面喷药1~2次，可以有效地控制叶瘟蔓延。

(2) 防治穗颈稻瘟，对感病品种、生长嫩绿（特别是后期贪青）、叶瘟较普遍的田块，应在水稻破口期和齐穗期各喷1次药，每亩用20%灭瘟素可湿性粉剂50~75克（1~1.5两），兑水75公斤喷雾，或兑8公斤水低容量喷雾。对于发病特别严重的田块，应在灌浆期再补施1次。灭瘟素对稻胡麻叶斑病和小粒菌核病也有一定防治效果。

注意事项：

（1）喷雾应选择晴天露水干后进行。施药后，24小时内遇雨应补施。

（2）水稻苗期抗药力较强，分蘖期易发生药害，要严格掌握用药剂量；水稻开花期，每亩用20%可湿性粉剂超过100克，对千粒重有影响。

（3）不能与碱性农药混用。如与有机磷药剂混用，必须随配随用，以免降低药效或产生药害。

（4）灭瘟素对皮肤和眼睛有刺激性，使用中要注意安全防护。如不慎将药液溅入眼睛或溅到皮肤上，要立即用清水冲洗。如眼睛红肿，可用维生素B_2，或氯霉素眼药水治疗。

（5）贮存时应注意密封，放在阴凉、干燥场所；特别是粉剂，严防受潮结块，降低药效。不要与食品、饲料混放在一起。

4. 公主岭霉素（农抗109）

公主岭霉素是一种农用抗生素，产生的是不吸水链霉菌公主岭新变种。原药为无定型淡黄色粉末，对人、畜低毒、安全、无残留。常温下可贮存3年。

剂型：0.25%公主岭霉素可湿性粉剂。

防治对象：公主岭霉素对真菌和酵母菌的抑菌谱很广，对种子带菌或土壤传染的小麦腥黑穗病、散黑穗病、坚黑穗病，高粱散黑穗病、坚黑穗病，谷子粒黑穗病等防治效果显著。对水稻恶苗病、谷子白发病也有一定防治效果。

使用方法：

一般采用药液浸种的方法。按1：50加水浸泡药粉，即称取0.25%公主岭霉素可湿性粉剂1公斤，兑水50公斤，浸泡12小时以上，在浸泡过程中要搅动几次，使抗菌素充分释放于水中，每100公斤种子喷洒药液8公斤，搅拌均匀，闷种4小时即可播种。

注意事项：

(1) 公主岭霉素虽属低毒，但配药、施药时仍需注意防护，操作时不要抽烟、喝水或吃东西。工作完毕应及时洗净手、脸和可能被污染的部位。

(2) 施药后，各种器械要清洗。包装物要及时回收并妥善处理。

(3) 本药剂可与杀虫剂、杀菌剂混用，兼治其他病害和地下害虫，促进幼苗生长。

(4) 药剂应贮存在低温、干燥、避光和较通风的仓库中，以免分解失效。不得与食物和日用品一起贮存。

5. 多抗霉素

多抗霉素是中国科学院微生物研究所研制的一种广谱性农用抗生素。主要成分是多抗霉素 A 和多抗霉素 B。本药剂对动物没有毒性，对植物没有药害，不仅能够防病，还可促进植物生长。

剂型：1.5%、2%多抗霉素可湿性粉剂。

防治对象：多抗霉素对小麦白粉病、水稻纹枯病、黄瓜霜霉病、瓜类枯萎病、人参叶黑斑病、甜菜褐斑病、苹果早期落叶病、梨黑星病、烟草赤星病、林木枯梢病等多种真菌性病害具有良好的防治效果。

使用方法：

(1) 防治水稻纹枯病，在发病初期，每亩用2%可湿性粉剂250克（半斤），加水50公斤喷施在水稻中下部，不但有良好的防病效果，而且使水稻生长健壮，结实率增加，产量可提高6%左右。

(2) 防治黄瓜霜霉病，在发病始期，每亩用2%可湿性粉剂250克（半斤），加水50公斤喷雾，不仅防效可达70%以上，而且黄瓜的叶片肥大、叶色浓绿，可延长结果期。

(3) 防治甜菜褐斑病，每亩用2%可湿性粉剂250克（半斤），加水50公斤喷雾，防治效果显著，还可增加绿色叶片，减少枯黄叶片，提高产量和含糖量。

注意事项：

(1) 多抗霉素不能与碱性药剂混合使用。

(2) 使用多抗霉素时，药液中加入一定量的展着剂，能增强附着能力，提高防治效果。

(3) 本药剂存放在阴凉干燥处，有效期可达3年。

(五) 其他杀菌剂

1. 利克菌

利克菌外观为无色结晶体，对热、日光及潮气稳定，但在碱性条件下易分解；对作物安全，对皮肤无刺激。

剂型：50%利克菌可湿性粉剂。

防治对象：利克菌防治以立枯病为主的棉花苗期病害，使用安全，药效显著；用利克菌拌种可使棉田苗全、苗壮，是一种理想的药剂。对棉花苗期立枯病、炭疽病、红腐病等均有很好的预防和治疗效果。防治范围还在扩大试验之中。

使用方法：防治棉花苗病，用50%利克菌可湿性粉剂600~800克（0.6~0.8公斤），可拌棉籽100公斤，即以药剂有效成分计算，按棉籽重量的0.3%~0.4%拌种，均可以达到80%左右的防病效果，其效果高于50%多菌灵和20%稻脚青。且对出苗率和百苗鲜重有显著增加作用，促使齐苗早发，达到防病保苗效果。

注意事项：药剂拌种前首先要将棉籽拌湿（一般用水量为棉籽重量的一半），然后再拌利克菌。

2. 高脂膜

高脂膜是一种无毒防病增产剂，是北京农业大学20世纪80年代后期研究出的农药新产品。它是一种乳状物质，洁白、芳香、无毒。加水喷施后，在植物体表面形成肉眼看不见的、连续的膜层，有防止或减少病原体在植物体内扩展和调节植物生理机能的作用，从而达到防病增产的目的。

剂型：高脂膜水乳剂。

防治对象：高脂膜对多种植物的真菌病害都有良好的防效。经广泛试验使用，对小麦白粉病、水稻纹枯病、棉花烂铃病、哈密瓜白粉病、白菜霜霉病、番茄斑枯病、黄瓜霜霉病、苹果炭疽病、葡萄白腐病、油菜炭疽病、月季白粉病、牡丹叶斑病、大叶黄杨叶斑病、小叶黄杨炭疽病、人参斑点病等均有良好的防效。同时,由于高脂膜能调节植物生理机能,除防病外还有增产效果,如防治小麦白粉病增产15%;防治白菜霜霉病增产39%;防治哈密瓜白粉病增产10%~15%。此外,高脂膜还能防腐保鲜、抗旱防寒,能预防稻蓟马、红蜘蛛、黄蜘蛛、锈壁虱、蚜虫等。

使用方法:防治以上病害,用高脂膜1公斤,加水200公斤。配制时先用少量水稀释,再加足水量,即可用一般农用喷雾器喷施;若用微量喷雾器,每公斤高脂膜,加水20公斤即可使用。

图32 高脂膜对苹果炭疽病等均有良好的防效

注意事项：

（1）高脂膜为中性微酸药剂，可与一般常见的粉剂农药混用。

（2）使用前应充分摇匀，若遇多雨潮湿季节，出现凝集、黏糊时，先连瓶用热水加温溶化，或用温水溶解后再加冷水配制。

（3）贮存时要密封好，可以隔年使用。

3. 菌毒清

菌毒清是一种新型高效广谱杀菌剂，其主要成分为化学合成的甘氨酸取代衍生物，有较好的内吸性。对人、畜无毒；对施药人员皮肤、眼睛、口腔、呼吸道、黏膜无刺激；对水源和环境无污染；是一种新型无公害的农用杀菌剂。

剂型：5%菌毒清水剂。

防治对象：菌毒清对于多种导致植物病害的病原菌均有显著的杀灭和抑制效果，适用于果树、蔬菜、棉花、水稻、小麦等作物，对苹果腐烂病，蔬菜病毒病，西瓜枯萎病，小麦锈病、白粉病等均有良好的防治效果。

使用方法：

（1）预防苹果树腐烂病，在冬春季果树修剪整枝或在果树长势较弱时，使用500~1 000倍的稀释药液，对果树植株进行喷雾，喷至植株全部浸湿为止，可有效地预防腐烂病的发生。

（2）防治番茄、辣椒、大白菜、黄瓜等蔬菜病毒病，将菌毒清兑水稀释200~300倍，对蔬菜叶面进行喷雾，隔7~10天喷药1次，共喷3~4次。

（3）防治棉花枯萎病，用于棉种消毒，将菌毒清兑水稀释500倍，浸种24小时，有良好的预防效果；用于病株处理，将200~250倍稀释药液对初发病株进行灌根，每株用药液300~500毫升，可在数日内转愈。

（4）防治水稻条纹叶枯病，使用400~600倍稀释药液，在水稻分蘖盛期，叶面喷雾1次，每亩喷药液70公斤，视病情于孕穗期再喷药1次，可获得明显防效。

（5）防治西瓜枯萎病，用250~300倍稀释药液，在发病初期对西瓜秧苗进行灌根施药,同时以500倍稀释药液进行叶面喷雾。

(6) 防治烟草花叶病毒病,用200~300倍稀释药液,在烟草叶片初出现病状时,进行叶面喷雾,每7~10天施药1次,连施2~3次,可获得明显防效。

(7) 防治小麦锈病、白粉病,用200~400倍稀释药液,在发病初期进行叶面喷雾,每隔7~10天喷药1次,共喷2~3次,能获得较好防效(可弥补粉锈宁等对口农药的不足)。

注意事项:

(1) 本品不得与苯酚、过氧化氢、过氧乙酸、高锰酸钾、硝酸银、磺基水杨酸、丹宁酸、氯化氢等药剂混用,也不宜与其他农药混用,如需混用时,必须在植保专家指导下进行试验,以免影响药效和造成药害。

(2) 必须按规定的浓度和使用方法用药,必须把握好用药时机,否则将影响防治效果。

(3) 初次使用无经验时,应请有关专家进行指导。

(4) 本品虽属低毒,但也应注意不要直接与食品接触。

(5) 冬季气温较低,出现少量结晶时,可使用温水在瓶外温热溶化,不影响使用效果。

4. 甲霜灵锰锌(雷多米尔—锰锌、瑞毒霉—锰锌)

甲霜灵锰锌属于低毒杀菌剂,商品外观为黄色至浅绿色粉末,在正常条件下可贮存3年以上。

剂型: 58%雷多米尔—锰锌可湿性粉剂。

防治对象: 甲霜灵锰锌适用于烟草、黄瓜、大白菜、莴苣、番茄、马铃薯等作物,对黑胫病、霜霉病、晚疫病等有良好的防治效果。

使用方法:

(1) 防治烟草黑胫病,在发病初期,每亩次用58%雷多米尔—锰锌可湿性粉剂100~150克(2~3两),兑水50公斤,对烟草茎基部喷雾,使药液沿茎基部渗到根际周围的土壤里。隔半个月再喷一次,共喷两次。

(2) 防治黄瓜霜霉病、晚疫病,在发病初期,每亩次用58%

雷多米尔—锰锌可湿性粉剂 80~120 克（1.6~2.4 两），兑水 50 公斤喷雾，以后根据病情每隔 10~15 天喷药 1 次，共喷 2~3 次。

（3）防治番茄晚疫病，在叶片初见病斑时，每亩用 58% 雷多米尔—锰锌可湿性粉剂 160 克（3.2 两），兑水 60 公斤喷雾，以后根据病情每隔 10~15 天喷药 1 次，共喷 2~3 次。

（4）防治大白菜、莴苣霜霉病，在叶片背面初见病斑时，每亩用 58% 雷多米尔—锰锌 170 克（3.4 两），兑水 60 公斤喷雾。以后根据病情每隔 10~15 天喷雾 1 次，共喷 2~3 次。

注意事项：

（1）施药时要注意个人防护，不要使药液溅洒在眼睛和皮肤上，施药后用肥皂洗手、洗脸。

（2）本药剂不要与铜制剂和碱性药剂混用。

（3）贮存时要注意防潮，密封保存于干燥阴冷处，以防分解失效。

（4）如误服中毒，应立即催吐、洗胃，并进行对症治疗。

5. 卫福（萎福双）

卫福是萎锈灵和福美双的复配剂，是一种具有内吸作用的种子处理剂，杀菌谱广，可防治多种作物由土壤和种子传播的病害。按毒性分级标准，属于低毒杀菌剂。

剂型：75% 卫福可湿性粉剂，40% 卫福胶悬剂。

防治对象：卫福适用于麦类、玉米、高粱、水稻、棉花、油菜、花生、洋葱等作物，对黑穗病、条纹病、根腐病、小斑病、胡麻叶斑病、立枯病、黑粉病、茎腐病等均有较好效果。

使用方法：

目前我国主要在小麦作物上试验、示范，防治小麦黑穗病、根腐病、条纹病，在春小麦播种前拌种，每 100 公斤小麦种子用 75% 卫福可湿性粉剂 250~280 克（5~5.6 两），或用 40% 卫福胶悬剂 270~330 毫升（5.4~6.6 两）拌种，拌匀后即可播种。

注意事项：

（1）避免药物接触皮肤、眼睛，施药后立即清洗身体裸露部分。

(2) 卫福处理过的种子不能用做食物或饲料。
(3) 播种后 40 天不能在施药区放养牲畜。

图 33 卫福播种后 40 天不能在施药区放养牲畜

6. 抗枯宁

抗枯宁是低毒无公害的多功能植物杀菌剂,商品外观为水剂,呈蓝色,是硫酸四氨铜、柠檬酸铜与硫酸四氨锌的混合剂,具有内吸性,对多种病害有较好防治效果,并可促进植物生长,有一定的增产作用。

剂型:25.9% 抗枯宁水剂。

防治对象:适用于西瓜、蔬菜、果树、烟草、花生、棉花等作物。对瓜类枯萎病、霜霉病、白粉病,蔬菜叶萎病、霜霉病、腐烂病,棉花立枯病、炭疽病等均有较好的防治效果。

使用方法:

(1) 防治瓜类枯萎病,用 25.9% 抗枯宁水剂 20 毫升兑水 10 升配成 500 倍液,加入食盐 50 克,浸种 4~6 小时可防治瓜苗出土时发病；苗床内用25.9%抗枯宁水剂500~750倍液喷雾，结瓜期做叶面喷雾，50公斤/亩，应连续喷2~3次，每次间隔10~15天。

（2）防治瓜菜白粉病，在发病初期，用25.9%抗枯宁水剂500~750倍液于叶背、叶面均匀喷雾；瓜类结瓜期，间隔10~15天，连续喷2~3次。

（3）防治其他病害，用25.9%抗枯宁水剂500~750倍液，在发病初期喷雾，可防治多种作物霜霉病、炭疽病、早疫病、叶斑病等。并对营养元素（铜、锌等）缺乏症有一定效果。

注意事项：

（1）宜在发病初期使用。

（2）药剂现配现用效果较好，不能与其他农药、化肥混用。

（3）采收前20天停止使用，喷后6小时内遇雨重喷。

（4）喷药时间以早上或下午4点以后为宜，不可在烈日下喷施。

（5）抗枯宁应储存于阴凉干燥处，储存期为3年。

7. 保丰灵

保丰灵是武汉市精细化工厂生产的杀菌剂，具有高效、安全、广谱、无污染等特点，属于"无毒等级"。除具有防病效果外，还具有促进作物生长之功能。

剂型：10%保丰灵液剂。

防治对象：保丰灵适用于果树、水稻、棉花、蔬菜等作物，对防治柑橘疮痂病有特效，对稻瘟病、纹枯病、小麦赤霉病、棉花立枯病、黄瓜霜霉病、辣椒炭疽病等也具有较好的效果。

使用方法：

（1）防治柑橘疮痂病，将10%保丰灵液剂稀释300倍，喷雾两次，第一次在柑橘春梢萌动期，第二次在花谢1/3~3/4期。

（2）防治其他作物病害，将10%保丰灵液剂兑水稀释200倍，喷雾。防治稻瘟病在水稻破口期；防治纹枯病在病株率达30%时用药；防治赤霉病在小麦扬花期；防治其他病害在初见病斑期。

注意事项：

（1）应贮存在通风、干燥处，避免暴晒；有效存放期为3年。

（2）本品使用前宜摇均匀，不宜与酸、碱混合。

8. 植物病毒灵

植物病毒灵是一种新型抗病毒微生物制剂，内含微量元素，对植物亦有调节和刺激生长作用，药效高，不污染环境，对人、畜无害，使用安全。

剂型：植物病毒灵可溶性粉剂。

防治对象：植物病毒灵适用于番茄、辣椒、西瓜、烟草、蔬菜等作物，能有效地抑制、预防和治疗上述作物的病毒病。

使用方法：植物病毒灵小包装每袋25克，兑水25公斤喷雾，间隔7天喷1次，共喷雾3~4次。

注意事项：贮存在通风干燥处，有效期为两年。

9. 恶苗灵

恶苗灵是丹东纺织助剂化工厂和沈阳市苏家屯区植保站共同研制的，用于防治水稻恶苗病，经过多年试验、示范，现已大面积推广，防效均在95%以上。

剂型：乳剂。

使用方法：200毫升瓶装恶苗灵一瓶加水50公斤，浸稻种40~50公斤，浸种时间为3~5天，浸种过程中应每天搅拌2~3次。浸种后种子不必用水清洗，可直接催芽或播种。

注意事项：用前将药剂摇匀，如果沉淀严重，不宜使用。

10. 杀毒矾

剂型：64%杀毒矾M_8可湿性粉剂。

防治对象：苹果炭疽病等。

据河南农科院植保所试验，分别用70%和75%代森锰锌可湿性粉剂、64%杀毒矾M_8可湿性粉剂、80%敌菌丹可湿性粉剂、30%多菌灵胶悬剂、10%双效灵乳剂等药剂防治苹果炭疽病，试验结果：代森锰锌、杀毒矾、敌菌丹、多菌灵的防治效果均达91.6%以上，其中，杀毒矾的效果最好，防效高达99.3%。据田间实际观察，施用杀毒矾之后，发病始期比不施药的对照组推迟了13天，植物叶色鲜绿，落叶较晚，为果树越冬和来年生长积累了营养。

11. 线菌清

线菌清是多菌灵和加马丹的混合制剂,由江苏省镇江市农科所研制,经过近几年的试验和推广,证实它是一种多功能稻种消毒杀菌剂。

剂型:可湿性粉剂。

防治对象:主要用于水稻浸种消毒,对防治干尖线虫病、恶苗病等有特效。

使用方法:据湖北省推广应用,用线菌清600倍液浸种(即15克可湿性粉剂,加水9公斤,浸稻种6公斤,时间48~60小时),秧苗病株率为0.5%,而对照组为15.73%,对早稻秧田恶苗病的防治效果平均为96.84%,且对种子发芽没有什么不良影响。

12. 丰利农(多效灵)

丰利农由中国科学院武汉植物研究所研制而成。它是一种新型生物化学农药,具有杀菌范围广、效果高、无药害、价格便宜、对环境无污染等特点,并有防病增产效果。

剂型:10%丰利农液剂。

防治对象:丰利农适用于水稻、小麦、棉花、果树、蔬菜等作物,对稻秧绵腐病、小麦赤霉病、白粉病、棉花炭疽病、果树黑腐病、炭疽病、瓜类枯萎病等均有良好防治效果。

使用方法:

(1)防治水稻烂秧(绵腐病),可用10%丰利农液剂稀释300~500倍泼浇。

(2)防治小麦赤霉病、白粉病,在小麦扬花期和发病初期,用10%丰利农液剂,加水200倍稀释喷雾,每隔5~6天用药1次,共用药2~3次。

(3)防治苹果、梨、桃、柑橘的黑腐病、炭疽病,用10%丰利农液剂,加水稀释200~500倍,效果可达90%~98%;也可将丰利农原液加水稀释400~800倍,向树叶喷雾,可防治部分病害造成的落花、落果。

(4) 防治冬瓜、西瓜、黄瓜、香瓜、豆角等作物的枯萎病、茄子的黄萎病等，如果根部发病，在发病初期，或在瓜苗移栽后 15 天左右，将原液加水稀释至 400～500 倍，然后沿着苗基部灌根，每棵灌稀释药液 250 克左右，隔 5～7 天用同样药量再灌 1 次。如果基部发病，在发病初期，将该药剂加水稀释 200～300 倍，每隔 5～7 天喷雾 1 次，共用药 3～5 次。

注意事项：
(1) 丰利农不能和酸、碱药物混合使用。
(2) 贮存时应放在阴凉干燥处，避免日光暴晒。

13. 消斑灵

消斑灵是一种新型杀菌剂，经河北省农科院等单位试验，杀菌效果显著。

剂型：12.5% 消斑灵可湿性粉剂。

防治对象：消斑灵对小麦条锈病、白粉病，玉米丝黑穗病等有良好的防治效果，且有明显的增产效果。防治范围还在扩大应用之中。

使用方法：
(1) 在小麦条锈病、白粉病发病初期，每亩用 12.5% 消斑灵可湿性粉剂 35～45 克（7～9 钱），加适量水，均匀喷雾于小麦叶片，防治效果可达 90%～98%，与百里通的效果相当。
(2) 防治玉米丝黑穗病，用 12.5% 消斑灵可湿性粉剂按种子重量的 5‰ 拌种，防治玉米丝黑穗病的效果高达 95% 以上。

注意事项：配药时先用少量水将粉剂调成糊状，充分混匀，然后加足水量。

14. 普力克（霜霉威、丙酰胺）

普力克是一种新型杀菌剂，属氨基甲酸酯类。抑制病菌细胞膜成分的磷脂和脂肪酸的生物合成，抑制菌丝生长、孢子囊的形成和萌发。当用做土壤处理时，能很快被根吸收并向上输送到整个植株；当用做茎叶处理时，能很快被叶片吸收并分布到叶片上。如果剂量合适，在喷药后 30 分钟就能起到保护作用。由于其作用机理与其他杀菌剂不同，与其他药剂无交互抗性。因此，普力克尤其对常用杀菌剂已产生抗药性的病菌有效。

剂型：72.2%普力克水剂（每升含有效成分722克）。

防治对象：霜霉病、猝倒病、疫病、晚疫病、黑胫病等。

使用方法：

（1）防治苗期猝倒病和疫病，播种前或播种后、移栽前或移栽后，每平方米用72.2%普力克水剂5～7.5毫升加2～3升水稀释灌根。

（2）防治霜霉病、疫病等，在发病前或初期，每亩用72.2%普力克水剂60～100毫升加30～50升水喷雾，每隔7～10天喷药1次。为预防和治理抗药性，推荐每个生长季节使用普力克2～3次，与其他不同类型的药剂轮换使用。

普力克在推荐剂量下，不论使用方法如何，在作物的任何生长期都十分安全，并且对作物根、茎、叶的生长有明显促进作用。

注意事项：普力克在黄瓜等蔬菜作物上的安全间隔期为3天；普力克不推荐用于防治葡萄霜霉病；注意安全贮藏、使用和处置本药剂；如发生意外中毒，请立即携带产品标签送医院治疗。

15. 世高（恶醚唑）

本品属唑类杀菌剂，具有内吸性，是甾醇脱甲基化抑制剂，杀菌谱广，叶面处理或种子处理可提高作物的产量和保证品质，对子囊菌亚门、担子菌亚门和包括链格孢属、壳二孢属、尾孢霉属、刺盘孢属、球座菌属、茎点霉属、柱隔孢属、壳针孢属、黑星菌属在内的半知菌、白粉菌、锈菌和某些种传病原菌有持久的保护和治疗活性。

剂型：10%世高水分散颗粒剂。

防治对象：梨黑星病，苹果斑点落叶病，番茄早疫病，西瓜蔓枯病，辣椒炭疽病，草莓白粉病，葡萄炭疽病、黑痘病，柑橘疮痂病等。

使用方法：世高是一种广谱内吸性杀菌剂，对不同的病原菌有效浓度差异很大，应根据不同的防治对象来选择使用浓度。

（1）防治梨黑星病，在发病初期用10%世高水分散颗粒剂

6 000～7 000倍液，或每100升水加14.3～16.6克（有效浓度14.3～16.6毫克/升）。发病严重时可提高浓度，建议用3 000～5 000倍液，或每100升水加20～33克（有效浓度20～33毫克/升），间隔7～14天连续喷药2～3次。

(2) 防治苹果斑点落叶病，发病初期用2 500～3 000倍液，或每100升水加33～40克（有效浓度33～40毫克/升）；发病严重时用1 500～2 000倍液，或每100升水加50～66.7克（有效浓度50～66.7毫克/升），间隔7～14天，连续喷药2～3次。

(3) 防治番茄早疫病，发病初期用800～1 200倍液，或每100升水加83～125克（有效浓度83～125毫克/升），或每亩用40～60克（有效成分4～6克）。

(4) 防治西瓜蔓枯病，每亩用50～80克（有效成分5～8克）。

(5) 防治辣椒炭疽病，发病初期用800～1 200倍液，或每100升水加83～125克（有效浓度83～125毫克/升），或每亩用40～60克（有效成分4～6克）。

(6) 防治草莓白粉病，每亩用20～40克（有效成分2～4克）。

(7) 防治葡萄炭疽病、黑痘病，用1 500～2 000倍液，或每100升水加50～66.7克（有效浓度50～66.7毫克/升）。

(8) 防治柑橘疮痂病，用2 000～2 500倍液，或每100升水加40～50克（有效浓度40～50毫克/升）喷雾。

其他防治对象可参照上述浓度使用。

世高具有内吸性，可以通过输导组织传送到整个植株，但为了确保防治效果，在喷雾时用水量一定要充足，要求对果树全株均匀喷药。世高具有保护和治疗的双重效果，为了尽量减轻病害造成的损失，应充分发挥其保护作用，因此施药时间宜早不宜迟，在发病初期进行喷药效果最佳。

西瓜、草莓、辣椒喷液量为每亩次50升。果树可根据果树大小确定喷液量，大果树喷液量高，小果树喷液量低。施药应选早晚气温低、风小时进行。晴天空气相对湿度低于65%、气温高于

28℃、风速大于每秒 5 米时应停止施药。

中毒解救：世高是低毒杀菌剂，没有专用的解毒药物，如发生误食等意外原因引起的中毒，应请医生对症治疗。

注意事项：世高不宜与铜制剂混用。因为铜制剂能降低世高的杀菌能力，如果确实需要与铜制剂混用，则要加大 10% 以上的用药量。

16. 克得灵（乙霉威+甲基硫菌灵）

防治对象：灰霉病。

剂型：65% 克得灵可湿性粉剂。

使用方法：在发病前使用有预防作用，在发病初期使用有防治作用，每亩用 65% 克得灵可湿性粉剂 47~70 克（有效成分 30.6~45.5 克），用水稀释 1 000~1 500 倍，搅拌均匀后将药液均匀喷在作物上。

注意事项：

（1）保护性使用，即在发病前使用，最迟应在发病初期使用。

（2）要避免频繁地连续使用，可与作用性质不同的药剂轮换使用。药剂调配后，要尽快喷洒，不要长时间放置。

（3）不要和石硫合剂、波尔多液等强碱性药剂混用。

（4）遵守规定的剂量，不应超量使用。

17. 仙生（腈菌唑+代森锰锌）

腈菌唑为内吸性三唑类杀菌剂，主要对病原菌的麦角甾醇的生物合成起抑制作用，对子囊菌、担子菌具有较好的防治效果，具有持效期长、对作物安全、有一定的刺激生产作用等优点。代森锰锌是广谱保护性杀菌剂，主要抑制菌体内丙酮酸的氧化，对果树、蔬菜炭疽病、早疫病等多种病害有效。仙生是腈菌唑与代森锰锌混配而成的杀菌剂，既有三唑类对黑星病、白粉病的预防和治疗作用，又有代森锰锌对苹果轮纹病、炭疽病、蔓枯病、柑橘黑星病、炭疽病、疮痂病、柿子白粉病、角斑病、褐腐病、炭疽病、花卉白粉病、黑点病、叶斑病、锈病等的防治作用。

剂型：62.25% 仙生可湿性粉剂。

使用方法：

（1）防治梨黑星病，梨黑星病发病初期用62.25%仙生600倍液，或每100升水加62.25%仙生167克（有效浓度1 039.6毫克/升）喷雾，间隔10天使用一次，连续用1~3次，然后换用大生M-45进行保护，采收前18天停止用药。

（2）防治黄瓜白粉病，黄瓜白粉病发病初期，用62.25%仙生600倍液，或每100升水加62.25%仙生167克（有效浓度1 039.6毫克/升）喷雾，间隔7~10天使用一次，连续使用1~3次，采收前18天停止施药。若黄瓜白粉病、黑星病同时发生，则先用仙生1~2次，然后换用大生M-45进行保护。

注意事项：

（1）喷药时应均匀周到。

（2）使用前应详细阅读标签，并按标签说明使用。

（3）配药及施药时应穿戴保护性衣服。

（4）喷药后应清洗全身。清洗喷雾器时，勿让废水污染水源。

（5）本药剂应存放在儿童触摸不到之处，并远离食物、饲料、水源。

（6）仙生易吸湿受潮，开袋之后请务必扎紧袋口以避免受潮。将本品原装密封存于干燥、避光和通风良好的阴凉处。

三、除　草　剂

（一）酰胺类除草剂

1. 克草胺

克草胺是大连金明化工厂产品，是一种选择性芽前除草剂，用于杂草发芽前土壤处理，对作物安全，对人、畜低毒，不污染环境，药效期30天左右，不影响下茬作物。

剂型：25%克草胺乳剂，50%克草胺可湿性粉剂。

防除对象：克草胺除草效果好，对一年生禾本科杂草有特效；

对阔叶杂草效果差。防除稻田稗草、鸭舌草、牛毛毡有良好的效果，对莎草也有一定的抑制作用。在花生地膜覆盖田，可防除稗草、马唐草、狗尾草、普通苋、马齿苋、灰菜等杂草。

使用方法：

（1）防除水稻田杂草，在插秧后 5～7 天施药，每亩用 25% 克草胺乳剂 125～150 克（2.5～3 两），加水 50～75 公斤均匀喷雾；或者用同样药量加 15 公斤潮湿细土混匀成毒土，撒入水中；或者用同样药量，加水 250 公斤，均匀泼浇在田中。施药时灌水 1 寸左右，不要淹没水稻生长点，否则，会抑制秧苗生长，也不能串灌，并保水 7 天。

（2）防除花生田杂草，在花生地膜覆盖田，每亩用 25% 克草胺乳剂 300～400 克（6～8 两），加适量水喷雾；如果田间湿度大，气温高（不超过 35℃），有利于发挥药效，可酌情减少用药量。施药后立即盖上薄膜，在 1～2 天内打孔播种。

注意事项：

（1）一定要严格按规定的用药量使用，不能随意加大用量，否则，会产生药害。

（2）水稻秧田如果漏水或是沙土田，严禁使用；也不能用于病稻苗和弱稻苗。

（3）该药对眼睛、皮肤有刺激性，应避免直接接触，如溅入眼内，要立即用大量清水冲洗；若接触到皮肤，要迅速用肥皂水洗净；若误食要迅速送医院处置。

（4）本剂易燃，应远离火源，放于干燥、阴凉处。

2. 敌草胺

敌草胺是一种选择性芽前土壤处理除草剂，在一般情况下对酸性物质稳定，遇碱容易分解；药效与克草胺药效相似。施药后在土壤中保持药效 15～20 天。

剂型：10% 敌草胺可湿性粉剂，20% 敌草胺乳剂。

防除对象：敌草胺除草范围广泛，适用于水稻、棉花、大豆、玉米、花生、油菜、蚕豆、豌豆、甘蔗等作物及苗圃，对一年生禾本科杂草和某些阔叶杂草如稗草、马唐草、狗尾草、野燕麦、马齿苋、牛毛草、苋、藜等都有较好的防治效果。

使用方法：

（1）防除秧田杂草，适用于旱育秧田和水育秧田。在水稻播种后盖土1厘米（3分）以上，再将药剂施于盖籽土表面，每亩用10%敌草胺可湿性粉剂100克（2两），兑水30~50公斤喷雾。

（2）防除水田禾本科杂草，一般在插秧后3~7天用药，用10%敌草胺可湿性粉剂，北方每亩用75~100克（1.5~2两），南方每亩用40~75克（0.8~1.5两），加适量细土配制成毒土，撒施时，田间应保持3厘米（1寸）左右水层。

图34　敌草胺的使用注意事项

（3）防除油菜地杂草，每亩用 20% 敌草胺乳剂 200~250 克（4~5 两），直播田在播种后（1 天）出苗前用药，移栽田于次日用药，每亩按药量加水 50 公斤喷雾，杀草效果良好，对油菜安全。

注意事项：

（1）不能和碱性药物混用。

（2）施药时一定要掌握在杂草出土前。

（3）如旱地施药，要进行浅耙和灌溉，以利充分发挥药效。

（4）配药时要搞好个人防护，特别要保护好眼睛和皮肤。

3. 乙草胺

乙草胺是酰胺类除草剂，工业品为淡黄色油状液体，不易挥发，微溶于水，对植物安全，用药后对下茬作物没有明显的影响。

剂型：50%、86.4% 乙草胺乳剂。

防除对象：适用于大豆、花生、玉米和甘蔗等作物田里的多种杂草，对防除黄香附子、紫香附子、马齿苋、双色高粱、藜等杂草均有良好的效果。施药后，药剂在土壤中可保持药效两个月以上。

使用方法：防除大豆田杂草，能有效地防除稗草、藜、苋等单、双子叶杂草，而且对作物安全。既可用做播种后苗前表面土壤处理；也可以在播种前进行土壤处理，处理后用钉耙混土 2~4 厘米（1 寸左右），隔 3~5 天后播种。用药量每亩用 86.4% 乙草胺乳剂 150 毫升（3 两），加水 30 公斤，采用喷雾法均匀喷洒。

注意事项：

（1）做苗前表土处理应掌握在最后一次耕地后 5 天内，或作物播种后、杂草出苗前用药。

（2）乙草胺对蓼类杂草效果差，如果这种杂草在田间比较多，可与其他除草剂搭配使用，以便达到理想效果。

4. 丁草胺（去草胺、灭草特）

丁草胺原药为浅黄色，具有轻微芳香味，油状液体，在常温下不挥发，抗光解性能好。对水田、旱地杂草都有良好的防除效果。

剂型：50%、60%、90% 丁草胺乳剂，5% 丁草胺颗粒剂。

防除对象：丁草胺是酰胺类选择性芽前除草剂，对作物安全，对下茬作物也没有残毒，除草有效期可达 30～40 天。主要用于防除水稻秧田、直播田、移栽田和油菜、麦类、玉米、花生等作物田里的一年生禾本科和莎草科杂草，也兼除部分阔叶杂草，对稗草、千金子、异型莎草、碎米莎草、萤蔺、牛毛毡、泽泻、水苋、节节菜、益母草、繁缕和鸭舌草等均有良好的防除效果。

使用方法：

（1）秧田除草，施药时期掌握在覆土后、盖膜前，每亩施用 60% 丁草胺乳剂 100～125 克（2～2.5 两），加水 40～50 公斤，均匀喷雾。

（2）移栽水稻田除草，一般在水稻移栽后 4～5 天，稗草等杂草萌发高峰期，每亩用 60% 丁草胺乳剂 100 毫升（2 两），加水 40 公斤，喷雾、泼浇均可；或用 5% 丁草胺颗粒剂，每亩用量 1 500 克（3 斤），在栽秧后 3～5 天直接撒施，对水田杂草的防效可达 95.7%～100%，并可维持药效 30 天。喷、撒药时田间保持浅水层，并保水 3～6 天。

（3）直播水稻田除草，在水稻播种 6～7 天，每亩用 60% 丁草胺乳剂 100 毫升（2 两），加 30 公斤细沙土，混匀后撒施，施药时水层深度为 3～5 厘米（1～2 寸），保水 5～7 天。

（4）防除玉米田杂草如三棱草、马唐、狗尾草、稗草、铁苋和马齿苋等，每亩施 60% 丁草胺乳剂 150 毫升（3 两），各种杂草防治效果在 82%～95%，平均防效为 90.3%。防治花生地上述杂草，每亩施 60% 丁草胺乳剂 100～150 毫升（2～3 两），防效在 95% 以上，与亩施 5 钱拉索的防效相似。

（5）油菜地除草，主要防除以看麦娘为主的单子叶杂草，同时对繁缕等少数阔叶杂草也有一定的防除效果。油菜播后芽前每亩使用 90% 丁草胺乳剂 100 毫升（2 两），加水均匀喷雾做土壤处理，防除看麦娘效果在 80% 以上。

（6）麦田除草可以有效地防除以看麦娘为主的禾本科杂草。每亩用 60% 丁草胺乳剂 100 毫升（2 两），在小麦播后芽前施药，对看麦娘防除效果达 80% 左右。

注意事项：

（1）本品在油菜地防除杂草，要选择土壤墒情较好的地，如果土壤过分干旱，应先灌水解除旱情。

（2）旱地除草时间一定要掌握在播后芽前，以免出现药害。

（3）在免耕麦地上使用除草剂，最好间隔6天，待除草剂被土壤吸附后，再灭茬播种。

（4）秧田除草每亩不要超过125毫升，施药时应在秧苗一叶期，稗草1~2叶期为好。

5. 毒草胺

毒草胺是一种选择性苗前土壤处理除草剂，工业品为淡褐色固体，微溶于水，对人、畜毒性很低，对眼睛有中等刺激作用。

剂型：30%毒草胺乳剂，10%、20%、65%可湿性粉剂，20%颗粒剂。

防除对象：毒草胺除草范围广泛，适用于玉米、大豆、高粱、花生、棉花、水稻等多种作物田，对稗草、马唐草、狗尾草、看麦娘、早熟禾、野苏子、苋菜、龙葵、马齿苋、藜等有良好的防除效果。

使用方法：毒草胺对刚发芽的一年生杂草杀伤力很强，但对已出土的杂草灭除效果很差，要掌握在杂草出土前施药。旱地作物在播种前或播种后出苗前3~5天，采用喷雾法处理土壤表面，每亩用30%毒草胺乳剂1.5公斤。水稻秧田、直播田在播后苗前，插秧田在插后3~5天，用药时要保持浅水层，每亩用65%可湿性粉剂600克（1.2斤），加适量细沙土配制成毒土撒施。

注意事项：

（1）毒草胺受土壤湿度影响很大，旱地用药最好等下雨前后或灌水前后；田间干旱效果差。

（2）毒草胺对眼睛、皮肤有刺激，用药时注意保护好眼睛和皮肤。

（3）可与除草醚、2，4—滴丁酯等除草剂混用。

6. 拉索（甲草胺、草不绿）

拉索制剂为紫红色液体，具有内吸作用和选择性，药剂易被土壤吸附,不易在土壤中流失,也不易挥发失效,能有效地控制杂草,时间为1个月以上。

剂型:24%、48%拉索乳剂,10%拉索颗粒剂。

防除对象:对大豆、玉米、棉花、花生、油菜、烟草等旱地作物一年生杂草有良好的防除效果,尤其对稗草、马唐、狗尾草、蟋蟀草等禾本科杂草效果显著,对大豆菟丝子、马齿苋、粟米草等也有一定防效。

使用方法:

(1)防除玉米地杂草,在播种后出苗前进行土壤处理。春播玉米每亩用48%拉索乳剂200~400毫升(约4~8两),加水30~50公斤喷雾处理土壤;夏播玉米每亩用200~300毫升(4~6两),加水量同上。干旱环境用药后即浅耕混土,保持土壤湿润。

(2)防除大豆地杂草,在大豆播种后出苗前,每亩用48%拉索乳剂250~400毫升(5~8两),加水30~50公斤均匀喷雾土壤表面,能有效地防治大豆田一年生禾本科杂草;防治大豆菟丝子(俗称黄金藤、金丝藤)掌握在大豆出苗后,菟丝子缠绕初期,每亩用48%拉索乳剂200~250毫升(4~5两),加水25公斤,均匀喷于大豆被缠绕的茎叶,能有效地杀死菟丝子,而对大豆安全。

(3)防除花生地杂草,每亩用48%拉索乳剂250~450毫升(5~9两),加水30~50公斤,播种前喷雾;或者将药液混入20~30公斤干细土中,均匀撒施,随即耙一遍地,然后播种,对防除马唐、千金子、稗草、蟋蟀草、香附子和马齿苋等田间主要杂草都有显著效果,是花生地里最理想的除草剂之一,对花生安全。

(4)防除芝麻地杂草,在夏季播种后出苗前,每亩用48%拉索乳剂150~250毫升(3~5两),加水30~50公斤喷雾,处理土壤。

(5)防除棉花地杂草,在棉花播种前,或播种后出苗前,每亩用48%拉索乳剂200~300毫升(4~6两),加水30~50公斤喷雾处理土壤。

注意事项:

(1)拉索与莠去津、利谷隆等除草剂混用,可提高药效,扩大防除范围。

（2）拉索对眼睛、皮肤有刺激作用，因此在配药和使用时，必须采取防护措施，如溅到身体暴露部分，应立即用清水洗净。

（3）使用拉索后如遇半个月以上无雨，应进行抗旱和浅混土，以保证其药效。

（4）拉索对已出土的杂草效果差，因此应掌握在杂草刚萌发但又未出土之前施药。

（5）拉索易燃，存放时应远离火源。

7. 杜耳（屠莠胺）

杜耳原药是一种无色无味的液体，不易挥发光解，性质稳定，残效期可达两个月以上。对人、畜毒性很低，对皮肤有轻微的刺激性，对眼睛无刺激，对鱼类有微毒，对作物安全。

剂型：50%、72%、96%杜耳乳剂。

防除对象：杜耳是一种选择性芽前除草剂，对玉米、大豆、高粱、棉花、花生、蚕豆等作物中的稗草、马唐草、狗尾草、野黍、画眉草、牛筋草、千金子等有良好的防除效果，对马齿苋、荠菜、蓼、藜等阔叶杂草也有一定的防治作用。

使用方法：

（1）防除大豆地杂草，大豆播种前，每亩用72%杜耳乳剂150~200毫升（3~4两），加水30~40公斤，均匀喷雾于土壤表面。如果土壤表层干燥，喷药后最好用耙进行浅混土，以充分发挥药效。

（2）防除玉米地杂草，在玉米播种后至出苗前，每亩用72%杜耳乳剂100~150毫升（2~3两），加水40公斤，进行土壤表面喷雾处理，对防除一年生单子叶杂草和部分阔叶杂草有良好的效果，而对玉米安全。如果要扩大杀草范围，还可以与其他药剂，如阿特拉津胶悬剂按1∶1比例混用。

（3）防除棉田杂草，棉花播种后出苗前，每亩用72%杜耳乳剂100克（2两），加水40公斤喷雾。

（4）防除花生地杂草，一般做苗前土壤处理，每亩用72%杜耳乳剂 120 毫升（2.4 两），加水 40 公斤喷雾，然后混土 3~5 厘米（1~1.5 寸），对一年生禾本科杂草和部分阔叶杂草有很好的防除效果。

注意事项：

（1）杜耳对已出土的杂草无效。

（2）对部分阔叶杂草防效差，如需要，可与其他药剂混用，以扩大杀草范围。

（3）在湖北和南方地区，每亩用量为 72% 杜耳乳剂 100~150 毫升（2~3 两）；在沙质土壤用最低量，黏性土壤用最高量；在北方地区可适当提高药量。

（4）杜耳对皮肤有刺激性，使用时应避免皮肤接触药液，如果药液溅到手上应立即用清水冲洗干净。

8. 丙草胺（扫弗特）

丙草胺纯品外观为无色液体，属于低毒除草剂。施药后可直接干扰杂草体内蛋白质合成，并对光合及呼吸作用有直接影响；而水稻对丙草胺有较强的分解能力，故具有一定的选择性。本药剂持效期较长，在田间可保持效果 30~40 天。

剂型：30% 丙草胺乳油。

防除对象：丙草胺为选择性芽前处理剂，对水稻田稗草、鸭舌草、母草、慈藻等杂草有很好的防除效果；对多年生扁秆藨草、三棱草等效果较差。

使用方法：水稻直播田或秧田用 30% 丙草胺乳油，南方每亩用 100 毫升（2 两），北方每亩用 100~130 毫升（2~2.6 两），加水 75 公斤以上喷施；也可以用毒土法撒施，但用毒土法田面必须平整，有水层全面覆盖，施药适期在秧苗 1~1.5 叶（稗草 1 叶以下）为宜。

注意事项：

（1）丙草胺在北方秧田使用时，应先试验，待取得经验后再推广。

（2）如不慎沾染上丙草胺，应及时更换衣服，并用肥皂洗净

图35 被丙草胺污染过的空容器不可再作他用

皮肤。如已中毒,应对症治疗。

(3) 使用过的空容器不要再作他用;也不要在鱼塘、河道、水库等处清洗药械及容器,以免污染水源。

(4) 贮存于阴凉、干燥、通风处,远离食品、饲料和儿童。

9. 大惠利(草萘胺)

大惠利纯品为无色晶体,商品外观为棕褐色,属于低毒除草剂。施药后能抑制杂草酶的形成,使根芽不能生长而死亡。大惠利混入土层之后,其半衰期长达70天左右,持效期长,施药1次可解决杂草危害问题。

剂型:50%大惠利可湿性粉剂。

防除对象：大惠利杀草谱较广，适用于果园、桑园、茶园及蔬菜、油料、烟草等作物田，对稗草、马唐、狗尾、野燕麦、千金子、看麦娘、早熟禾、萑稗、黍草、猪殃殃、繁缕、马齿苋、野苋、绵葵、苣荬菜等均有良好的防除效果。

使用方法：

（1）防除油菜、白菜、芥菜、菜花、萝卜等直播或移植田杂草，可在播后苗前，或移植后，在土壤湿润情况下，每亩用50%大惠利可湿性粉剂100~120克（2~2.4两），兑水50公斤均匀喷雾。

（2）防除茄子、西红柿、辣椒等蔬菜地杂草，可在蔬菜播种后出苗前，或移植后，选择土壤潮湿的时机施药，每亩用50%大惠利可湿性粉剂150~250克（3~5两），兑水50公斤，均匀喷雾。在盖膜菜地，可适当降低用药量。

（3）防除花生、大豆及其他豆科作物地杂草，于播种后出苗前，每亩用50%大惠利可湿性粉剂120~150克（2.4~3两），兑水均匀喷雾于土壤表面。

（4）防除烟草苗床杂草，于播种前喷雾，每亩用50%大惠利可湿性粉剂100~120克（2~2.4两）；本田杂草可于烟草移栽后施药，每亩用药150~250克（3~5两），兑水50公斤喷雾。

（5）防除果园、茶园、桑园杂草，在春秋季杂草萌发前，每亩用50%大惠利可湿性粉剂250~350克（5~7两），兑水50~75公斤，压低喷头，定向喷雾。

注意事项：

（1）本药剂对茴香、芹菜等有药害，不宜使用。

（2）大惠利对已出土的杂草效果差，故应适当提早施药。

（3）春夏季用药量应略高于秋冬季；土壤干旱地区使用大惠利后，应进行混土，以提高药效。

（4）施药时，避免吸入药粉或药雾，切勿让药剂接触皮肤和眼睛。万一不慎中毒，立即将患者移到空气新鲜的地方，催吐，并迅速请医生治疗。

（二）三氮苯类除草剂

1. 赛克津（嗪草酮）

赛克津工业品为黄白色粉末，不溶于水，但能在水中扩散；耐光照，受气温影响小，在正常贮存条件下，产品质量3年不变。对鱼类低毒，对作物安全。

剂型：70%赛克津可湿性粉剂。

防除对象：对大豆、番茄、马铃薯等作物中的阔叶杂草如蓼、藜、马齿苋、荠菜、田芥菜、苣荬菜、繁缕等有良好的防除效果，对部分单子叶杂草如狗尾草、马唐草、稗草、毒麦、野燕麦等也有一定效果。

使用方法：

（1）防除春播大豆田杂草，大豆播种后出苗前，每亩用70%赛克津可湿性粉剂60～75克（1.2～1.5两）加水30公斤喷雾，对阔叶杂草及部分窄叶杂草有良好的防除效果。

（2）防除直播大豆田杂草，在大豆播种后出苗前，每亩用70%赛克津可湿性粉剂40～50克（8钱～1两）加水30公斤，均匀喷洒。

（3）防除马铃薯田间杂草，在播种后出苗前，每亩用70%赛克津可湿性粉剂65～75克（1.3～1.5两），加水30公斤喷洒。

注意事项：

（1）使用时应按照操作规程，做好个人防护。

（2）贮存药剂应放在儿童接触不到的地方，也不能与谷物和饲料一起存放。

（3）因药剂残效期较长，安全间隔期为3个月左右。

2. 西玛津（西玛嗪）

西玛津工业品为白色结晶，无气味。对人、畜低毒，没有刺激作用，对蜜蜂无害，使用非常安全。

剂型：50%、80%可湿性粉剂，20%粉剂，4%、8%、10%颗粒剂，40%胶悬剂。

防除对象：西玛津是内吸输导型除草剂，由植物根吸收并传导至全株，最后导致杂草死亡。对玉米田的一般杂草有特效，也适宜防除高粱、蚕豆地及果园中的一年生杂草和单子叶杂草如马唐草、莎草、狗尾草、看麦娘、蓼、藜等，还可降低药剂量用于防除马铃薯、大豆作物田间杂草。

使用方法：

（1）防除玉米田杂草，在玉米播种前后，每亩用50%西玛津可湿性粉剂150～200克（3～4两），加水50～60公斤，均匀喷在土壤表面，即可在整个生长季节防除很多种一年生杂草。

（2）防除麦类、豌豆田杂草，每亩用50%西玛津可湿性粉剂50～75克（1～1.5两），加水25～50公斤，在播种后、出苗前喷雾，能防除多种杂草。

（3）防除高粱田杂草，每亩用40%西玛津胶悬剂150～250毫升（3～5两），加水40～60公斤喷雾。用药时期一般在播种后出苗前。

（4）防除果园杂草，在杂草出苗前，每亩用50%西玛津可湿性粉剂400～500克（8两～1斤），加水60公斤喷雾，对双子叶、单子叶杂草都有良好效果；或用40%西玛津胶悬剂，用药量同上，除草效果一样好，残效期可维持1个月左右。

注意事项：

（1）在玉米田施用，不宜套种豆类、瓜类和马铃薯等作物。

（2）喷雾时不要将药液喷溅到作物的茎叶上。

（3）西玛津处理土壤残效期较长，选择下茬作物时以蚕豆、豌豆、高粱等作物为宜，避免药害。

（4）使用过的喷雾器要清洗干净后才能喷洒其他药剂。

3. 莠去津

莠去津是一种旱地使用药剂，除草范围广泛，效果好，对植物安全，残效期短。

剂型：50%可湿性粉剂，40%胶悬剂，3%粉剂。

防除对象：适用于玉米、高粱、糜子等作物田及果、树苗圃的杂草防除，对稗草、蓝花草、苍耳、苣荬菜、问荆、马唐草、车前草、荸荠草、三棱草、狗尾草和柳蒿等均有良好的防除效果。莠去津不影响杂草种子的发芽出土，杂草都是出土后陆续死掉的，除草干净及时。试验中玉米对高剂量的药剂也不产生药害。

使用方法：

（1）防除玉米地杂草，用莠去津按有效成分计算每亩用400~450克（8~9两）效果最好；在玉米苗期除草按有效成分计算，每亩用250克（5两）均有良好的防效，且比人工除草保苗率增加11.5%，株高比人工除草高8.6~11.5厘米（3~4寸）。

（2）防除高粱地杂草，按有效成分计算，每亩用300~350克（6~7两）效果最好。

（3）防除大豆、谷子等作物杂草，每亩用莠去津50%可湿性粉剂150克（3两）+拉索250克（5两）混用；或用莠去津50%可湿性粉剂250克（5两）+杜尔200克（4两）混用，效果更佳，既能除草，又能解决下茬作物安全问题。

注意事项：

（1）在用药时期上，于播种后出苗前或出苗后施药均可，但施药时最好选择阴雨天或小雨天，这样效果更好。

（2）单用莠去津防除大豆、谷子杂草，对作物有一定影响，需要与拉索和杜尔等除草剂混用。

4. 扑草净（割草佳）

扑草净工业品为米黄色粉末，有臭鸭蛋气味，性质稳定，不容易氧化和水解。对人、畜毒性很低，但对眼睛有轻微刺激性。施药后对作物安全，除草效果好。

剂型：50%、80%扑草净可湿性粉剂。

防除对象：扑草净是一种高效、低毒的内吸传导型除草剂，主要用于棉花、水稻田除草，也可用于小麦、大豆、马铃薯、花生、茶树等作物或在果园里防除马唐草、稗草、千金子、野苋菜、马齿苋、看麦娘、繁缕、藜、蓼等多种杂草。

使用方法：

（1）防除水稻秧田或水稻直播田杂草，在水稻播种前或者播种后出芽前 3~5 天，每亩用 50% 扑草净可湿性粉剂 20~40 克（4~8 钱），拌细土 20 公斤，充分拌匀撒施，或者加水 40~50 公斤，均匀喷雾于土壤表面。

（2）防除水稻大田杂草，掌握在水稻移栽后 4~5 天，每亩用 50% 扑草净可湿性粉剂 30 克（6 钱），拌细土 15~20 公斤，撒施于田间；或加水 40~50 公斤进行喷雾，对禾本科杂草或阔叶杂草都有较好的防除效果。

（3）防除棉田杂草，在棉花播种后（4~5 天）至出苗前，每亩用 50% 扑草净可湿性粉剂 150~200 克（3~4 两），兑水 35 公斤，均匀喷雾于土壤表面；或者混细土 20 公斤撒施，然后用钉耙混土 3 厘米（1 寸）深，除草效果良好。

（4）防除花生、大豆地杂草，每亩用 50% 扑草净可湿性粉剂 100 克（2 两），加水 30~40 公斤喷雾。

（5）防除麦田杂草，在麦苗 2~3 叶期，杂草 1~2 叶期，每亩用 50% 扑草净可湿性粉剂 75~100 克（1.5~2 两），加水 50 公斤，对着茎叶喷雾，对看麦娘、繁缕等杂草有良好的防除效果。

注意事项：

（1）扑草净是高效除草剂，用药量很低，要严格掌握用药量。用量过多容易产生药害。

（2）小麦 1 叶期以前抗药力弱，易产生药害，不要提前用药。

（3）直播田使用时一定要在播后苗前，棉苗出土后再用会产生药害。

（4）喷过扑草净的喷雾器要反复冲洗干净，才能避免下次用药产生药害。

5. 阔叶净（巨星）

阔叶净外观为灰白色固体，在水中分散性好，属于低毒除草剂，对皮肤无致敏和刺激作用，对眼睛有轻微刺激。在常温下贮存稳定。

剂型：75% 阔叶净干悬浮剂。

防除对象：阔叶净是一种内吸传导型苗后选择性除草剂，可被杂草的根、茎、叶吸收，并在体内传导，适用于防除麦地杂草，对阔叶杂草如繁缕、麦家公、蓼、猪殃殃、野芥菜、雀舌草、碎朱芥、播良蒿、反枝苋、田蓟、田芥菜等均有良好的防除效果。

使用方法：防除小麦、大麦地杂草，在麦苗3~4叶期，杂草萌芽出土后株高不超过10厘米时喷药，每亩用75%阔叶净干悬浮剂1~1.8克，兑水30公斤，均匀喷雾。若田间有上述以外的其他杂草，可与其他除草剂混用，扩大防除杂草范围。

注意事项：

（1）阔叶净高效，用量少，用药剂量要称准确，并与水充分混匀。

（2）喷洒时注意防止药液飘到敏感的阔叶作物上。

（3）工作完毕，应将喷雾器彻底清洗干净。

（4）施药时防止药液溅入眼内，如溅入眼中，应用大量清水冲洗10分钟以上。如误服，在引吐后对症治疗。

（5）贮存时，应注意远离食品、饲料，置于儿童接触不到的地方。

（三）脲类除草剂

1. 异丙隆

异丙隆纯品为无色粉末状物质，不易被光分解，在酸、碱条件下稳定；对作物安全，是一种杀草范围广的除草剂。

剂型：25%、50%、75%可湿性粉剂，54%液剂。

防除对象：异丙隆适用于小麦、大麦、棉花、花生、玉米、大豆、蚕豆、豌豆等作物田，可以有效地防除马唐草、看麦娘、野燕麦、早熟禾、蓼、藜等杂草。特别是麦田除草，不论是出芽前或出芽后使用，都有很好的防除效果。

使用方法：

防除小麦田杂草，每亩用50%异丙隆可湿性粉剂150~200克（3~4两），在小麦播种后出苗前，或者在小麦3~5叶期，加水30~50公斤喷雾处理，对阔叶杂草有很好的防除效果；对春小麦田里的蓼、藜,可用75%异丙隆可湿性粉剂100~150克(2~3两),在小麦2~4叶期,加水30~50公斤,均匀喷雾。

注意事项:

(1) 异丙隆不宜在套种田中使用。

(2) 异丙隆在有机质含量高的田块中使用,因其残效期短,最好在春季使用。

图36 异丙隆最好在春季使用

(3) 作物长势差和沙质土壤,以及排水条件不良的地块不宜使用本药。

(4) 安全间隔期为3个月。

2. 伏草隆(棉草完)

伏草隆原药为白色结晶,在空气中稳定;遇强酸、强碱易分解；对人、畜和鱼类无毒；对眼睛和皮肤有轻微刺激作用。

剂型：20%、50%伏草隆粉剂，50%、80%伏草隆可湿性粉剂。

防除对象：伏草隆是内吸传导型除草剂，有一定的选择性。主要是通过杂草的根系吸收，对叶部活性低，故做土壤处理效果较好。对棉花、玉米、高粱以及果园、林木地里的马唐草、狗尾草、看麦娘、早熟禾、蟋蟀草、繁缕、龙葵、小旋花、牵牛花、马齿苋以及莎草等均有很好的防除效果。

使用方法：

（1）防除棉田杂草，在棉花播种覆土后至出苗前，一般在棉花播种后4~7天，每亩用80%伏草隆可湿性粉剂100~150克（2~3两），加水35公斤，均匀喷雾于土壤表面。

（2）防除玉米田杂草，在玉米播种后出苗前，或者在喇叭口期中耕后施药，每亩用80%伏草隆可湿性粉剂100克（2两），加水40公斤，均匀喷雾于土壤表面。

（3）防除高粱田杂草，播种后4~6天或出苗前施药，每亩用80%伏草隆可湿性粉剂60~75克（1.2~1.5两），加水50公斤，均匀喷洒土壤表面。

（4）防除果园杂草，每亩用80%伏草隆可湿性粉剂250~400克（5~8两），加水50~60公斤，均匀喷洒草苗。

注意事项：

（1）伏草隆对棉叶有影响，棉花出苗后不能使用。

（2）伏草隆药液沾到玉米叶、果树叶上，会产生药害，喷雾时要注意避免。

（3）喷过药的喷雾器要反复冲洗干净，以免下次用药引起药害。

（4）在沙性重的土壤中使用，用药量应适当减少。

3. 绿黄隆

绿黄隆原药为白色结晶固体，在日光下稳定。施用后被植物的根、茎、叶吸收，抑制杂草生长，其生长点坏死，叶脉失绿，植株逐渐死亡。

剂型：80%绿黄隆可湿性粉剂，20%、75%绿黄隆胶悬剂、乳剂。

防除对象：绿黄隆能有效地防除小麦、大麦和亚麻等作物的田间杂草，对大多数田间杂草如苋、藜、苘麻、苍耳、田蓟、繁缕、蒲公英等有较好的防除效果，对稗草、马唐草、看麦娘、狗尾草和早熟禾等多种禾本科杂草也有效。

使用方法：

(1) 防除麦地禾本科杂草如稗草、马唐草、早熟禾、狗尾草和看麦娘等，在小麦播种前或出苗后早期用药，每亩用80%绿黄隆可湿性粉剂2~3克，加适量水对着茎、叶喷雾，防除效果好，对麦类不产生药害。

(2) 防除麦地、亚麻地和非耕地一年生阔叶杂草，如苋、藜、苘麻、苍耳、田蓟、蒲公英、繁缕等，可在作物出苗后1~2叶期用药，效果好，每亩用80%绿黄隆可湿性粉剂2~3克，加适量水喷雾。

注意事项：

(1) 冬小麦可以在秋季播种前施药，不但有同样效果，而且对后茬作物影响小。

(2) 在种植下茬作物时应注意，本药剂对玉米、甜菜、芥菜和油菜等十分敏感，有残留药害现象。

(3) 若要扩大除草范围，可与敌草隆、绿麦隆、溴苯腈、二甲四氯、野燕枯、燕麦灵、禾草灵等多种除草剂混用。

4. 绿麦隆

绿麦隆原药为无色针状结晶，在水中稳定，遇酸、碱会慢慢分解；对人、畜和鱼类安全；对土壤微生物也无不良反应。

剂型：25%、50%、80%绿麦隆可湿性粉剂。

防除对象：绿麦隆对麦田杂草有良好的防除效果，对棉花、玉米、谷子和花生地的看麦娘、毒蒿、猪秧秧、苍耳、苣荬菜、野燕麦、狗尾草、马唐草、稗草、附地菜、婆婆纳等也有一定防除效果。

使用方法：

（1）防除麦田杂草，在麦苗2~3叶期、杂草1~2叶期时进行叶面喷洒，南方每亩用25%绿麦隆可湿性粉剂200~250克（4~5两），加水40公斤；北方防除野燕麦，在小麦播种后出芽前，每亩用25%绿麦隆可湿性粉剂500克（1斤），加水40公斤喷雾。

（2）防除棉田杂草，一般在棉花播种后至出苗前，每亩用25%绿麦隆可湿性粉剂250克（5两），加水40公斤，均匀喷雾于土壤表面。

（3）防除玉米、高粱和大豆田杂草，每亩用25%绿麦隆可湿性粉剂250克（5两），加适量细沙土配成毒土撒施；或在玉米4~5叶期用25%绿麦隆可湿性粉剂200~300克（4~6两），加水40公斤喷雾于杂草叶面，均可收到较好效果，对作物也安全。

注意事项：

（1）麦苗生长期用药浓度过大会发生药害，因此喷雾既要均匀，又不能重复。

（2）在天旱地干时，用药后应灌溉一次，以充分发挥药效。

（3）油菜、红花草对该药敏感，不宜在这些作物周围用药。

（4）使用过的喷雾器具要清洗干净。

（四）氨基甲酸酯类除草剂

1. 灭草猛（灭草丹、卫农）

灭草猛原药为黄褐色透明油状液体，有轻微刺激臭味，但对眼睛和皮肤无刺激；耐贮存，在室温下，可以保存10年不变质。

剂型：72%、88%灭草猛乳剂，10%灭草猛颗粒剂。

防除对象：灭草猛是具有选择性的芽前土壤处理除草剂，主要适用于大豆、花生、马铃薯等旱地作物，能有效地防除禾本科、莎草科杂草以及香附子、苘麻等双子叶杂草。

使用方法：

（1）防除大豆田杂草，在大豆播种前和杂草萌发前，根据不同土质施药：沙质土每亩用灭草猛72%乳剂200毫升（4两），黏质土每亩用72%乳剂225毫升（4两半），均是加水40公斤，喷雾后立即用耙混土6厘米（2寸左右），播种深度为3厘米（1寸左右），对大豆田里的主要杂草如稗草、狗尾草、野燕麦、马唐草、香附子、油莎草、蟋蟀草、粟米草、猪毛菜、鸭跖草、苍耳、问荆等有良好的防除效果。

（2）防除花生、马铃薯、甘蔗等地杂草，参照上面大豆地除草的用药量及施药方法。花生对灭草猛耐药性高，比较安全。甘蔗浅层种植时，在种植前施药混土。

注意事项：

（1）灭草猛有毒，不要让儿童接触，施药时避免此药接触皮肤、眼睛及衣服。

图37 撒完毒土后，立即用清水将暴露在外的皮肤洗干净

（2）存放药剂时，应远离种子、饲料及火源。

（3）灭草猛挥发快，为保证药效充分发挥，喷药后应立即混土。

（4）撒毒土时，应戴胶皮手套；施药后，立即用清水将暴露在外的皮肤洗干净。

（5）万一发生中毒，应多饮水或喝盐水，并引致呕吐后让中毒者静养。

2. 莠丹（丁草特、苏达灭、异丁草丹）

莠丹原药为清亮的琥珀色液体，带有芳香气味，是具有选择性的苗前土壤处理剂，在土壤中被微生物分解，持效期为 1~3 个月。

剂型：85.1% 莠丹乳剂。

防除对象：莠丹适用于玉米、甜玉米以及蔬菜等作物，对防除一年生禾本科杂草如马唐草、稗草、狗尾草、野黍等有良好的防效，对由种子发芽的多年生杂草如狗牙根、宿根高粱、莎草科、香附子、油莎草等，也有防治效果。

使用方法：

防除玉米地杂草，在玉米播种前，根据土壤质地用药，沙质土壤每亩用 85.1% 莠丹乳剂 270 毫升（5.4 两），黏质土壤每亩用 85.1% 莠丹乳剂 355 毫升（7.1 两），均加水 30~50 公斤，采用低容量喷雾器均匀喷雾。喷药后立即混土，防止挥发。混土深度应为 10 厘米（3 寸）左右。

注意事项：

（1）莠丹是苗前土壤处理剂，不能杀死已经长出的杂草，因此，整地时应将已长出的杂草翻至土中，使碎土细密，便于混土均匀，充分发挥药效。

（2）本药剂挥发性强，施药后应立即混土，以防药剂有效成分挥发。

（3）清洗容器、药械时，注意不要污染水源。

（4）施药时要穿工作服，避免污染皮肤、眼睛和吸入药液；施药后要用肥皂水立即清洗裸露的皮肤。

3. 杀草丹（稻草完、除田莠）

杀草丹是一种淡黄色油状液体，对一般酸、碱、热都较稳定，残留毒性低，不污染环境。它是一种高效、低毒并具有内吸选择性的除草剂，主要通过杂草的根和幼芽吸收，从而抑制杂草的生长，致其死亡。

剂型：7%杀草丹粉剂，50%、80%杀草丹乳剂，10%杀草丹颗粒剂。

防除对象：主要用于水稻田防除牛毛毡、稗草、千金子、异型莎草、鸭舌草、水马齿苋、节节草等，也可用于小麦、棉花、玉米、花生、芝麻等旱地作物，防除马唐草、狗尾草、旱稗、马齿苋、香附子、蟋蟀草、看麦娘和野燕麦等。

使用方法：

（1）防除秧田杂草，在整好秧田、开好沟后，每亩用50%杀草丹乳剂200~250毫升（4~5两），加水35公斤，均匀喷雾做土壤处理，施药时田间灌浅水，施药后保持水层2~3天，再排水播种；或在秧苗与稗草都长至1叶1心时，每亩用50%杀草丹乳剂200~300毫升（4~6两），加水30~40公斤，均匀喷于茎叶，施药时田间灌浅水，并保持3~4天，再让水自然落干。

（2）防除水稻大田杂草，水稻移栽后3~5天，田间稗草处于发芽高峰至2叶期以前，每亩用50%杀草丹乳剂200~250毫升（4~5两），加水35公斤，均匀喷雾；或每亩用10%杀草丹颗粒剂1~1.5公斤，混入细沙或化肥充分拌和，均匀撒施大田，施药时田间灌浅水，并保持水层3~4天。

（3）防除小麦、棉花、大豆、玉米、花生、芝麻等田间杂草时，掌握在播种后出苗前施药，每亩用7%杀草丹粉剂2 000~3 000克（4~6斤），加细沙土15公斤，混合成毒土撒施；或每亩用50%杀草丹乳剂200~300毫升（4~6两）进行表土喷雾，均可以获得良好效果。

注意事项：

（1）水稻田使用时，浅水层应保持3天以上，沙质田、漏水田不宜使用本药。

(2) 施药要适时，在草刚发芽时用做土壤处理效果最好。

(3) 杀草丹在水田使用时，应避免一边播种一边用药，以免产生药害。

4. 排草丹（灭草松、苯达松）

排草丹制剂为棕色水溶液，带一些特殊气味。对人、畜、鱼类低毒，对蜜蜂无害，但对家兔眼睛有刺激作用。排草丹是一种带有选择性的触杀性除草剂，主要通过杂草的叶面吸收，抑制其光合作用，使杂草死亡。

剂型：25%、48%排草丹水剂，50%排草丹乳剂，50%排草丹可湿性粉剂。

防除对象：对水稻田扁秆薕草、矮慈姑、萤蔺、荸荠、鸭跖草、鸭舌草、节节草、异型莎草等有良好的防除效果，亦能用于大豆、麦类等作物，防除苍耳、鸭跖草、马齿苋、荠菜、苣荬菜、繁缕、曼陀罗、猪殃殃、野胡萝卜、豚草、铁荸荠、蓼、小荨麻、问荆、野西瓜苗等杂草。

使用方法：

(1) 防除稻田杂草，水稻秧田、直播田、插秧本田均可使用。一般秧田在2~3叶期，水稻直播田在播种后30~40天，插秧田在插秧后15~20天，田间杂草基本出齐，大部分已长到3~5叶期，每亩用25%排草丹水剂300~400毫升（6~8两），加水30公斤，均匀喷雾于杂草茎叶。在施药前一天晚上排干田间水，施药后隔一天灌水，以后正常管理。

(2) 防除大豆田杂草，大豆发芽后到开花期都可以使用排草丹，以大豆1~3片复叶、杂草2~4片叶时施药最好。每亩用48%排草丹水剂200~250毫升（4~5两），加水30~40公斤，均匀喷雾于杂草茎叶。

(3) 防除麦田杂草，在麦苗2叶1心至4叶期，每亩用25%排草丹水剂300~400毫升（6~8两），加水30公斤，均匀喷雾于杂草茎叶；或在杂草子叶至两轮叶时期，每亩用48%排草丹水剂

200毫升（4两），加水30公斤，对着茎叶喷雾，除草效果显著，对小麦安全。

注意事项：

（1）施药时要遵守农药安全防护措施，工作时不能抽烟或吃零食，并避免皮肤、眼睛接触药剂。

（2）施药后8小时内遇雨，需要补施。

（3）喷雾时务必均匀周到，以保证杀草效果。

（4）在恶劣条件下，如田里有受涝后沉积的淤泥，或田间干旱时，都不宜在大豆田施用排草丹，否则易产生药害。

5. 禾大壮（草达灭）

禾大壮工业品为黄褐色油状液体，具芳香味；在一般情况下稳定，无腐蚀性；对人、畜、鸟、鱼毒性低，刺激性很小。禾大壮为内吸选择性除草剂，对多种禾本科杂草有效，对水稻安全。

剂型：72%、91%、96%禾大壮乳剂，5%、7%、10%禾大壮颗粒剂。

防除对象：对稗草有特效，尤其是对三叶期前的稗草有杀伤力，对异型莎草、碎米莎草、牛毛草等也有良好效果，但对水三棱草、眼子菜等效果差。

使用方法：

（1）防除秧田杂草，先整好秧田和直播田，做好秧板后，每亩用96%禾大壮乳剂100~125毫升（2~2.5两），加水35公斤，或者混细土15公斤，均匀喷雾或者撒施于土壤表面。施药时田间灌浅水，施药后隔天播种，并保持水层5~7天，以后正常水量管理；或者待秧苗长至3叶期后，秧田稗草在2~3叶期，按上述药剂量喷雾或撒毒土。施药时田间灌水4~5厘米（1.5寸左右）深，并保水7天。当秧田稗草超过3叶期，每亩药用量应提高到150~200毫升。

（2）防除水稻大田杂草，在水稻移栽后4~5天，每亩用96%禾大壮乳剂100~125（2~2.5两）毫升，加水35公斤均匀喷雾；或用96%禾大壮乳剂150~200毫升（3~4两），加细土15公斤，均匀撒施田间。用药时田间灌 4~6 厘米（1~2 寸）水层，并保持 6~7 天，以后正常水量管理。

注意事项：

（1）施药后遇低温或不及时灌水，均可影响药效。

图 38　禾大壮挥发性强

（2）禾大壮挥发性强，在旱直播稻田进行土壤处理时，应立即混入土层，以免失效。保水性能差的水田，除草效果也差。

（3）糯稻对禾大壮敏感，剂量过高或者喷药不均匀，易产生药害。

（4）秧田施药后，由于保水时间较长，对秧苗生长稍有影响，在保水期后可追施一些化肥，以使秧苗健壮生长。

(五) 杂环类除草剂

1. 百草枯（对草快、克芜踪）

百草枯制剂为墨绿色水溶性液体，在酸性及中性溶液中稳定，在碱性溶液中易水解，不腐蚀金属喷药机具，有效成分被植物叶子吸收后，能迅速破坏杂草绿色组织导致杂草死亡，杀草迅速，通常在施药后几小时内见效。

剂型：20%、24%百草枯水剂、5%水溶性百草枯颗粒剂。

防除对象：对果园、茶园、桑园、橡胶园的杂草均有良好的防除效果，也可用于水稻、棉花、玉米、大豆的少耕或免耕田的化学除草。

使用方法：

(1) 防除果园杂草，每亩用20%百草枯水剂200~300毫升（4~6两），兑水25公斤，对杂草定向喷雾。对茅草、狗尾草、马唐草、蒿、野苋菜、律草、牵牛花和车前草等的防除效果：7天为95.1%，半个月为96.8%，1个月后效果还维持在88%以上。

防除葡萄园杂草，每亩用20%百草枯水剂100~200毫升（2~4两），加水50~75公斤，选择晴天下午施药，对一年生禾本科和莎草科杂草，施药后防效：3天可达80%以上，半个月达100%，在30天内可以控制杂草生长。

(2) 防除少耕水稻田杂草，在劳力紧缺的地区，用百草枯可以减少水稻整田的次数。方法是：对前茬禾秆和田间杂草，不用翻耕，每亩用20%百草枯水剂100~200毫升（2~4两），加水30~40公斤喷雾，过3~4天，杂草变成褐色，禾秆收缩萎蔫，此时放水进田，可加速杂草枯株腐烂，并使土质变软，然后浅耕1次，放水后平整土地，即可播种或插秧。用这种方法，可以大大缩短沤田时间，节省人力、物力，是一种抢季节的措施。

(3) 防除免耕玉米地杂草，前茬作物收获后不经翻耕，直接播种玉米。在玉米出苗前，每亩用20%百草枯水剂250毫升（5两），加水30~40公斤喷雾，可有效地防除马唐草、灰菜、猪毛菜、苋菜、青蒿和稗草等。

防除棉花、大豆等作物田间杂草，可参照玉米田的用药剂量进行。

注意事项：

（1）药剂不能喷到作物和小树木上，否则易产生药害。

（2）施药时做好个人防护，药液溅到皮肤上或眼睛内，应立即用清水冲洗；万一误服药液，立即催吐并送医院，可口服15%漂白土悬浮剂。

（3）不要用弥雾式喷雾器施药。

2. 恶草散（恶草灵、农思它）

恶草散工业制剂为褐色澄清液体，有很强的溶剂气味，对眼睛和皮肤有轻微刺激。在一般贮存条件下很稳定，在碱性溶液中易分解。

剂型：12%、25%恶草散乳剂，2%恶草散颗粒剂。

防除对象：恶草散是一种触杀性的芽前、芽后除草剂，对刚发芽的杂草除草效果最好，主要用于稻田防除稗草、千金子、异型莎草、鸭舌草、瓜节草、节节草等；也可用于防除棉花、大豆、甘蔗、花生、芹菜、马铃薯、果树作物田的禾本科杂草。

使用方法：

（1）秧田除草，在稻谷播种后出苗前，用25%恶草散乳剂，北方每亩50～80毫升（1～1.6两），南方每亩40～60毫升（0.8～1.2两），加水30公斤，喷雾处理。对稗草、鸭舌草、节节草、牛毛毡、异型莎草、眼子菜等有良好的效果。

（2）水直播稻田除草，在播种前，或播种后出芽前，每亩用25%恶草散乳剂150毫升（3两），加水30公斤喷雾。防除杂草种类同上。

（3）旱直播稻田除草，在播种后出芽前，每亩用25%恶草散乳剂200毫升（4两），加水30公斤喷雾。防除杂草种类同上。

（4）水稻大田除草，在插秧前或插秧后，用25%恶草散乳剂，北方每亩75～125毫升（1.5～2.5两），南方每亩70～100毫升（1.4～2两），加水30公斤喷雾，或加适量细土撒施。防除杂草种

(5) 棉花地除草，在播种后出苗前，每亩用25%恶草散乳剂 150~200 毫升（1.5~2两），加水30公斤喷雾，对牛筋草、马唐草、稗草、节节草、龙葵、铁苋菜等有良好的防除效果。

(6) 花生地除草，在播种后出芽前，用25%恶草散乳剂，北方每亩150~200毫升（3~4两），南方每亩100~150毫升（2~3两），加水30公斤，喷雾处理土壤，对辣蓼、稗草、狗尾草、马唐草等都有良好的防除效果。

注意事项：

(1) 秧苗期除草，秧田一定要平整；药量要严格掌握，不能偏高，否则对秧苗易产生药害。

(2) 不要在大风天气使用。

(3) 恶草散对2叶期以上的稗草效果差，使用时一定要掌握好适期。

(4) 施药时不要吸烟，用药后要洗净手及皮肤暴露部分。

(5) 药剂若误入眼睛，应用大量清水冲洗；若误食，先将患者置于通风处静卧，随即请医生治疗。

(6) 贮存时应放在儿童、家禽、家畜接触不到的地方；不要让阳光直射药品。

(7) 使用过的喷雾器要清洗干净。

3. 野燕枯（燕麦枯）

野燕枯纯品为白色固体，无挥发性，在光照和酸性条件下很稳定，但在碱性条件下不稳定。对人、畜毒性较低，对作物较安全。

剂型：65%野燕枯可湿性粉剂，40%野燕枯水剂，95%野燕枯原粉。

防除对象：野燕枯是一种苗后除草剂，适用于小麦、大麦、黑麦田以及玉米、马铃薯、豌豆田防除野燕麦。

使用方法：

(1) 防除冬小麦、豌豆田里的野燕麦，每亩用95%野燕枯原粉80克（1.6两），加水50公斤，稀释后喷雾，若加入3‰的洗衣粉（市场上出售的），搅匀后喷雾效果更佳。施药适期在野燕麦分蘖至拔节初期。有的农户将小麦和豌豆混播在一起，防除野燕麦用药量和方法相同。

（2）防除春小麦、大麦田里的野燕麦，在作物出苗后，当田间的野燕麦大部分长到 2～4 片真叶时，每亩用 95% 野燕枯原粉 80～100 克（1.6～2 两），加水 50 公斤，再加入 3‰ 的洗衣粉，搅拌均匀后喷雾，做茎叶处理，对野燕麦有很好的防除效果。

注意事项：

（1）用药后有时会使小麦叶片暂时变黄，但很快会恢复原状，并不影响产量。

（2）施药时要做好个人防护，避免皮肤、眼睛接触药液。如药液溅到身体上，应立即用清水冲洗干净。

（3）要在作物无露水时喷药，施药后 24 小时遇雨会降低药效。

（4）应贮存于儿童和家畜接触不到的地方，严防误食中毒，还要防止吸水受潮。

4. 禾草克（喹禾灵）

禾草克原药为白色或淡褐色粉末，工业品外观为黄褐色液体，具有芳香气味，贮存在正常条件下较稳定。禾草克属于低毒除草剂，对皮肤无刺激，对眼睛有轻度刺激作用，但在短期内即可消失。施药后在禾本科杂草与双子叶作物间有高度选择性，茎叶可在几个小时内完成对药剂的吸收，在植物体内上下移动。24 小时内药剂可传遍一年生杂草全株，主要积累在顶端及居间分生组织中，使其坏死。

剂型：10% 禾草克乳油。

防除对象：禾草克适用于棉花、大豆、花生、油菜、甜菜、亚麻、番茄、苹果、葡萄等作物的单子叶杂草。对稗草、牛筋草、马唐草、狗尾草、看麦娘、画眉草等均有良好的防除效果，提高剂量对多年生杂草如狗牙根、白茅、芦苇等多年生杂草也有效果。

使用方法：

（1）防除棉花地杂草，在一年生禾本科杂草3~5叶期施药，每亩用10%禾草克乳油50~70毫升（1~1.4两），兑水60公斤喷雾。

（2）防除大豆地杂草，用药时间掌握在杂草3~5叶期，每亩用10%禾草克乳油60~100毫升（1.2~2两），兑水50公斤喷雾。

（3）防除花生地杂草，施药时期同棉花地，每亩用10%禾草克乳油50~80毫升（1~1.6两），兑水60公斤喷雾。春季作物因天气干旱少雨，杂草生长慢，抗药力较强，每亩次可用80毫升；夏、秋季高温多雨，杂草幼嫩，抗药力弱，每亩次可用50毫升。

（4）防除油菜地杂草，若以禾本科杂草为主，每亩次用10%禾草克乳油60~70毫升（1.2~1.4两），兑水50公斤喷雾。若单纯防除看麦娘，待看麦娘出齐苗，处于分蘖时施药，每亩次用10%禾草克乳油35~50毫升（0.7~1两），兑水50公斤喷雾。

注意事项：

（1）禾草克在干旱条件下使用，对大豆有时会出现轻微药害，但能很快恢复，对产量无不良影响。

（2）在杂草生长缓慢及气候干旱条件下，应适当提高用药量（一般使用药量的上限为宜）。

（3）本药剂抗雨淋性能好，下雨前1~2个小时施药，照常能保持药效，不需要再重新施药。

（4）施药时应按操作规程并加以防护，工作完毕即用肥皂洗净暴露的皮肤，并用清水漱口。

（5）万一误服本药剂，应立即催吐，保持患者安静，并立即送医院治疗。

5. 农得时

农得时由美国杜邦公司生产，是最新型除草剂之一。在规定施用剂量内对作物安全，且有一定的增产作用。

剂型：10%农得时可湿性粉剂。

防除对象：对水田主要杂草，如稗草、鸭舌草、节节草、四叶萍、矮慈姑、碎米莎草、异型莎草和牛毛毡草等都有很好的防除效果。适用范围还在扩大之中。

使用方法：在水稻插秧后 3 天施药，每亩用 10% 农得时可湿性粉剂 20~25 克（4~5 钱），加入过筛细沙 10 公斤拌匀，将毒沙均匀撒入水中，施药后保持水层 4~5 厘米（1 寸半左右）深，维持 5~7 天。缺水可以补水，但不能往外排水。

注意事项：

（1）若要扩大除草范围，农忙时可与其他除草剂混用，如禾大壮、灭草特、杀草丹、除草醚等。

（2）施药后 5~7 天内，田间水层不能低于 3 厘米（1 寸）。

6. 盖草能（吡氟乙草灵）

盖草能原药为白色结晶体，能溶于大多数有机溶剂。制剂具有轻微芳香气味，橙色至褐色油状液体，挥发性低，贮存期在两年以上。盖草能是一种低毒性除草剂，对皮肤无刺激性，对眼睛有中等刺激作用；对蜜蜂和鸟类毒性低。

剂型：12.5% 乳油，25.5% 甲基盖草能乳油。

防除对象：盖草能是一种新型的苗后选择性除草剂，具有内吸传导性，用做叶片喷洒后，药物很快被吸收，并输导到整个植株，破坏了杂草根、茎的分生组织，导致杂草枯死。主要用于棉花、大豆、花生、油菜、甜菜、亚麻、马铃薯、西瓜等阔叶作物防除一年生和多年生禾本科杂草，如看麦娘、匍匐冰草、野燕麦、自生燕麦、牛盘草、马唐草、稗草、狗尾草、臂形草、千金子、蟋蟀草、早熟禾、罗氏草、自生玉米、自生高粱、自生小麦等。

使用方法：

（1）防除棉田中的马唐草、蟋蟀草、狗牙根等，在杂草 5~7 叶期时，每亩用 12.5% 盖草能乳油 50~60 毫升（1~1.2 两），兑水 30 公斤，进行茎叶喷雾。

（2）防除大豆地的一年生禾本科杂草，在大豆苗 2~4 复叶，禾草 3~5 叶期，每亩用 12.5% 盖草能乳油 40~65 毫升（0.8~1.3 两），或 25.5% 甲基盖草能乳油 30 毫升（6 钱），兑水 20 公斤喷雾。防除多年生禾本科杂草如狗牙根、芦苇、荻、野高粱等，须提

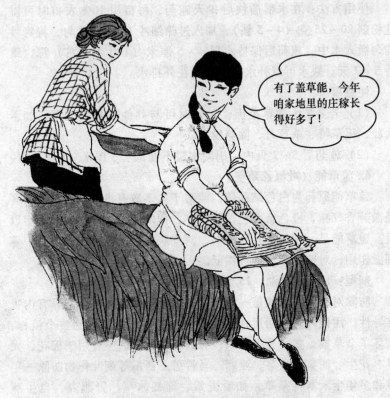

图39 盖草能是一种低毒性的除草剂

高剂量,每亩用12.5%盖草能乳油100~160毫升(2~3.2两),兑水40公斤喷雾。

(3)防除花生田中的稗草、马唐草、牛筋草等,在杂草3~5叶期,花生四分枝时,每亩用12.5%盖草能乳油40~65毫升(0.8~1.3两),兑水20公斤喷雾。

(4)防除油菜地看麦娘等杂草,每亩用12.5%盖草能乳油30~50毫升(0.6~1两),于看麦娘1~2个分蘖期加水25公斤,茎叶喷雾处理,防除效果很好。在以其他一年生禾本科杂草为主的田块,药剂量要适当增加,一般每亩用 12.5% 盖草能乳油 50~70 毫升 (1~1.4 两),效果较好。

(5) 防除甜菜田中的稗草、马唐草、野燕麦、狗尾草等,在稗草和狗尾草达 3~5 叶期,甜菜为一对真叶期时,每亩用 12.5% 盖草能乳油 40~65 毫升(0.8~1.3 两),加水 30 公斤喷雾。

(6) 防除黄麻、亚麻地中的野燕麦、稗草、毒麦等一年生禾本科杂草,在亚麻出苗后、杂草 3~5 叶期,每亩用 12.5% 盖草能乳油 65~80 毫升(1.3~1.6 两),兑水 30 公斤,做茎叶喷雾处理。

注意事项:

(1) 盖草能乳油易燃,不要放置于过热或接近火源的场所。勿让儿童接近,不要与食物、水、种子、饲料放在一起。

(2) 不要在下雨前 1 小时内施用盖草能。作物收获前两个月应停止使用。

(3) 本药剂对鱼类有毒,药液不能流入池塘和湖泊。

(4) 避免药剂溅到眼睛、皮肤和衣服上,如不慎溅到,应立即用大量清水冲洗;如误服,立即送医院诊治。

7. 优克稗

优克稗为低毒除草剂,具有内吸传导性,药剂通过稗草的叶、茎、根部吸收,传导至整个植株,产生拮抗作用,阻碍蛋白质合成,从而使细胞分裂及生长停止,乃至枯死。对防治二叶期以前的稗草效果突出,对水稻安全性强,防除水稻秧田稗草很理想。

剂型:50% 优克稗乳油。

防除对象:优克稗适用于水稻秧田,插秧田,水、旱直播田防除稗草及牛毛草。

使用方法:

(1) 防除育秧田稗草,每亩用 50% 优克稗乳油 125~150 毫升(2.5~3 两),在播种后(泥浆踏谷)施药,或播种后 7 天之内施药,每亩喷药液 40 公斤。药液要均匀喷洒于厢面。施药后 5 天内不灌水,使秧厢保持湿润。

(2) 防除插秧田稗草,在插秧后 3~6 天,稗草二叶前,每亩用50%优克稗乳油125~150毫升（2.5~3两），用毒土法施药或兑水喷雾。施药后保持3~5厘米（1~1.5寸）的水层5~7天。

（3）防除水稻直播田杂草，可在水稻播种后2~3天施药，用药量及方法同上。

（4）防除旱稻直播田杂草，可在旱稻出苗后，稗草1.5~2.5叶期加敌稗混用。每亩用50%优克稗乳油125毫升（2.5两），加20%敌稗乳油500毫升（1斤），兑水40公斤做茎叶喷雾，对稗草、马唐草等有很好的效果。

注意事项：

（1）秧田除草应在播种后7天之内施药。

（2）优克稗对二叶期以前的稗草防效好，不要错过施药适期。

（3）低温贮存有结晶析出时，使用前应注意充分搅动，使晶体完全溶解后再用。

（4）使用时若不慎将药液溅在皮肤上或眼睛内，应用肥皂和水彻底洗净。万一中毒或误服时，应立即让病人大量饮水，使其呕吐并送医院。

（六）硝基苯、醚类除草剂

1. 除草通（胺硝草）

除草通制剂是深黄色液体，乳化性能良好，在酸、碱条件下都稳定。对人、畜较安全，对眼睛有轻微刺激性。对鱼类有毒。

剂型：33%除草通乳剂。

防除对象：除草通能有效地控制正在发芽的杂草，对较大的杂草效果差。对棉花、玉米、马铃薯、大豆、豌豆、蔬菜地及越冬谷物田间杂草均有良好的防除效果。除草范围广，用药量较低，对作物安全。

使用方法：

（1）防除棉田杂草，掌握在播种前用药，每亩用33%除草通乳剂200~300毫升（4~6两），加水15公斤喷雾。用药后2~3天内用钉耙混土，混土深度6~7厘米（2寸左右），持效期可达6~9个星期。

(2) 防除大豆田杂草，一种是用于播前土壤处理，每亩用33%除草通乳剂200~300毫升（4~6两），加水15~25公斤，进行喷雾处理；另一种是大豆播种后出苗前5天之内用药，每亩用33%除草通乳剂200~250毫升（4~5两），加水20公斤喷雾。

(3) 防除玉米地杂草，在出苗前后均可以使用。苗前用药必须在播种后5天内进行，每亩用33%除草通乳剂200毫升（4两），加水25公斤喷雾，对玉米地的马唐草、狗尾草、马齿苋、藜等杂草均有良好的防除效果；苗后用药一般待禾本科杂草长出1片半叶，阔叶杂草长出2片真叶之前进行，用药剂量与苗前相同。

(4) 防除花生地杂草，在播种前，或者播种后出苗前用药都可以。每亩用33%除草通乳剂200~300毫升（4~6两），加水25~30公斤喷雾。

注意事项：

(1) 防除玉米地杂草，不能让药剂接触玉米种子，以免产生药害。
(2) 使用时避免药剂污染水源。
(3) 对多年生的杂草和较大的杂草无效。

2. 氟乐灵（茄科宁）

氟乐灵是一种橙色结晶固体，容易挥发，在阳光下易分解，但在土壤中稳定性好，持效期较长，经过均匀混土后，一般可维持药效3个月左右。对人、畜毒性极低，对植物安全。

剂型：24%、48%氟乐灵乳剂，5%氟乐灵颗粒剂。

防除对象：氟乐灵是一种选择性的土壤处理剂，可防除棉花、油菜、大豆、花生、马铃薯、蔬菜等多种作物及果园、桑园的杂草，对稗草、马唐草、牛筋草、千金子、雀麦、马齿苋、猪毛草、繁缕、蒺藜、大画眉草、蓼草等都有较好的防除效果。

使用方法：

(1) 防除棉田杂草，既可用于移栽棉苗床，又可用于直播棉田。在棉苗床使用，待棉花播种盖土后，每亩用24%氟乐灵乳剂150~200毫升（3~4两），加水35公斤，均匀喷雾于棉苗床土壤表面；也可在棉籽播进苗床后，先喷药，后盖土；或者播种后，把药喷在盖籽土上,再均匀将药土盖在苗床上,效果均好。

在直播棉田除草,当棉田粗整平后,每亩用24%氟乐灵乳剂300~400毫升(6~8两),加水35公斤,均匀喷雾于土壤表面,随即用钉耙混土耙平,混土一定要均匀,深度要达到3厘米(1寸)左右,混土后立即播种。

(2)防除大豆、花生地杂草,裸露地除草每亩用48%氟乐灵乳剂150毫升(3两);地膜覆盖田每亩用48%氟乐灵乳剂100毫升(2两),均匀喷雾于土壤表面,然后用钉耙混土均匀,隔1天再播种。

图40 氟乐灵防除大豆地的杂草

(3) 防除蔬菜地杂草，将菜地翻耕并耙一遍后，每亩用24%氟乐灵乳剂150~300毫升（3~6两），加水35公斤，均匀喷雾于土壤表面；或每亩用48%氟乐灵乳剂75~150毫升（1.5~3两），加土20公斤，均匀撒施于土壤表面，然后立即进行混土，混土深度为3厘米（1寸），隔天进行播种。

注意事项：

（1）氟乐灵容易挥发，施药后应立即混土，从施药到混土不要超过8小时。

（2）本药对已出土的杂草无效。

（3）氟乐灵对单子叶杂草防除效果好，对双子叶杂草防效差，需兼除时，可与苯达松、除草醚、扑草净等药剂混用。

（4）在棉花薄膜苗床上使用，每亩用24%氟乐灵乳剂不要超过200毫升（4两），以免产生药害。

3. 除豆莠（虎威）

除豆莠工业制剂为浅黄色清澈液体，是一种选择性除草剂。对人、畜毒性较低，对作物安全。

剂型：25%除豆莠水剂。

防除对象：在大豆、小麦田防除阔叶杂草极为有效，很快为叶部吸收，破坏杂草的光合作用，引起叶部枯斑，迅速枯萎死亡。喷药后4~6小时内下雨亦不降低其杀草效力，残留叶部的药剂被雨水冲入土壤内，杂草根部吸收后也会死亡。

使用方法：防除大豆地阔叶杂草，在大豆出苗后，杂草长至2~4叶期，每亩用25%除豆莠水剂100~150毫升（2~3两），加水20~30公斤喷雾。如果大豆地里的单、双子叶杂草危害较严重，可与稳杀得或拿捕净等除草剂混合使用，扩大杀草范围。

注意事项：

（1）配制药液时要注意个人防护，施药时不能抽烟或吃零食。如药液溅到皮肤上，立即用清水冲洗干净。

（2）大豆与其他作物间作时，不能使用除豆莠。

（3）贮存时应远离儿童，放在凉爽的地方。

4. 克阔乐

克阔乐原药为深红色液体，商品外观为琥珀色液体，属于低毒除草剂。对皮肤刺激性很小，对眼睛有中度刺激作用；对蜜蜂、鸟类毒性均低，但对鱼类高毒；其乳化性能好；在常温下贮存稳定期在一年以上。

剂型：24%克阔乐乳油。

防除对象：克阔乐是选择性苗后茎叶处理剂，施药后药剂进入植物茎叶，通过体内传导破坏细胞膜，导致内含物流失，最后使叶草干枯而死。适用于大豆、花生、棉花、水稻、马铃薯等作物田，对阔叶杂草有良好的防除效果。

使用方法：防除大豆地阔叶杂草，在大豆苗后2~4复叶期，阔叶杂草基本出齐，大多数株高不超过5厘米（1寸半）时，每亩用24%克阔乐乳油25~50毫升（5钱~1两），加水20~40公斤喷雾，施药时要让杂草茎叶充分沾着药液。

注意事项：

(1) 本药剂对作物有时会产生药害，但后期长出的叶片发育正常。喷药时要均匀周到，做到不重复喷药，以减少药害。

(2) 选择田间湿度较大、气温较高、杂草生长旺盛的时期施药，以增强克阔乐的活性，提高防治效果。

(3) 避免药剂接触皮肤和眼睛，若沾染，应立即用水冲洗；万一误服中毒，立即给患者饮大量牛奶或鸡蛋清，并请医生治疗。

(4) 贮存在远离食物、种子、饲料以及儿童不能触摸到的地方。

5. 果尔（乙氧氟草醚）

果尔原药黄色至红褐色，商品外观为黑色不透明液体，属于低毒除草剂，触杀作用强，在有光的情况下发挥杀草作用（抑制光合作用）。贮存稳定，在50℃的温度下贮存一年，其有效成分不变。

剂型：24%果尔乳油。

防除对象：果尔对由种子萌发的杂草除草谱广，能防除阔叶杂草、莎草及稗草，对多年生杂草有一定抑制作用，适用于水稻、棉花、大豆、花生、玉米等作物田及茶园、果园防除杂草。

使用方法：

（1）防除水稻田杂草，当一季中稻和双季晚稻插栽后4~6天，秧苗20厘米以上，稗草1~1.5叶期，每亩用24%果尔乳油10~20毫升（2~4钱），兑水1.5~2公斤，倒入瓶内，将瓶盖钻3个小孔，手持药瓶每隔4米一行，前进4步向左右各洒1次，使药液均匀分布在水层中（稻田水深3~5厘米），施药后保水5~7天。

（2）防除棉花、大豆、花生等作物地杂草，每亩用24%果尔乳油40~50毫升（0.8~1两），兑水60公斤喷雾。若欲扩大除草范围，可将果尔用量减半与氟乐灵、甲草胺等除草剂混用，效果更好。

（3）防除茶园、果园杂草，掌握在杂草4~5叶期，每亩用24%果尔乳油30~50毫升（0.6~1两），兑水40~50公斤，对准杂草基叶喷雾。若欲扩大除草范围，可与克芜踪、草甘膦等混用，以便达到理想效果。

注意事项：

（1）果尔为触杀型除草剂，喷施药时要均匀周到，并且药剂用量要准确。

（2）在水稻移栽后使用，秧龄应为30天以上的壮秧，气温要在20℃以上，切忌在20℃以下的低温天气或秧苗过小的田里施用。

（3）施药后遇暴雨田间水过深，应及时排水，保持浅水层，以免伤害稻苗。

（4）避免药剂与眼睛和皮肤接触。若皮肤沾染了药剂，应立即用大量清水冲洗；若溅入眼睛，除用大量清水冲洗外，应立即送患者去医院治疗。

（5）施药或清洗药械时，注意不要污染湖泊、河流和池塘等水域。用过的空容器应埋在远离水源的地方。

（6）使用过的喷雾器要清洗干净。

6. 禾草灵

禾草灵工业品为黄色无臭胶状体，是一种内吸性除草剂，有一定触杀作用。对人、畜毒性低，并具有效率高、药效稳定等优点。

剂型：28%、36%禾草灵乳剂。

防除对象：可用于小麦、大麦、甜菜、油菜、大豆、花生、马铃薯等作物田防除野燕麦、茵草、马唐草、狗尾草、蟋蟀草、稗草、牛毛草、毒麦等多种禾本科杂草。

使用方法：

（1）防除小麦田杂草，在小麦出苗后，当田间大部分野燕麦在2~3叶期时，每亩用36%禾草灵乳剂150~200毫升（3~4两），加水50公斤，喷雾处理茎叶。喷药后有时会有部分小麦叶片发生烧尖现象，过一个星期左右可以恢复正常。

（2）防除大豆田杂草，在大豆出苗后，杂草2~3叶期时可以见草施药。每亩用36%禾草灵乳剂200毫升（4两），加水20公斤，对野燕麦、稗草等均有很好的防治效果。

（3）防除甜菜地杂草，在甜菜播种后1个月，或在杂草2~3叶期，每亩用36%禾草灵乳剂175~200毫升（3.5~4两），加水30~40公斤，均匀喷雾处理。

注意事项：

（1）禾草灵不能和2,4—滴丁酯类药剂混用，以免降低药效。如果需要扩大除草范围，可先施禾草灵，一周后再喷2,4—滴丁酯类药剂和其他药剂。

（2）田间湿度太高或太低均会降低药效。

（3）在甜菜上施用禾草灵时，若觉除草范围不够，可与赛克津等药剂混用，扩大除草范围。

（七）其他有机除草剂

1. 草甘膦（镇草宁）

草甘膦原药为白色结晶，无腐蚀性，在常温下稳定。药剂残效期短，不影响下茬作物。对作物较安全，即使施药后马上播种也无药害。

剂型：10%、20%、40%草甘膦水剂。

防除对象：草甘膦是广谱、内吸传导型除草剂，可将杂草地上和地下部分全部杀伤致死。对一年生及多年生杂草均能防除，如香附子、狗牙根、茅草、芦苇等，还可用于免耕法种植的玉米、大豆等作物杂草的防除。

使用方法：

（1）防除玉米地杂草，在玉米抽雄前期，每亩用10%草甘膦水剂400毫升（8两），加水75公斤，施药时，在喷雾器喷头上套一直径为8～10厘米（2.5～3寸）的圆形塑料布，使喷头呈喇叭口形状，避免药液滴落在玉米植株上。施药后4天，对马唐草、铁苋和猪秧秧等主要杂草的防治效果达100%，其他杂草防效也在98%以上。

（2）防除棉田杂草，在棉花播种前，田间杂草已出苗，每亩用10%草甘膦水剂1公斤，加水25～30公斤，均匀喷雾于杂草茎叶。在棉花现蕾期防除各种杂草，每亩用10%草甘膦水剂0.75～1公斤，加水35公斤，采取定向喷雾，喷头按前面讲的方法装好罩子，以免雾点落到棉叶上而引起药害。

（3）防除果园、茶园杂草，掌握在杂草3～8叶期或杂草高15～50厘米（4.5～15寸），每亩用10%草甘膦水剂1～2公斤，加水40～60公斤，做定向喷雾，直接喷雾于杂草茎叶。

（4）防除炕地（休闲地）或田边杂草，一般在杂草基本出齐，长到4～6片叶时，每亩用10%草甘膦水剂1～1.5公斤，加水35公斤，均匀喷雾于杂草茎叶。

注意事项：

（1）草甘膦对作物嫩茎、叶片会产生药害，喷药时要对着杂草做定向喷雾。

（2）对未出土的杂草无效。

（3）施药时应选择晴天。施药后8小时内下雨应补喷。

（4）配药时若按总水量加入1‰的洗衣粉，可增加黏附力，除草效果更佳。

（5）使用后的喷雾器要反复清洗干净，以免下次使用时产生药害。

2. 禾田净

禾田净是禾大壮、西草净和二甲四氯丁酸丁酯的混合型除草剂，在水田杀草范围广，效果好。

剂型：78%禾田净乳剂。

防除对象：禾田净适用于水稻大田，施药一次能有效地防除稗草、牛毛毡、鸭舌草、三棱草、眼子菜、水苋菜、野慈姑等。使用本剂的水田，应是排灌条件良好、保水力强、整田平坦，而为害的杂草种类多、草害重的水田。

使用方法：插秧后13~18天，当稗草已达2叶1心或3叶时施药最适宜，每亩用78%禾田净乳剂150~250毫升（3~5两），其中长江流域单季稻地区、华南双季稻地区的早稻田，每亩用150毫升（3两）；东北及云贵高原地区，每亩用200~250毫升（4~5两），拌毒沙撒施。要选用细沙，先经过日晒干燥、筛选，使沙粒大小一致，每亩需用沙4~6公斤。拌和时不要掺水，将78%禾田净乳剂直接缓慢滴入，充分拌匀。撒药时应均匀地将毒沙撒于水层表面。

注意事项：

（1）禾田净很容易挥发，施药前田间必须灌水，水深在3~6厘米（1~2寸）。水深浅于3厘米（1寸），药效不佳；超过7.5厘米（2.5寸），易产生药害。

（2）施药后应保水5~7天，如果水落下去，要灌水保持积水深度，但绝不能往外排水。

（3）高温使用易发生药害，因此，平均气温已到35℃或在10天之内将达到35℃时，禁止使用禾田净。

（4）不能用于秧田和直播田。

（5）插秧后如遇寒潮，水温很低，不可用禾田净，待气温正常后再施药。

(6) 双季稻地区的晚稻田气温很高，易引起药害，不可施用。

3. 麦草畏（百草敌）

麦草畏是一种低毒除草剂，纯品为白色结晶，制剂外观为琥珀色溶液，常温下贮存稳定。

剂型：48%麦草畏水剂，40%麦草畏乳剂，5%、10%麦草畏颗粒剂。

防除对象：麦草畏具有内吸传导作用，适用于小麦、玉米、水稻、粟等禾本科作物，对一年生和多年生阔叶杂草如猪殃殃、牛繁缕、荞麦蔓、大巢菜、播娘蒿、田旋花、苍耳、刺儿菜、问荆等均有显著的防除效果。

使用方法：

（1）防除玉米地杂草，在玉米苗3~5叶期，每亩用48%麦草畏水剂30~40毫升（6~8钱），兑水40~50公斤喷雾。如果扩大防除一些抗性杂草，可与阿特拉津、甲草胺等混用或搭配使用。

（2）防除春小麦地杂草，在小麦分蘖盛期（3叶1心到5叶）施药，最好与2,4—滴丁酯混用，每亩用48%麦草畏水剂15毫升（3钱）与72% 2,4—滴丁酯乳油25毫升（5钱），兑水30公斤喷雾。

（3）防除冬小麦地杂草，在小麦4叶期至分蘖末期施药为宜，最好与二甲四氯胺盐混用，每亩用48%麦草畏水剂13毫升（2.6钱），加20%二甲四氯水剂125毫升（2.5两），兑水30公斤喷雾。

注意事项：

（1）掌握施药适期。小麦3叶期前和拔节后禁止使用。

（2）本药剂通过杂草茎叶内吸传导，因此，施药时喷雾应尽量均匀周到，防止漏喷和重喷。

（3）在玉米、小麦地施药初期，可能会出现轻度不正常生理现象，一般一周后恢复正常。

（4）刮大风时不要施药，以防药液飞散到邻近敏感的双子叶植物上引起药害。

（5）喷药后器具要用肥皂水彻底清洗或妥善处理。

4. 威罗生（排草净）

威罗生原药为黄至棕色液体，属于中等毒性除草剂，对皮肤无刺激，对眼睛有轻微刺激，对鱼类有轻微毒性，对鸟类低毒。药剂乳化性能良好，贮存稳定期为两年。

剂型：50%威罗生乳油，5.5%威罗生颗粒剂。

图41　威罗生属于中等毒性除草剂，对鸟类低毒

防除对象：威罗生为稻田使用的选择性广谱除草剂。适用于水稻移栽田防除多种一年生和多年生单、双子叶杂草，如稗草、眼子菜、牛毛草、异型莎草、鸭舌草、节节草、盲眼草、萤蔺、陌上菜等。其中对难防治的眼子菜等阔叶杂草有特别好的防效。

使用方法：

施药适期掌握在水稻移栽后，稗草等一年生杂草在3叶期内，眼子菜及莎草已出齐时用药。每亩用50%威罗生乳油125毫升（2.5两），采用药土或药沙法施药，每亩用细沙或细土20~25公斤，将药、土充分拌匀，稻田保水3~5厘米（1~1.7寸），堵上排水口，均匀撒入田中，保持药液水层5~7天，7天后放水，恢复正常田间管理。

注意事项：

（1）掌握用药适期，在移栽秧苗返青之前施药可能会降低安全性；直播田秧苗5叶期前使用易发生药害。

（2）气温超过30℃或水温超过23℃时，易发生药害，应减少用量或停止使用。

（3）本药剂对露出水面的杂草效果差，施药后要注意保持水层深度。

（4）威罗生应贮存在避光、防潮、通风处，室温不宜超过35℃。

（5）万一中毒，解毒剂为阿托品或双复磷。

5. 拿捕净（稀禾定、硫乙草灭）

拿捕净原药为无色或淡黄色无臭味油状液体，是一种选择性强的内吸传导型茎叶处理剂，能被禾本科杂草茎叶迅速吸收，并传导到顶端和节间分生组织，使其细胞分裂遭到破坏。对阔叶作物安全。在常温下及弱酸至碱性条件下稳定。

剂型：20%拿捕净乳油，50%拿捕净可湿性粉剂。

防除对象：拿捕净主要用于防除禾本科一年生和多年生杂草，在禾本科杂草2叶至二次分蘖期间均可施药。降雨基本不影响药效。适用于大豆、棉花、油菜、花生、甜菜、亚麻、阔叶蔬菜、马铃薯和果树、花卉等作物以及苗圃防除杂草，对稗草、野燕麦、看麦娘、狗尾草、马唐草、牛筋草、狗牙根、白茅草等均有良好的防治效果，但对早熟禾、柴羊茅等防效较差。

使用方法：

（1）防除大豆、甜菜田的禾本科杂草，在杂草3~5叶期，每亩用20%拿捕净乳油75~100毫升（1.5~2两），兑水30~40公斤，做茎叶喷雾。

（2）防除油菜地杂草，每亩用20%拿捕净乳油100~125毫升（2~2.5两），兑水30公斤喷雾。

（3）防除棉花、亚麻田杂草，每亩用20%拿捕净乳油85~100毫升（1.7~2两），兑水30公斤喷雾。亚麻田可加二甲四氯50毫升（1两）混用，对亚麻地的单、双子叶杂草均有良好的防治效果。

（4）防除花生地中的稗草、马唐草、牛筋草等，在杂草3~5叶期，花生第四次分枝时，每亩用20%拿捕净乳油100毫升（2两），加水25~30公斤喷雾。

注意事项：

（1）在单、双子叶杂草混生地，拿捕净应与其他防除阔叶草的药剂混用，如虎威、苯达松等，以免留下后患。

（2）喷药时应注意不要让药雾飘移到临近的单子叶作物上。

（3）拿捕净使用后应密封，放置于阴暗处保存。

6. 除草净

除草净是沈阳化工研究院开发推广的一次性水田除草剂，具有高效、广谱、低毒，对水稻安全的特点，其药效高于单用苄嘧磺隆或丁草胺。

剂型：20%除草净可湿性粉剂。

防除对象：每季水稻只需使用除草净一次，可有效地防除稗草、泽泻、水苋菜、鸭舌菜、陌上菜、节节菜、眼子菜、野慈姑、野荸荠、碎米莎草、飘拂草和牛毛草等一年生和多年生的水田杂草。

使用方法：在水稻插秧返青后，每亩用20%除草净可湿性粉剂150~200克（3~4两），采用喷雾、泼浇、撒毒土等方法均可。施药时须保持3~5厘米水层5~7天，此时只能续灌，不能排水。

注意事项：
(1) 必须严格掌握用量和使用适期。
(2) 在秧田和直播田应先试验再推广使用。
(3) 本剂对眼睛和皮肤有刺激，应注意防护。
(4) 应贮存在干燥阴暗处，远离食物和饲料。

7. 丁·西颗粒剂

丁·西颗粒剂是丁草胺和西草净的混合制剂，既具有酰胺类除草剂抑制植物体的蛋白质合成，又具有三氮苯类除草剂抑制光合作用的生理反应，是芽前或芽后处理的混合剂型。在杀死表面杂草的同时，又能抑制后期萌发的杂草，是较理想的水稻田除草剂。

剂型：5.3%丁·西颗粒剂。

防除对象：丁·西颗粒剂适用于水稻插秧本田和荸荠田，能有效地防除稗草、异型莎草、牛毛毡草、四叶萍、鸭舌草、节节菜、陌上菜、水苋菜、丁香蓼、水芹、沟繁缕、眼子菜、水鳖、金鱼藻等多种杂草。

使用方法：

(1) 水稻插秧后7～10天，此时为水稻返青、稗草1.5～2.5叶期，用5.3%丁·西颗粒剂南方每亩为1～1.5公斤（有效成分53～80克），均匀撒施。施药时应保持水层3～5厘米，4～5天不排水。对稗草、鸭舌草、眼子菜、牛毛毡草、沟繁缕等杂草有良好的防除效果。在东北稻区每亩用药1.5～2公斤。

(2) 防除荸荠田杂草，在移栽后5天内或耘田除草后两天施药，根据土质每亩用量幅度在0.8～1.2公斤。

注意事项：
(1) 本产品只适用于插秧本田，直播田应慎用，漏水田不能用。
(2) 早、晚稻苗露水未干时不能撒药。
(3) 高温天气应在下午5点以后施药。
(4) 施药后10天内不要耘田，以免发生药害。
(5) 发现药害要及时多次换水，并立即追施磷肥或氮肥。

(6) 养鱼田不可施药,田水避免排入鱼塘。

(7) 本品应保存在常温、通风、干燥处,不要与食物、饲料混放。

8. 杜阿合剂

杜阿合剂是吉林农药厂研制的,是杜尔和阿特拉津混合制剂,对作物安全,除草效率高,一次施药即可控制整个玉米生育期的杂草为害。据各地除草试验,对杂草的综合防除效果显著高于单纯使用阿特拉津。

剂型:杜阿合剂2号、3号。

防除对象:杜阿合剂除草谱广,对马唐草、牛筋草、三棱草、马齿苋、水苋菜等防效很高;对铁苋菜的防效略差,但仍可以控制其为害。

使用方法:在套种玉米地,上茬作物收割和中耕培土后,在地面分别喷洒杜阿合剂2号和杜阿合剂3号,每亩用量各为125克(2.5两),加水50公斤。据各地试验结果,杜阿合剂2号防除单子叶杂草平均防效达99%以上,对双子叶杂草的防效达96%以上,杜阿合剂3号有同样的防治效果,两种药剂之间无明显的差异,是很理想的玉米除草剂。

9. 吡氟禾草灵(稳杀得、氟草除、氟吡醚)

吡氟禾草灵原药为浅黄色至褐色液体,微溶于水,溶于丙酮、环己烷、己烷、甲醇、二氯甲烷和二甲苯;25℃时可保存3年,37℃时可保存6个月;在酸性、中性条件下稳定,在碱性介质中水解迅速(pH>9)。本品为内吸传导型茎叶处理除草剂,有良好的选择性。对禾本科杂草有很强的杀伤作用,对阔叶作物安全。

剂型:35%乳油。

防除对象:吡氟禾草灵适用于大豆、棉花、甜菜、马铃薯、甘薯、花生、豌豆、蚕豆、菜豆、烟草、亚麻、西瓜、阔叶蔬菜等多种作物以及橡胶、果树等种植园、林业苗圃防除一年生禾本科杂草,如旱稗、狗尾草、马唐草、牛筋草、野燕麦、看麦娘等。提高剂量可防除多年生杂草,如芦苇、狗牙根、双穗雀稗等。

使用方法：

（1）大豆田：一般在大豆2～4叶期，每亩用35%乳油50～100毫升（有效成分17.5～35克）。

（2）花生田：花生苗后2～3叶期，每亩用35%乳油50～66.7毫升，加水30升，茎叶喷雾。

（3）果园、林业苗圃：一般在杂草4～6叶期，每亩用35%乳油66.7～100毫升。若提高剂量到130～160毫升，则对多年生芦苇、茅草等有较好防效。

（4）甜菜田：在杂草3～5叶期，每亩用35%乳油50～100毫升，在一年生禾本科杂草为主的地块可获得较好防效。

（5）亚麻田：在单子叶杂草为主地块，用35%乳油66.7～100毫升，在亚麻4～6叶期加水30升喷洒，防除旱稗、野燕麦、毒麦、狗尾草等效果好。

注意事项：

（1）防除阔叶作物田禾本科杂草时，应防止药液飘散到禾本科作物上，以免发生药害。同时，使用过的器具应彻底清洗干净方可用于禾本科作物施药。

（2）空气湿度和土地湿度较高时，有利于杂草对药剂的吸收、输导，药效容易发挥。高温干旱条件下施药，杂草茎叶不能充分吸收药剂，药效会受到一定程度的影响，此时应增加用药量。

（3）该药仅能防除禾本科杂草，对阔叶杂草无效。

（4）本品为易燃性液体，运输时应避开火源。

10. 二甲戊乐灵（除草通、施田补、胺硝草）

二甲戊乐灵纯品为橙色晶状固体，不溶于水，易溶于丙酮、二甲苯、玉米油、苯、甲苯、氯仿、二氯甲烷，微溶于石油醚和汽油中，5～130℃贮存稳定，对酸碱稳定，光照下缓慢分解。主要抑制分生组织细胞分裂，不影响杂草种子的萌发，而是在杂草种子萌发过程中作用于幼芽、茎和根。

剂型：33%乳油。

防除对象：该药适用于玉米、大豆、棉花、蔬菜田及果园中防除稗草、马唐草、狗尾草、早熟禾、藜、苋等杂草。

使用方法：

（1）大豆田：播前土壤处理，每亩用33%乳油200~300毫升（有效成分66~99克），于大豆播种前土壤喷雾。

（2）玉米田：苗前苗后均可使用。如在苗前施药，必须在玉米播种后出苗前五天内用药，每亩用33%乳油200毫升（有效成分66克），兑水25~50升均匀喷雾；若玉米苗后施药，应在阔叶杂草长出两片真叶、禾本科杂草1.5叶期之前进行，药量及方法同上。

（3）棉田、花生田：可用于播前或播后苗前土壤处理，每亩用33%乳油200~300毫升，兑水25~40升喷雾。

（4）蔬菜田：韭菜、小葱、甘蓝、小白菜等直播蔬菜田，可在播种施药后浇水，每亩用33%乳油100~150毫升（有效成分33~49.5克），兑水喷雾，该药持效期长达45天左右。

（5）果园：在果树生长季节，杂草出土前，每亩用33%乳油200~300毫升做土壤处理，为扩大杀草谱，可与莠去津混用。

注意事项：

（1）对鱼有毒，应避免污染水源。

（2）防除单子叶杂草比防除双子叶杂草效果好，在双子叶杂草多的田，应与其他除草剂混用。

（3）有机质含量低的沙质土壤，不宜做苗前处理。

（4）该品为可燃性液体，运输及使用时应避开火源。应放在原容器内，并加以封闭。贮存于远离食品、饲料及儿童、家畜接触不到的地方。

（5）配药液和施药时，需戴手套、口罩，穿长袖衣、长裤，不可吃、喝和吸烟。工作完毕，需用肥皂和清水洗净。如不慎使药液接触皮肤或眼睛，应立即用大量清水冲洗。若是误服中毒，不要使中毒者呕吐，应立即请医生治疗。

11. 野麦畏（阿畏达、燕麦畏）

野麦畏纯品为琥珀色油状物，微溶于水，易溶于大多数有机溶剂，如丙酮、乙醚、乙酸乙酯、苯、庚烷，一般贮存条件下稳定。在强酸、碱中水解，对光稳定，超过200℃分解。

野麦畏为防除野燕麦类的选择性土壤处理剂。野燕麦在萌发通过土层时，主要由芽鞘或第一片子叶吸收药剂，并在体内传导，生长点部位最为敏感，影响细胞分裂和蛋白质的合成，抑制细胞生长，芽鞘顶端膨大，鞘顶空心，致使野燕麦不能出土而死亡。而出苗后的野燕麦，由根部吸收药剂，中毒后生长停止，叶片深绿，心叶干枯而死亡。

剂型：40%乳油。

防除对象：适用于小麦、大麦、青稞、油菜、豌豆、蚕豆、亚麻、甜菜、大豆等作物田防除野燕麦。

使用方法：

(1) 小麦、大麦、青稞田：

① 播前施药深混土处理，适用于干旱多风的西北、东北、华北等春麦区。在小麦、大麦、青稞等播种前，每亩用40%乳油150~200毫升(有效成分60~80克)，兑水20~40升，混匀后喷洒于地表；也可拌潮湿细沙土，每亩用20~30公斤，充分混匀后均匀撒施。

② 播后苗前浅混土处理，一般适用于播种时雨水多，温度较高，土壤潮湿的冬麦区。在小麦、大麦等播种后，出苗前施药，每亩用40%乳油200毫升（有效成分80克），兑水喷雾，或拌潮湿沙土撒施。

③ 小麦雨水期处理，适用于有灌溉条件的麦区使用。在小麦3叶期（野燕麦2~3叶期），结合田间灌水或利用降大雨机会，每亩用40%乳油200毫升，同时追施尿素每亩6~8公斤；或用潮湿沙土20~30公斤混匀后撒施，随施药灌水。

④ 秋季土壤结冻前处理，适用于东北、西北严寒地区。土壤开始结冻前20天，每亩用40%乳油225毫升，兑水喷雾或配成药土撒施，施药后混土8~10厘米。

(2) 大豆、甜菜田：播种前，每亩用40%乳油160~200毫升（有效成分64~80克），兑水20~40升喷雾或撒毒土，施药后立即混土 5~7 厘米，然后播种。

注意事项：

（1）野麦畏有挥发性，需随施随混土。

（2）种子与药液接触会产生药害。

（3）本品具有可燃性，应在空气流通处操作，切勿贮存在高温或有明火的地方。

12. 精恶唑禾草灵（骠马、威霸）

精恶唑禾草灵原药为米色至棕色无定形的固体，属低毒除草剂，是一种具有选择性、内吸传导型芽后茎叶处理剂。施药后，有效成分被茎叶吸收传导到叶基、节间分生组织、根的生长点，迅速转变成苯氧基的游离酸，抑制脂肪酸进行生物合成。施药后 2~3 天内停止生长，5~7 天枯死。

剂型：6.9% 骠马浓乳剂，10% 骠马乳油，6.9% 威霸浓乳剂。

防除对象：威霸适用于阔叶作物——大豆、花生、油菜、棉花及水稻等防除禾本科杂草。骠马适用于大豆、花生、油菜、小麦、黑麦田防除禾本科杂草，不可用于大麦、青稞、燕麦、玉米、高粱等作物。

使用方法：

（1）冬、春小麦田：禾本科杂草防除，在杂草 3 叶期至分蘖期，每公顷用 6.9% 骠马浓乳剂 652~760 毫升，或 10% 骠马乳油 450~600 毫升，加水 300~600 升，做茎叶喷雾处理。

（2）大豆田：在大豆芽后达 2~3 复叶，禾本科杂草 2 叶期至分蘖期，每公顷用 6.9% 骠马浓乳剂 750~1 000 毫升，加水 300~450 升，做茎叶喷雾处理。

（3）花生田：在花生 2~3 叶期，禾本科杂草 3~5 叶期，每公顷用 6.9% 骠马浓乳剂 675~900 毫升，加水 300 升，做茎叶喷雾处理，对花生安全　对防除马唐、稗草、牛筋草、狗尾草等一年生禾本科杂草有良好的效果。

（4）油菜田：施药适期为油菜 3~6 叶期，一年生禾本科杂草 3~5 叶期，冬油菜每公顷用 6.9% 骠马浓乳剂 600~750 毫升，春油菜每公顷用6.9%骠马浓乳剂750~900毫升。

（5）水稻田：直播稻田播浸种催芽后30天左右，稗草3~5叶期，保持浅水层；移栽稻田晚稻秧龄30天以上的大秧苗，插秧后20天，田间浅水层，每公顷用6.9%威霸浓乳剂300~380毫升，加水300升，做茎叶喷雾处理。

注意事项：

（1）本剂对水生生物毒性较强，使用时应避免流入池塘、水渠；勿用于养鱼稻田。

（2）施药时应注意安全保护，万一粘上药液，应用大量清水冲洗。

（3）在单、双子叶杂草混生地，可与防治双子叶杂草的除草剂混用，应先进行可混性试验。用于水稻田应严格控制用药剂量，在大苗、壮苗、温度状况良好条件下使用。冬小麦田冬前施药比冬后施药药效及安全性更好。

（4）精恶唑禾草灵可与异丙隆、溴苯腈等除草剂混用。不宜与苯达松、麦草畏、2,4—滴丁酯类盐制剂混用。

13. 二氯喹啉酸（快杀稗、杀稗灵、神锄）

二氯喹啉酸原药为淡黄色固体，微溶于水，可溶于二甲苯、环己酮。二氯喹啉酸是防治稻田稗草的特效选择性除草剂，药剂主要通过稗草根吸收，也能被发芽的种子吸收，少量通过叶部吸收，在稗草体内传导。

剂型：25%、50%可湿性粉剂。

防除对象：可用于水稻秧田、直播田、移栽田，能杀死1~7叶期的稗草。

使用方法：

（1）水稻插秧田：在稗草1~7叶期均可使用，但以稗草2.5~3.5叶期为最适。每亩用50%可湿性粉剂27~52克（有效成分13.5~26克）进行喷雾，用药前一天将田水排干，保持润湿，用药后1~2天内放水回田，保持3~5厘米水层5~7天。

（2）直播田和秧田：由于水稻2叶期以前的秧苗对二氯喹啉

酸较为敏感,所以在直播田和秧田中使用应在秧苗 2.5 叶期以后,用药量和方法参考插秧田。

注意事项:

(1) 该产品对稗草特效。在防治移栽田混生莎草及其他双子叶杂草时,可与农得时、苯达松、酰替苯胺类、吡唑类以及激素型除草剂混用;直播田可与苯达松、敌稗等混用。

(2) 浸种和露芽种子对二氯喹啉酸敏感,故不能在此时期施药。不同水稻品种的敏感性差异不大。

(3) 在移栽田按推荐剂量用药,不受水稻品种及秧龄大小的影响,机插有浮苗现象且施药又早时,会发生暂时性伤害。遇高温天气也会加重对水稻的药害。

(4) 二氯喹啉酸对伞形花科作物,如胡萝卜、芹菜和香菜等相当敏感,药液飘移物会对相邻田块的这些作物产生药害,施药时应注意。

14. 草除灵(高特克)

草除灵纯品为浅黄色结晶粉,带有典型的硫黄味。300℃以下以及在酸性和中性溶液中稳定。草除灵是一种选择性芽后茎叶处理剂。施药后植物通过叶片吸收,输导到整个植物体,作用方式同二甲四氯丙酸相似,只是药效发挥缓慢。敏感植物受药后生长停滞,叶片僵绿、增厚反卷,新生叶扭曲,节间缩短,最后死亡,与激素类除草剂症状相似。

剂型:50% 高特克悬浮剂,10% 高特克乳油。

防除对象:适用于油菜、麦类、苜蓿等作物田防除一年生阔叶杂草,如繁缕、牛繁缕、雀舌草、苋、猪殃殃等。以猪殃殃为主的阔叶杂草,应适当提高用药剂量。

使用方法:冬油菜田,直播油菜 6~8 叶期或移栽油菜返青后,阔叶杂草出齐,2~3 叶期至 2~3 个分枝,做茎叶喷雾处理。繁缕、牛繁缕、雀舌草每公顷用 10% 高特克乳油 2 000~2 250 毫升或 50% 高特克悬浮剂 400~450 毫升(有效成分 200~225 克)。以猪殃殃为主的阔叶杂草,应适当提高用药剂量。

注意事项：

（1）本药剂对芥菜型油菜高度敏感，不能使用；对白菜型油菜有轻度药害，应适当推迟施药期。

（2）本药剂为芽后阔叶杂草除草剂，在阔叶杂草基本出齐后使用效果最好。可与常见的禾本科杂草除草剂混用，做一次性除草。

（3）本药剂对鱼有毒，应避免药液或使用过的容器污染水塘、河道或沟渠。

（4）本药剂有毒，如药液溅到皮肤或眼中，应立即用水冲洗，如感到不适立即就医。

15. 烯草酮（赛乐特、收乐通）

烯草酮原药外观为淡黄色黏稠液体，易溶于大多数有机溶剂，在光、热、碱性条件下不稳定。本品为内吸传导型茎叶处理剂，有优良的选择性，对禾本科杂草有很强的杀伤作用，对双子叶作物安全。茎叶处理后，药剂被迅速吸收，传导到分生组织，在敏感植物中抑制支链脂肪酸和黄酮类化合物的生物合成，使其细胞分裂遭到破坏，抑制植物分生组织的活性，使植株生长延缓，施药后1~3周内植株退绿坏死，随后叶灼伤干枯而死亡，对大多数一年生、多年生禾本科杂草有效。

剂型：24%收乐通乳油，12%收乐通乳油。

防除对象：适用于防治多种双子叶作物，如大豆、花生、油菜、棉花、亚麻、烟草等，以及多种阔叶蔬菜及果园地防除禾本科杂草，如稗草、野燕麦、狗尾草、马唐草、看麦娘等。

使用方法：大豆2~3复叶，一年生禾本科杂草3~5叶期，每公顷用24%收乐通乳油408~600毫升（有效成分98~144克），或12%收乐通乳油525~600毫升加水300升混匀后，做茎叶喷雾处理。

注意事项：

（1）本药剂系芽后除草剂，应按规定用量喷雾。

（2）不宜用在小麦、大麦、水稻、谷子、玉米、高粱等禾本科作物上。

(3) 对一年生禾本科杂草施药适期为 3~5 叶期，对多年生禾本科杂草于分蘖后施药最为有效。

(4) 配药液和施药时，需戴手套、口罩，穿长袖衣、长裤，不可吃、喝和吸烟。工作完毕，需用肥皂和清水洗净。如不慎使药液接触皮肤或眼睛，应立即用大量清水冲洗。

16. 乙·苄

乙·苄为乙草胺和苄嘧磺隆的混合制剂。乙草胺原为旱地酰胺类选择性芽前处理剂，主要被杂草幼芽胚芽鞘和幼小次生根吸收，通过抑制细胞蛋白质合成而使杂草死亡。乙草胺由旱地改施水田后，由于杂草植株幼弱，吸收组织面积变大，水田环境有利于除草剂的扩散和移动，因而更有利于乙草胺生物活性的发挥。苄嘧磺隆为选择性内吸传导型除草剂，通过抑制乙酰乳酸合成酶活性，使支链氨基酸合成受阻，而使细胞分裂和生长遭到破坏。两种除草剂在杂草体内的作用部位不同，而且各自的杀草谱有显著的互补性，因此有较宽的杀草谱。

剂型：20%、18%、14% 乙·苄可湿性粉剂，6% 乙·苄微粒剂。

防除对象：防治稗草、双穗雀稗、千金子、瓜皮草、水龙、节节草、牛毛毡草、水苋菜、鸭舌草、母草等大部分水田杂草。

使用方法：乙·苄适于大苗（5 叶期以上）移栽田除草用，即水稻移栽返青后（北方 7~12 天，南方 5~7 天），用 20% 乙·苄可湿性粉剂 420~630 克（有效成分 84~126 克），或 6% 乙·苄微粒剂 1 500~2 100 克（有效成分 90~126 克），与适量细土（沙、化肥）充分拌匀后再均匀撒入水田中。施药时应保持水深 3~5 厘米，并在 4~5 天内不排水。

注意事项：

(1) 只适用于大秧苗移栽田，不可用于秧田、直播田、抛秧田、小秧苗移栽及两段育秧田。

(2) 经乙·苄药剂处理过的田块不可向附近慈姑、荸荠、蔬菜田排水。

（3）施药后如遇大幅度降温或升温，会对秧苗生长发生暂时抑制作用。可加强田间管理，温度正常后7~10天便可恢复生长，一般不会造成减产。

（4）药剂应贮存在阴凉、干燥处，避免受潮，严禁与食品、饲料、种子混放。

17. 乙·莠

乙·莠为乙草胺和莠去津的混合制剂。莠去津是选择性内吸传导型苗前、苗后除草剂。以根吸收为主，茎叶吸收很少，迅速传导到植物分生组织及叶部，干扰光合作用，使杂草致死。乙草胺为酰胺类选择性芽前处理剂，主要被杂草幼芽胚芽鞘和幼小次生根吸收，通过抑制细胞蛋白质合成而使杂草死亡。

剂型：40%乙·莠悬浮剂。

防除对象：乙·莠悬浮剂可用于春、夏玉米田防除稗草、狗尾草、马唐草、反枝苋、藜等多种一年生单、双子叶杂草。

使用方法：

（1）春玉米：玉米播种后出苗前施药，每公顷用40%乙·莠悬浮剂4.5~6.0升（有效成分1.8~2.4公斤），加水600~750升均匀喷雾。

（2）夏玉米：玉米播种后出苗前施药，每公顷用40%乙·莠悬浮剂2.25~3.75升（有效成分0.9~1.5公斤），加水450~600升均匀喷雾。

注意事项：

（1）使用本剂应注意防护，避免直接接触药剂，用药后应用肥皂水洗手、洗脸及身体裸露部分。

（2）土壤有机质含量较低的沙性土壤不宜使用本剂。过于干旱的土壤会影响药效发挥。

（3）本剂应贮存在阴凉、通风处，不可与种子、饲料、食品混放。

四、植物生长调节剂

1. 缩节胺（助壮素、壮棉素、棉长快）

缩节胺原药为浅灰白色结晶固体，工业制剂为粉红色至紫色液体，易溶于水，可与多种杀虫剂、杀菌剂混用。对蜜蜂和家畜无毒。对人体皮肤和眼睛无刺激性。

剂型：5%、25%缩节胺水剂、缩节安原粉，97%缩节胺粉剂。

用途：缩节胺是棉花生长调节剂，具有内吸传导性，主要是通过棉叶吸收而起作用，施药后4~6天，棉花叶子就变色，同时可以抑制棉株的横向和纵向生长，使植株变矮，节间缩短，避免棉花"高、大、空"。

施用缩节胺，使棉株的营养生长和生殖生长得到了协调，减少了蕾铃的脱落，使开花结铃集中，伏前桃和伏桃比例增加，有良好的增产效果，对皮棉质量不会产生不良影响。

使用方法：

用缩节胺应掌握在棉花早期开8~10朵白色或黄色花朵时，即棉株高50~60厘米（1.5~2尺）时施药。每亩用药量：用5%缩节胺水剂75~100毫升（1.5~2两），加水50公斤喷雾处理；或用97%缩节胺粉剂，在棉花盛蕾期至初花期每亩2~4克，兑水30~50公斤均匀喷雾。

注意事项：

（1）如果在施药1天内有雨，配制药剂时需加入黏着剂。可加0.125%剂量的西散特，即配制的100公斤药液中加入125毫升（2.5两）西散特，以保证药效。

（2）缩节胺在水肥条件好、棉花徒长严重的地块，增产效果显著。

2. 赤霉素（920）

赤霉素纯品为白色粉末结晶，是一种高效能的生长刺激剂，能促进作物的生长发育，施药后作物提早成熟，提高产量，改进品质,并能减少蕾、花、铃、果实的脱落,提高果实结实率。

剂型:4%赤霉素乳剂,85%赤霉素粉剂(每包1克)。

用途:赤霉素应用范围很广,可用于粮、棉、柑橘、蔬菜、马铃薯、玉米、瓜类、果树等;也可用于家畜,促进生长发育。目前广泛用于杂交稻制种。

使用方法:

(1)用于水稻,杂交稻制种在孕穗期每亩用85%赤霉素粉剂2克(两小包结晶粉),加水均匀喷雾,对解决杂交稻制种花期不遇和促进穗头冲开苞叶,有很好的效果;在水稻扬花、灌浆期,每亩用85%赤霉素粉剂1克,先用少量酒精或酒溶解,再加水50~70公斤,喷洒穗部,可以提高结实率的千粒重。

(2)用于棉花,在棉花盛花期,每亩用85%赤霉素粉剂半包(0.5克),用少量酒或酒精溶解,加水50~80公斤;或用4%赤霉素乳剂10~15毫升(2~3钱),加适量水喷雾。

(3)用于芹菜、苋菜、菠菜,在收获前7~10天,每亩用赤霉素粉剂0.5~1克,先用酒精溶解再加水喷雾;或用4%赤霉素乳剂15~20毫升(3~4钱),加适量水喷雾。

(4)用于柑橘,在初花后7天或谢花后20天,每亩用85%赤霉素粉剂2~3克,加适量水喷雾,能保花保果,有良好的增产效果,并使果实外观光洁。

(5)用于葡萄,在开花后一星期,每亩用85%赤霉素粉剂10~20克(2~4钱),加水喷果穗,可提高坐果率,促进果实增大,增产效果十分明显。

注意事项:

(1)目前供应的赤霉素乳剂,可直接兑水稀释应用;粉剂难溶于水,先用少量酒精(或55℃以上白酒)溶解后,加以折算后再配制。

(2)使用粉剂浓度是指纯品浓度,需加以折算后再配制。

(3)赤霉素水溶液容易失效,要随配随用。

(4)赤霉素不是肥料,施用后肥水要跟上去,可与尿素、硫

图 42 赤霉素的使用方法

酸铵、过磷酸钙等混用,但不能与碱性药物混用。

(5)要严格掌握用量,浓度太高易产生药害。

(6)贮存时应放在干燥、凉爽的地方。

3. 爱多收(复硝酚-钠)

爱多收制剂外观为淡褐色液体,易溶于水,不易燃、不易爆,常规条件下贮存稳定性超过两年以上,是一种低毒性植物生长调节剂。

剂型:1.8%爱多收水剂。

用途:爱多收可用于水稻、小麦、大豆、棉花、甘蔗、茶树、烟草、亚麻、黄麻、果树、蔬菜等作物,能促进植物生长发育,提早开花,打破休眠,促进发芽,防止落花落果,改良植物产品的品质。对植物生殖、生长及结果等发育阶段均有不同程度的促进作用。从植物播种至收获,整个生育期均可使用。

使用方法:

(1) 用于水稻和小麦,在播种前,将水稻和小麦种用爱多收浸种 12 小时,或在幼穗形成和齐穗时做叶面喷雾,将 1.8% 爱多收水剂兑水稀释 3 000 倍,每亩喷药液 60 公斤;浸种以淹没稻、麦种为宜。

(2) 用于玉米,在开花前 3~5 天,将 1.8% 爱多收水剂兑水稀释 5 000 倍,每亩喷药液 70 公斤,做叶面及花蕾喷雾。

(3) 用于大豆,在大豆幼苗期或开花前 4~5 天,将 1.8% 爱多收水剂兑水稀释 6 000 倍,每亩喷药液 40~60 公斤,对准叶面及花蕾喷雾。用于绿豆、豌豆也可用同样剂量在相同时期喷雾。

(4) 用于棉花,在棉花苗期或花蕾期,分别将 1.8% 爱多收水剂稀释成 3 000 或 2 000 倍液,喷洒棉叶面及花蕾等部位。

(5) 用于烟草,在烟草幼苗期或移栽前 4~5 天,用 1.8% 爱多收水剂稀释 2 000 倍液灌注苗床 1 次,移栽后可用 1 200 倍爱多收液做叶面喷雾两次,间隔 7 天。

(6) 用于梨、桃、柑橘、橙等果树,在发新芽之后,或开花前夕,或结果后,分别用 1 500~2 000 倍液喷洒 1~2 次。

注意事项:

(1) 本药剂应在推荐浓度下使用,剂量过高会对作物幼芽及生长有抑制作用。

(2) 如果田间有病虫害发生时,爱多收可与一般农药混用,以减少用药次数。

(3) 做茎叶喷雾时,喷雾应均匀周到。

(4) 用剩的药剂密封后贮存在避光阴凉的地方。

4. 矮壮素(稻麦立、三西)

矮壮素纯品为白色结晶,有鱼腥味,吸湿性强,极易溶于水,可溶于乙醇、丙酮,微溶于二氯乙烷,不溶于苯、二甲苯、乙醚和无水乙醇。可用于盐碱和微酸性土壤，对金属有腐蚀作用。对人、畜毒性较低，是一种用途很广的植物生长调节剂。

剂型：40%、50%矮壮素水剂，50%矮壮素乳油，95%矮壮素原粉。

用途：矮壮素是赤霉素的拮抗剂，有抑制植物细胞生长而不抑制细胞分裂的特性，因此它能使植物矮壮、节间缩短、茎秆变粗、株形紧凑，防止作物徒长、倒伏，增强抗旱、抗寒、耐盐碱能力，还能使叶色深绿，不影响果实的形成和发育。适用于棉花、小麦、玉米、水稻、果树、烟草、番茄及多种块根作物。

使用方法：

（1）棉花使用矮壮素可以抑制棉花徒长，增蕾保桃。每亩用50%矮壮素水剂2毫升，兑水均匀喷雾。有徒长现象或密度较高的棉田，分两次喷药，第一次在初花期，第二次在盛花期。前期无徒长现象的棉田，蕾期可不喷药，只在封行前喷1次，就可以不打旁心，减少秋芽，相当于化学整枝。

（2）防止小麦倒伏，每亩用50%矮壮素水剂25～50毫升（0.5～1两）在冬小麦返青拔节前，或春小麦开始拔节时兑水均匀喷雾，要求喷洒两次，有增产作用，可以抗倒伏，增加分蘖，促进幼穗分化，增加穗数、粒重和千粒重。

（3）防止水稻倒伏，用50%矮壮素水剂300倍液，于水稻分蘖末期喷雾1次，能促使稻粒饱满，提高产量。

（4）用于大豆，用50%矮壮素水剂200～300倍液喷于大豆叶片上，可增加豆粒数，秕荚少，可起到抗旱、抗寒、抗盐碱和增产的作用。

（5）用于玉米、高粱和谷子，用50%矮壮素水剂100倍液，浸泡种子6小时，捞出阴干播种。

（6）用于马铃薯，用50%矮壮素水剂200～300倍液喷于叶片上，可增加产量，提高抗逆能力。

（7）用于苹果幼树，用50%矮壮素水剂0.5%～1.5%浓度喷雾，从7月上旬至8月上旬，每15天喷1次，共喷3次，能促进新梢加粗，节间缩短，叶色浓绿，叶片加厚、加宽，增强抗寒能力，有利于安全越冬。

（8）用于葡萄，用50%矮壮素水剂500倍液喷雾，能抑制副梢生长，促使果实整齐，提高坐果率和果重。

注意事项：

（1）一般无徒长趋势的棉花或小麦不要用药。棉花用药不宜过早、过高，以免过分或过早地抑制植株，影响正常生长。对小麦喷药不宜过晚，以免抑制生长，影响产量。

（2）用药后，肥水要跟上，以免植株早衰。

（3）如果喷药后5~6小时降雨，必须补喷。

（4）不能与强碱性农药混用。

（5）本药剂有毒，不可与食品存放在一起。

5. 复硝钾（802）

复硝钾植物生长调节剂商品外观呈茶褐色液体，易溶于水，呈中性。对人、畜无害，对作物无药害，对环境无污染。喷施本药剂到作物表面能迅速渗入植物体内，增强光合作用，促进养分吸收，对提高产品质量，增产、增收均有明显功效。

剂型：2%复硝钾水剂。

用途：复硝钾适用于棉花、麻类、水稻、小麦、玉米、豆类、甘蔗、甘薯、油菜等多种作物以及水果、桑蚕、蘑菇、药材、牧草、花木等。

使用方法：

（1）用于棉花：浸种处理，将药剂稀释3 000倍，处理6~10小时；生长期喷雾，将药液稀释2 000~4 000倍，在棉苗移栽期或初花期、打顶后各喷1次，每亩喷药液75公斤，可增产10%左右。

（2）用于水稻：浸种处理，将药液稀释2 000~3 000倍，处理6~10小时；生长期喷雾，插秧前4~5天、幼穗形成前、出穗前各喷1次，每次将药剂稀释2 000~3 000倍，加0.1%洗衣粉，喷药液60公斤，可增产13%左右。

(3) 用于麻类：在苗期，旺长前期、中期各喷 1 次，将药剂稀释 5 000 倍喷雾，可增产 20%～25%。

(4) 用于麦类：浸种处理，将药剂稀释 3 000 倍，处理 12～24 小时；生长期喷雾，在三叶至拔节期喷 1 次，出穗前后喷 1 次，可增产 13% 以上。

(5) 用于玉米：拌种处理，将药剂稀释 3 000 倍，处理 4 小时；生长期喷雾，在苗期、喇叭口期、抽丝和灌浆期各喷 1 次，共喷 3 次，药剂稀释 5 000 倍。

(6) 用于油菜，移栽时用 2 000 倍液泥浆蘸根；移栽后喷雾，在苗期、蕾苔期、花期各喷 1 次，药剂稀释 2 000～3 000 倍，每亩喷药液 50～70 公斤，可增产 15% 左右。

(7) 用于豆类、甘薯和其他作物，稀释浓度均在 3 000～5 000 倍为宜。

注意事项：

(1) 喷施时间宜在下午 3 时以后，喷药后 6 小时内如遇雨应重喷；当天配制的药当天用完。

(2) 喷药时要叶面、叶底均匀喷施，亩配制药液量 50～75 公斤。

(3) 要注意浓度适宜，不同作物稀释浓度范围一般在 2 000～6 000 倍。

(4) 药效能持续 10～15 天，使用安全间隔期为 7 天，对传授花粉的作物应在开花前 3～5 天使用，盛花期不宜喷施，以免影响花粉传播；坐果作物疯长时暂不用药。

(5) "802" 可与农药一起混合使用，如加入 3‰ 的尿素，使用效果更好。

(6) 保存在没有阳光直射的阴凉处，全封闭包装，贮存期为 3 年。

6. 植物细胞分裂素

植物细胞分裂素系植物生长调节剂，对水稻、玉米、大豆等作物能促进叶绿素形成，增加作物光合强度，从而促进作物增产；还能改善品质;并能提高植物抗病性。具有高效、无毒、无污染、用量少等特点。

剂型:植物细胞分裂素可湿性粉剂。

用途:适用于麦类、水稻、柑橘、蔬菜、茶、烟草等作物,能刺激作物细胞分裂,促使作物早熟,并能增加瓜果含糖量,防止作物早衰和瓜果脱落。

(1)用于水稻,在分蘖期、孕穗期和灌浆期各喷1次,将药剂兑水稀释500~800倍,共喷2~3次,每次间隔7天。

(2)用于大麦、小麦,将药剂兑水稀释500~800倍,在分蘖期、孕穗期各喷1次,每次间隔7天。

(3)用于玉米,将药剂兑水稀释500~800倍,在拔节期、喇叭口期各喷1次,每次间隔7天。

(4)用于柑橘,将药剂兑水稀释500~800倍,在橘花脱落2/3,幼果形成初期喷雾,共喷2~3次,每次间隔7天。

(5)用于各种蔬菜,将药剂兑水稀释400~600倍,在育苗期和生长期共喷3次,每次间隔7天,增产效果明显。

(6)用于马铃薯,将药剂兑水稀释100倍,将种薯块泡在药液中浸12个小时。

(7)用于茶,将药剂兑水稀释400~600倍,从一芽一叶期开始,共喷3次,每次间隔7~10天,可以提高品质,增加产量。

(8)用于烟草,将药剂兑水稀释400~600倍,移栽后10天开始,共喷3次,每次间隔7~10天,有增产防病作用。

注意事项:

(1)本品宜存放于阴凉干燥处,切忌受潮。

(2)喷药时间宜在早晚,避免在烈日下和雨天喷施,如喷后一天内遇雨,应补喷。

(3)本品可同其他杀菌剂,低、中毒杀虫剂,化肥混合使用。

7. 多效唑

多效唑由江苏省农药研究所研制,是一种水稻植物生长延缓剂,经过在各地推广使用,对控制水稻秧苗徒长有良好的效果。

剂型：15%多效唑可湿性粉剂。

用途：多效唑用在水稻秧苗上能培育壮秧，使秧苗高度降低1/3左右；能培育壮苗，有利于机械化插秧。在双季稻区可控制后季秧苗徒长，施药后分蘖提早6~8天，秧田期分蘖死亡率比未施药的低10%以上。移栽到大田后，因秧苗粗矮健壮，根系发达，老叶不枯黄，新叶生长不停，分蘖期早，成穗增多，增产效果明显，一般在10%~15%。小麦苗期使用，也有同样效果。多效唑的应用范围还在扩大之中。

使用方法：

据江苏省的多点试验，多效唑的最佳使用方法有三点：

（1）施用浓度为15%多效唑可湿性粉剂3 000倍液，每亩用药液100~150公斤；秧苗期长就多施，秧苗期短就少施，一般每亩施80~125公斤药液。

（2）多效唑的最佳施药时期在秧苗立针期至1叶1心期，宁可早点，但不宜迟。

（3）施药时秧田厢面不能有水，施药后第二天灌水。如果施药后3小时以后下雨，对药效没有大的影响。

8. 乙烯利（一试灵、乙烯磷）

乙烯利纯品为白色针状结晶，易溶于水和酒精，难溶于苯和二氯乙烷。在酸性介质中稳定，在pH值4以上的介质中分解释放出乙烯。乙烯利属低毒植物生长调节剂。

剂型：40%水剂，10%可溶性粉剂。

用途：乙烯利是促进植物成熟的植物生长调节剂。一般植物细胞液的pH值皆在4以上，乙烯利经由植物的叶、茎、果实或种子进入植物体内，然后传导到起作用的部位，便释放出乙烯，能起内源激素乙烯所起的生理功能，如促进果实成熟及叶片、果实的脱落，矮化植株，改变雌雄花的比率，诱导某些作物雄性不育等。

使用方法：

（1）棉花：用40%水剂330~500倍液喷雾使用。

（2）橡胶：用40%水剂5~10倍液涂布使用。

(3) 烟草：用40%水剂1 000~2 000倍液喷雾使用。

(4) 番茄：用40%水剂800~1 000倍液喷雾或浸渍使用。

(5) 水稻：用40%水剂800倍液喷雾使用。

(6) 香蕉树、柿子树：用40%水剂400倍液喷雾或浸渍使用。

注意事项：

(1) 乙烯利遇碱性物质迅速分解，不能与碱性农药混用。宜现配现用，久存会失效。

(2) 乙烯利具有强酸性，能腐蚀金属、器皿、皮肤及衣物。因此应戴手套和眼镜作业，作业完毕，应立即充分清洗喷雾器械。

(3) 乙烯利对皮肤、黏膜、眼睛有强刺激作用，如皮肤接触药液，应立即用水和肥皂冲洗；如溅入眼睛，要及时用大量清水冲洗，必要时就医。

9. 比久（丁酰肼）

比久纯品是带有微臭的白色粉末，25℃时，在水中的溶解度为10克/100克，不溶于碳氢化合物，在热酸、碱中水解，属低毒植物生长调节剂，可以抑制内源赤霉素的生物合成和内源生长素的合成。

剂型：92%可溶性粉剂。

用途：主要作用为抑制新枝徒长，缩短节间长度，增加叶片厚度及叶绿素含量，防止落花，促进坐果，诱导不定根形成，刺激根系生长，提高抗寒力。

使用方法：配制2 500~3 500毫克/千克药液喷雾使用，主要用于菊花。

注意事项：

(1) 制剂随配随用，如变成褐色就不能使用。

(2) 可与多种农药混用但不能与碱性物质、油及铜制剂混用。

10. 芸苔素内酯（益丰素、天丰素、油菜素内酯、农梨利）

芸苔素内酯外观为白色结晶体，水中溶解度为5毫克/千克，溶于乙醇和氯仿、丙酮等多种有机溶剂，属低毒植物生长调节剂，对人畜毒性较低，无人体中毒报道。芸苔素内酯为甾醇类植物激素，在很低浓度下就能明显增加植物的营养体生长和促进受精作用。

剂型：0.01%乳油，0.01%、0.004%水剂。

用途：具有使植物细胞分裂和延长的双重作用，促进根系发达，增强光合作用，提高作物叶绿素含量，促进作物对肥料的有效吸收，辅助作物劣势部分良好生长。

使用方法：

(1) 小麦：用0.05~0.5毫克/千克的芸苔素内酯对小麦浸种24小时，对根系和株高的发育有明显促进作用。小麦孕穗期用0.01~0.05毫克/千克的芸苔素内酯进行叶面喷雾处理的增产效果明显，一般可增产7%~15%。

(2) 玉米：用0.05~0.2毫克/千克芸苔素内酯对全株做喷雾处理，能明显减少玉米穗顶端籽粒的败育率，提高产量。

(3) 水稻：用0.030~0.045毫克/千克芸苔素内酯喷雾。

(4) 小白菜：用0.02~0.04毫克/千克芸苔素内酯喷雾。

注意事项：

(1) 施用时，应按兑水量的0.01%加入表面活性剂，以便药物进入植物体内。

(2) 本品可与杀虫剂、杀菌剂等农药一起混合喷施。

(3) 本品密闭，置阴凉干燥处贮存。

11. 抑芽敏（氟节胺）

抑芽敏原药为黄色至橙色晶体，不溶于水，易溶于丙酮、甲苯，温度上升至250℃时分解，pH值在5~9时稳定。本品为接触兼局部内吸型高效烟草侧芽抑制剂。

剂型：25%、12.5%乳油。

用途：主要抑制烟草腋芽的发生。作用迅速，吸收快，施药后只要两小时无雨即可奏效，雨季中施药方便。药剂接触完全伸展的烟叶不产生药害。对预防花叶病有一定作用。

使用方法：施药时期应掌握在烟草植株上部花蕾生长期至始花期进行人工打顶（摘除顶芽），打顶后24小时内施药，通常是打顶后随即施药，剂量为 10 毫克/株，采用杯淋法、涂抹法、喷雾法均可。

注意事项：

（1）本品对 2.5 厘米以上的侧芽效果不好，施药时应事先打去。

（2）本品对鱼有毒，应避免药剂污染水塘、河流。对眼、口、鼻及皮肤有刺激作用。

（3）不能与其他农药混用。

12. 萘乙酸

萘乙酸纯品为白色无味晶体，易溶于丙酮、乙醚、苯、乙醇和氯仿等有机溶剂，20℃水中溶解度 42 毫克/升，溶于热水；遇碱能成盐，盐类能溶于水，因此配制药液时，常将原粉溶于氨水后再稀释使用。萘乙酸是类生长素物质，也是一个广谱型植物生长调节剂。

剂型：5%、1%、0.6%、0.1% 水剂，80%、20% 粉剂。

用途：萘乙酸有着内源生长素吲哚乙酸的作用特点和生理功能，如促进细胞分裂与扩大，诱导形成不定根，增加坐果，防止落果，改变雌、雄花比率等。萘乙酸可经由叶片、树枝的嫩表皮、种子进入到植株体内，随营养流输导到起作用的部位。

使用方法：

（1）小麦、水稻：用 80% 粉剂 50 000 倍液浸种。

（2）玉米、谷子：用 80% 粉剂 25 000～50 000 倍液浸种。

（3）甘薯：用 80% 粉剂 50 000～100 000 倍液浸成捆薯秧基部（3 厘米）6 小时。

（4）棉花：用 80% 粉剂 100 000 倍液于盛花期喷雾 2～3 次，间隔 10 天。

（5）豆类：用 80% 粉剂 10 000～100 000 倍液，盛花期喷洒。

（6）苹果：用 80% 粉剂 20 000～40 000 倍液喷施，采前 20 天和 30～40 天各喷一次。

（7）番茄：用 80% 粉剂 16 000 倍液浸插枝基部 10 分钟。

注意事项：

（1）萘乙酸难溶于冷水，配制时可先用少量酒精溶解，再加水稀释；或先加少量水调成糊状再加适量水，然后加碳酸氢钠（小苏打）搅拌，直至全部溶解。

（2）早熟苹果品种使用易疏花、疏果，易产生药害，不宜使用。

（3）本品可通过食道引起中毒，急性中毒可损害肝、肾。

13. 噻苯隆（脱叶灵、脱叶脲、脱落宝）

噻苯隆原药为无色无味晶体，见光时易转化成光学异构体，pH 值为 5～9，室温下稳定，在加速存贮稳定性研究中（14 天 54℃）未分解。

剂型：50%可湿性粉剂。

用途：噻苯隆是一种植物生长调节剂，在棉花种植上做落叶剂使用。被棉株叶片吸收后，可及早促使叶柄与茎之间的分离组织自然形成而落叶，有利于机械收棉，可使棉花收获期提前 10 天左右，有助于提高棉花品级。

使用方法：气温高、湿度大时施药效果好，使用剂量 225～300 克/公顷，喷雾。

注意事项：

（1）施药时不宜早于棉桃开裂 60%，以免影响产量和质量。

（2）施药后两天内降雨会影响药效，因此施药前注意天气预报。

（3）本品对眼睛、皮肤有刺激作用，一般不会引起全身中毒。万一沾染皮肤、眼睛，要立即用清水冲洗，如果误服要立即送医院治疗。

14. 烯效唑（特效唑）

烯效唑纯品为白色结晶，原药外观为白色或黄色晶状粉末，微溶于水，溶于丙酮、甲醇、乙酸乙酯、氯仿及二甲基甲酰胺等溶剂。烯效唑为三唑类植物生长调节剂，是赤霉酸生物合成拮抗剂，对草本或木本的单、双子叶植物均有强烈的生长抑制作用，主要抑制节间细胞的生长，使植物生长延缓。

剂型：5%烯效唑可湿性粉剂。

用途：烯效唑适用于农作物、蔬菜、观赏植物、果树、草坪等，可用于喷雾、土壤处理、种芽浸渍等处理方法，具有矮化植株、谷类作物抗倒伏、促进花芽形成、提高作物产量等作用。

使用方法：

（1）水稻：早稻浸种浓度以5%烯效唑可湿性粉剂50~100克，加水50升（稀释500~1 000倍）为宜；晚稻的常规粳稻、糯稻等杂交稻则以5%烯效唑可湿性粉剂50~60克，加水50升（稀释800~1 000倍）为宜。种子量和药液量比为1:1~1.2，浸种36~48小时，杂交稻为24小时，或间歇浸种，浸种过程中搅拌两次，使种子受药均匀。

（2）小麦：用烯效唑拌种，一般每公顷按150公斤种子计算，用5%烯效唑可湿性粉剂4.5克，加水22.5升（稀释5 000倍液），用喷雾器喷到麦粒上，边喷边搅拌，手感潮湿而不滴水，经稍晾后直接播种。小麦苗期使用，可在小麦拔节前10~15天，或抽穗前10~15天，每公顷用5%烯效唑可湿性粉剂400~600克，加水400~600升（稀释1 000倍液）均匀喷雾。

（3）大豆：于大豆始花期喷雾，每公顷用5%烯效唑可湿性粉剂450~750克，加水450~750升（稀释1 000倍液）均匀喷雾，对降低大豆株高，增加结荚数，提高产量有一定效果。

注意事项：

（1）要根据作物品种控制用药浓度，如果用药量过高，作物受抑制过度时，可增施氮肥或用赤霉素补救。

（2）烯效唑浸种降低发芽势，随剂量增加影响明显，种子发芽推迟8~12小时。另外温度高时，用药量要高，温度低时少用。

（3）本品应贮存于阴凉干燥处，防潮、防晒。

15. 羟烯腺嘌呤（富滋）

羟烯腺嘌呤为海藻经粉碎后用碱液提取的萃取物，成品外观为棕色水溶液，溶于甲醇、乙醇，不溶于水和丙酮，pH值为5~

5.5，在 0～100℃时稳定性良好，室温下稳定性可保持 4 年。

剂型：0.01% 富滋水剂。

用途：刺激植物细胞分裂，促进叶绿素形成，加速植物新陈代谢和蛋白质的合成，从而促使有机体迅速增长，作物早熟丰产，提高植物抗病、抗衰、抗寒能力。可用于调节水稻、玉米、大豆的生长。

使用方法：

（1）移栽棉花：棉花移栽时用 12 500 倍液蘸根；在盛蕾、初花、结铃期，每亩用 0.01% 富滋水剂 67～100 毫升，加水 50 升，对叶面均匀喷雾，可使结铃数增加，最终增产。

（2）西红柿：分别在西红柿定植一周前，植后每隔两周，每亩用 0.01% 富滋水剂 80～100 毫升，加水 40 升（400～500 倍），进行三次叶面喷雾处理，可使单株结果数和果重增加。

（3）玉米：在玉米 6～8 叶片展开时喷第一次，9～11 叶片展开时喷第二次，每亩用 0.01% 富滋水剂 50～75 毫升，加水 50 升，进行叶面喷雾。

（4）苹果：于苹果花芽分化期，用 1∶300～450 倍富滋药液做叶面喷雾处理。

注意事项：

（1）不可在下雨前 24 小时内使用，以保证叶片有充分吸收药剂的时间。

（2）使用前必须充分摇匀。已稀释的溶液及时使用，不能保存。用量过高，则增产效果不明显，甚至会造成减产。

（3）贮存于阴凉处，避免太阳直接照射，不要放在冰箱内。

（4）尽管本品低毒，但也要避免接触皮肤、眼睛，避免吸入雾液。一旦接触，要用清水冲洗。

16. 三十烷醇

三十烷醇纯品为白色鳞片状晶体，几乎不溶于水，难溶于冷酒精和苯，可溶于乙醚、氯仿、乙烷、二氯甲烷及热苯中，在碱性介质中稳定，不受光、热和空气的影响。三十烷醇是一种内源植物生长调节剂。高纯晶体配制的剂型,在极低浓度下就能刺激作物生长,提高产量。

剂型:0.1%三十烷醇微乳剂,1.4%三十烷醇乳粉。

用途:具有多种生理功能,可影响植物的生长、分化和发育。主要表现为:能增强酶的活性,促使种子发芽,提高发芽率;增强光合强度,提高叶绿素含量,增加干物质的积累;促进作物吸收矿物质元素,提高蛋白质和糖分含量,改善产品品质等。还能促进农作物长根、生叶、花芽分化;增加分蘖,促进早熟,保花保果,提高结实率;促进农作物吸水,减少蒸发,增加作物抗旱能力。适用于海带、紫菜等海藻养殖及花生、玉米、小麦、烟草等多种作物提高产量。

使用方法:

(1)花生:于花生盛花期、下针末幼果膨大期各做叶面喷施一次,每亩用0.1%三十烷醇微乳剂48~60毫升,加水60升。可提高花生成果率,促进果实膨大增重,增加产量。

(2)海带、紫菜养殖:在海带幼苗出库时,用1.4%三十烷醇乳粉7 000倍液浸苗2小时,或28 000倍液浸苗12小时后放入海区养殖,可明显促进幼苗生长,增加产量。紫菜育苗方法与海带同。

注意事项:

(1)稀释液要现用现配,配制时要充分搅拌均匀。控制用药剂量,浓度过高会抑制发芽。

(2)本品不得与酸性物质混合,以免分解失效。

(3)在使用过程中,要注意保护,如有药液溅到皮肤上,应用清水冲洗干净。

(4)喷洒时间在下午三时后,喷前气温20℃以上为宜。喷后六小时内遇雨要补喷一次。

(5)本品应贮存在阴凉、通风处,不可与种子、食品、饲料混放。

17. 氯化胆碱（高利达植物光合剂）

氯化胆碱原药为微黄色固体，易吸湿，70%水溶液外观为浅黄色至棕色液体，300℃以上分解。本品属低毒植物生长调节剂，是一种植物光合作用促进剂，能促使植物吸收光能和利用光能，更好地固定和利用二氧化碳，提高光合速率，增加植物碳水化合物、蛋白质和叶绿素含量。

剂型：60%、30%氯化胆碱水剂。

用途：小麦、水稻在孕穗期喷施可促进小穗分化，多结穗粒；灌浆期喷施可加快灌浆速度，穗粒饱满。亦可用于玉米、甘蔗、甘薯、马铃薯、萝卜、洋葱、棉花、烟草、蔬菜、葡萄、芒果等增加产量；观赏植物杜鹃花、一品红、天竺葵等调节生长；小麦、大麦、燕麦抗倒伏，在不同气候、生态环境条件下效果稳定。

使用方法：在小麦扬花期、灌浆期，每亩用60%氯化胆碱水剂10～20毫升（有效成分6～12克），加水30升稀释（1 500～3 000倍）各喷施1次。于下午4时后喷雾，施药后6小时内遇雨应补喷。可与其他农药配合使用。若因存放出现少量沉淀，摇匀后即可使用，不影响效果。

注意事项：

（1）本品不可与强酸、强碱性物质混合。

（2）本品应贮存在阴凉、避光处，不可与饲料、食品、种子混放。

五、杀 鼠 剂

1. 大隆（溴联苯杀鼠迷）

大隆纯品为白色粉末状，是一种很有效的抗凝血性杀鼠剂，对一般杀鼠剂（如杀鼠灵）已经产生抗性的害鼠也有效，其毒饵很适合老鼠胃口，对家畜、家禽和猫都安全。

剂型：0.005%的大隆诱饵，0.25%、2.5%大隆浓溶液。

防治对象：大隆能有效地防治大家鼠、小家鼠、黄鼠、大仓

图43 大隆是一种很有效的抗凝血性杀鼠剂,其毒饵很适合老鼠胃口

鼠、田鼠等多种家鼠和田间害鼠。

使用方法:

(1) 防治褐家鼠(又称沟鼠、大家鼠),可根据它的生活习惯投放毒饵。褐家鼠主要在夜晚活动,清晨活动最频繁。在夜间耐渴力差,很想喝水。在农村,褐家鼠常出现季节性迁移:春末夏初,由村内向村外迁;秋收后,随着粮食归仓又从村外向村内迁。掌握这些习性,可以因地、因时制宜投放毒饵。方法是用0.005%(十万分之五)大隆诱饵,在田间按10米×10米(30尺×30尺)的距离均匀投放,每点放1袋,每袋10克(2钱)。在室内按上述药量将毒饵放在老鼠洞口或者褐家鼠经常活动的场所。

(2) 防治黄毛鼠(又称田鼠、罗汉鼠),黄毛鼠是我国南方常见野鼠,主要为害农作物、蔬菜和小生物。防治方法同上。

(3) 防治小家鼠(又称小耗子、小鼠、米老鼠),小家鼠喜欢在住房、厨房、仓库、抽屉和衣服、被絮、杂物中活动。根据其生活习性，可在上述活动场所投放 0.005% 大隆诱饵。放 1 袋约 5 克（1 钱）重，一次投药就可以收到良好的杀鼠效果。根据需要，隔 7~10 天再补充投放 1 次。

（1）大隆属剧毒农药，要严格避免药剂入口。

（2）药品应放在干燥处，防止发霉变质。

（3）如发生意外中毒事故，应立即催吐并急速送医院服用解毒药剂，一般可用维生素 K_1，成人每日 40 毫克，小孩子减半（20 毫克），分数次口服。

2. 磷化锌

磷化锌又称耗鼠尽，工业品为灰黑色有光泽粉末，在干燥条件下稳定，受潮和暴晒均能加快其分解。对人、畜、家禽有剧毒，用药后在空气中不断放出磷化氢气体，如大蒜味，老鼠却喜欢这种气味，是一种很理想的杀鼠剂。

剂型：含磷化锌 80% 以上的粉剂。

防治对象：磷化锌为胃毒性杀鼠剂，杀鼠范围很广，可以有效地防治田间和室内多种老鼠。

使用方法：

（1）配制磷化锌毒饵：用老鼠平时喜欢吃的东西，如大米、小麦、高粱、薯块、玉米配制。药料比例是 1:20，即每份磷化锌，加 20 份饵料，另加适量面糊配制。方法是先将饵料倒入容器内，用面糊水拌匀，使之湿润，再慢慢倒入磷化锌，搅拌均匀即可使用。

（2）配制磷化锌水溶液：将盛水的容器（面盆、坛子、罐子）装满水，放在老鼠经常去的地方，然后细心地用毛笔蘸磷化锌粉末，轻轻撒在水面上，极少量的药即可使老鼠饮水中毒而死。因药物分解快，有效期短，这种方法适合在无水的粮仓、柴房等室内使用。

（3）配制磷化锌接触剂：用磷化锌和滑石粉或者黄油各 1 份，混合后放入鼠洞中或撒于鼠道上，每点 5 克（1 钱），使老鼠接触后粘在皮毛和脚上，通过它理毛、舔脚的习惯而中毒致死。

注意事项：

（1）磷化锌是高毒农药，使用和贮存时要注意安全。

（2）饲料应随配随用，不宜配多，以免久放吸潮分解失效而造成浪费。

（3）配制毒饵时，要用木棒搅拌，不能用手接触药物，以免中毒。工作完毕要立即用肥皂水洗手、洗脸。

（4）药品应保存在干燥地方。

3. 杀鼠迷（立克命）

杀鼠迷纯品为淡黄色晶体，无味、无臭。对人、畜剧毒。对老鼠没有忌避作用，对猫没有两次中毒的危险。

剂型：0.75%追踪粉，0.0375%鼠饵，2%油剂，0.8%液剂，杀鼠迷母粉。

防治对象：杀鼠迷是一种抗凝血性杀鼠剂，不会使老鼠产生忌饵作用。对躲藏在地窖、农场、畜舍、牧场、废物堆、阴沟等处的老鼠有极好的防治效果；对房舍的家鼠也有良好防效；还可以防治为害水稻、甘蔗等作物的鼠害。

使用方法：

（1）防治家鼠，用0.75%追踪粉撒施在鼠洞里和老鼠经常出没的地方，但撒的药层不要太薄，并经常补充消耗的药粉。

（2）防治室外或田间老鼠，将0.0375%鼠饵装成小袋，每袋10克（2钱），在各种老鼠的不同活动场所投放；或用0.75%追踪粉1份，加粗麦粉或玉米粉19份，拌匀制成饵料，按每袋10克（2钱），放在鼠洞旁或者老鼠通道上，放药后半个月可保持良好的杀鼠效果。如果还需要，隔10～15天再照上述方法补放1次。

注意事项：

（1）杀鼠迷属于高毒农药，对人、畜毒性较大，药剂必须放在安全地方，也不能和食物、饲料、粮食一起存放。

（2）放药后应经常检查，若被老鼠吃掉，应马上补足，以保持足够的药量，才能提高杀鼠效果。

（3）保管时要注意防潮。

4. 溴敌隆

溴敌隆是上海市泰和化工厂产品,经各地试验推广,证实其杀鼠效果高,且使用方便。它作为第二代抗凝血灭鼠剂有着广阔的发展前景。

剂型:0.25%、0.5%溴敌隆液剂、0.5%浓母粉。

防治对象:溴敌隆适口性较好,老鼠无拒食现象。对主要鼠种,如褐家鼠、黄胸鼠、小家鼠等均有良好效果。

使用方法:

将0.5%溴敌隆液剂0.5公斤,加水75公斤,配制成毒液,再将大米50公斤放入稻场晒1~2小时(以利毒液充分吸收),然后将毒液与大米混合拌匀,密闭晾干后备用。用时采取小堆多点投放,一般在第二天就可出现死鼠,第四天出现死鼠高峰。如果毒饵被老鼠吃完,可间隔几天再投放,以使老鼠产生饥饿感。

注意事项:

(1) 配药或投毒饵后及时用肥皂反复洗手。

(2) 发现死鼠及时收集清理,切勿乱扔乱丢。

(3) 溴敌隆对鸡低毒,误食后3天出现轻微中毒症状,一般情况下不需解毒也可恢复正常。

5. 敌鼠钠盐

敌鼠钠盐工业品为淡黄色粉末,稍有气味,稳定性能好,可以长期保存不变质。

剂型:80%敌鼠钠盐粉剂。

防治对象:敌鼠钠盐主要用于城乡居民住房、粮库、工厂、车站、船码头等地杀灭家鼠,也可用于旱地、稻田杀灭野鼠,均有良好效果。

使用方法:

(1) 配药:将80%敌鼠钠盐粉剂50克(1两),加80℃温水10公斤溶解,并加入适量糖精,制成毒液,然后加100公斤稻谷混合拌匀,密闭后备用;或将80%敌鼠钠盐粉剂50克(1两),加10公斤80℃温水溶解后,加100公斤小麦浸泡,待毒液全部吸收,晾干后就成毒饵料;或将80%敌鼠钠盐粉剂50克(1两),

图44 敌鼠钠盐的投放地点一般在鼠洞附近或鼠类经常活动的地方

加10公斤80℃温水溶解后,再加100公斤面粉,拌和成毒面饵饼。

(2)投放:每天投放1次,并采用连续饱和方法投放,即老鼠吃多少就补多少,如饵料被吃光,就加倍补足,连续投放4~6天。投放地点一般在鼠洞附近或鼠类经常活动的地方。

注意事项:敌鼠钠盐虽属低毒,但仍要加强管理。配饵和制药时要做好个人防护,原药要妥善保管。

6. 杀它仗

杀它仗属于高毒杀鼠剂,原药为淡黄色或近白色粉末,制剂为蓝色饵料,贮存期稳定在两年以上,属于第二代抗凝血型杀鼠剂,具有适口性好、毒力强、使用安全、灭鼠效果好等特点。

剂型:0.005%杀它仗饵料。

防治对象：杀它仗适用于防治家栖鼠和野栖鼠，对褐家鼠、小家鼠、黄毛鼠及长爪沙鼠有良好的防治效果。

使用方法：

(1) 防治家栖鼠类，每间房投放 2~3 个饵点，每个饵点放置 3~5 克毒饵，隔 4~6 天检查一次，看毒饵被食情况，吃多少再补多少，保持原投放数量。

(2) 防治野栖鼠类，可按 50 平方米等距离投饵，每个饵点投放 5~10 克（1~2 钱），在田埂、地角、坟丘等处适当多放些饵料，或多投放一个点。

注意事项：

(1) 投放药剂时避免皮肤、眼睛接触饵料，工作完毕要及时洗净手脸和裸露的皮肤。

(2) 杀它仗高毒，应存放在远离食物、饲料以及儿童不能摸不到的地方。

(3) 万一药剂接触皮肤或眼睛，应用清水彻底冲洗干净。如果误服中毒，不要引吐，应立即将患者送医院抢救。

(4) 用过的毒饵包装物要埋掉或烧掉，毒死的老鼠要及时清理并掩埋。

用杀它仗配制毒饵成本低，投药每亩只需要 1 角钱，每人每天可投药 150~200 亩。

7. 氯敌鼠（氯鼠酮）

氯敌鼠是浙江浦江县鼠药厂产品。据湖北、江西等省市多点示范推广，氯敌鼠杀鼠效果好，投资少，使用比较方便，安全可靠，是较理想的第二代抗凝血灭鼠剂。

剂型：100% 氯敌鼠原药。

防治对象：对褐家鼠、黄胸鼠和小家鼠有良好的杀灭效果。

使有方法：

(1) 配制：用 100% 氯敌鼠原粉 5 克，将 1 公斤食用油用火加热至 104℃，然后将 5 克氯敌鼠原粉倒入油中，充分搅匀，使药溶解，制成毒油，最后将 50 公斤稻谷与毒油混合拌匀，密闭备用。

(2) 投放：采用连续饱和投放毒饵的方法，即老鼠吃多少补多少。若吃光毒饵，就加倍投放，连投 6 天。一般在第四天就可见死鼠出现，灭鼠效果可达 90%。每个农户用药平均投资不到两角钱。

8. 杀鼠隆

杀鼠隆是一种新型抗凝血杀鼠剂，据山西省植保站示范、推广，杀鼠效果良好。

剂型：0.005%（十万分之五）杀鼠隆毒饵。

防治对象：对农田主要害鼠均有效，对黄鼠效果最佳。

使用方法：选择无大风和雨的天气，查有效鼠洞，一次投放鼠饵，半个月可基本控制鼠害。山西运城市试验，在苜蓿地用 0.005% 杀鼠隆毒饵，每洞放 10 克（2 钱），投饵后 15 天调查，灭鼠效果平均为 92.6%；山阴县在大秋作物田投此毒饵，每洞 10 克（2 钱），投饵后 15 天调查，平均灭鼠效果达 98.4%。

9. C 型肉毒素

C 型肉毒素为大分子蛋白质，原药为淡黄色透明液体，可溶于水，怕热怕光，在 5℃ 条件下 24 小时后毒力开始下降；在 100℃ 2 分钟、80℃ 20 分钟、60℃ 30 分钟条件下其毒力即被破坏。在 pH 值 3.5~6.8 时比较稳定，pH 值 10~11 时失活较快。在 -15℃ 以下低温条件下可保存 1 年以上。C 型肉毒素为剧毒物质。

剂型：100 万毒价/毫升 C 型肉毒素杀鼠水剂。

防治对象：本品为活性物质，一般在低温高寒地区使用。主要用于防治高原鼠兔及鼢鼠。

使用方法：一般采用 0.1%~0.2% 的浓度，配制成毒饵灭鼠。每公顷用饵量 1 125 克。投放毒饵要均匀，通常采用洞口投饵或等距离投饵法。

注意事项：

(1) 在用本剂拌饵、施饵时，灭鼠人员应戴口罩、手套及穿防护服，严格执行高毒农药操作规程。

(2) 在操作时严禁喝水、抽烟、进食，操作完毕后做好自身消毒处理。万一误食本剂，应立即送医院。

（3）本剂应贮存在-4℃以下低温冰柜中，严禁与饲料、食品、瓜果、蔬菜等混放，并设专人、专库、专柜保管，包装材料及接触药剂的器具要专人妥善处理，未经消毒绝不可挪做他用。

（4）草场投放毒饵后要禁牧5~7天。

10. 灭鼠优（抗鼠灵、鼠必灭）

灭鼠优原粉为淡黄色粉末，无臭无味，不溶于水，溶于乙醇、乙二醇、丙酮等有机溶剂，常温下贮存有效成分含量变化不大。灭鼠优属高毒杀鼠剂，选择性较强，适口性较好，不易引起拒食，且不易产生耐药性个体。

剂型：原粉。

防治对象：用于防治褐家鼠、长爪沙鼠、黄毛鼠、黄胸鼠等，中毒潜伏期3~4小时，8~12小时为死亡高峰，鼠多死于隐蔽场所不易被发现。

使用方法：灭鼠优为黄色粉状物，多以黏附法配制毒饵防治害鼠。毒饵中有效成分含量为0.5%~2%。

（1）灭鼠优小麦毒饵：将小麦浸泡至发芽，捞出晾晒后拌入少量食油，按饵料重量的1%加入灭鼠优原粉并充分搅拌至均匀。视鼠密度每个房间投10~50克毒饵，防治褐家鼠效果很好；用同样的方法配制2%的灭鼠优小麦毒饵防治黄胸鼠效果亦佳。

（2）1%灭鼠优莜麦蜡饵：1份灭鼠优原粉，49份莜麦面粉，15份鱼骨粉，35份石蜡，食用油适量。将药粉用食用油调匀，与莜麦面粉、鱼骨粉一齐倒入溶化的石蜡中，在微火加热下搅拌，最后制成10克重的蜡块。每间房投1~5块，在北方盛产莜麦的地区使用此饵防治家栖鼠类效果很好。

（3）2%灭鼠优高粱毒饵：将高粱米润湿，加3%食用油拌匀，倒入相当于饵料重量2%的灭鼠优原粉，反复搅拌。防治长爪鼠可按洞投饵，每洞1~2克毒饵量即可。

（4）1%灭鼠优红薯毒饵：将红薯去皮切块，每块重约1克，按薯量拌入1%的灭鼠优原粉即成。等距法布放毒饵,每5米布一堆,每堆5粒,防治黄毛鼠等农田害鼠效果好。

注意事项:

(1) 灭鼠优为高毒杀鼠剂,施药人员必须身体健康,配制毒饵时要穿戴防护服。

(2) 要合理使用,避免盲目单一使用,以延长该药寿命。

(3) 用药后要认真清洗工具,污水和剩余药剂要妥善处理与保管;死鼠应烧掉或深埋。

11. 安妥

安妥纯品为白色晶体,质轻、味苦,不溶于水,可溶于沸腾酒精;化学性质稳定,不易变质;受潮结块后研碎仍不失效。本品属高毒杀鼠剂,是一种硫脲类急性杀鼠剂,选择性强,适口性好,初次使用效果好。

剂型:原粉。

防治对象:主要用于防治褐家鼠及黄毛鼠,对其他鼠种毒力较低。

使用方法:安妥原粉主要用以配制毒饵。毒饵有效成分含量一般为0.5%~2%。

(1) 0.5%安妥胡萝卜块毒饵(亦可用水果、蔬菜代替):每间房放2~3堆,每堆10~20克毒饵,三天后回收剩余毒饵。

(2) 安妥原粉1份、鱼骨粉1份、食用油1份、玉米粉97份,混合均匀后加适量水和成面团,并制成黄豆粒大小毒饵丸。每个房间放2~3堆,每堆10~20克,防治褐家鼠效果很好。

(3) 毒粉法灭鼠:取安妥1份、面粉5份,配制成20%的安妥毒粉,撒入鼠洞内或鼠类经常通行的地方。每日检查毒粉块上的鼠迹,并用毛刷抹平,由此决定毒粉放置的持续时间。若连续两天检查无鼠迹,即可清除毒粉。

(4) 2%安妥小麦毒饵:每个洞口投50克毒饵,在褐家鼠密度大的地方使用,灭鼠率在80%以上。

(5) 在粮仓、面粉厂等特殊场合,可利用褐家鼠需要饮水的习性,配制2%~5%安妥水悬液进行毒杀。安妥味苦,可在毒水中加5%蔗糖做引诱剂。

注意事项：

（1）放鼠药时应注意尽量避免家禽及鸟类接近。

（2）毒杀鼠类时必须把食品等物收藏起来，水缸、水壶应盖好。室外放些水，让中毒老鼠外出喝水并死于室外。死鼠应烧掉或深埋。

第四章 安全用药 中毒急救

一、农药的保管和供应

(一) 经销单位对农药的保管与供应

1. 农药的保管

农药的品种很多，性质也很复杂，必须做到分类保管。根据农药的理化性状，一般将农药分为液体、固体、压缩性气体、植物性和微生物农药等五大类。

(1) 液体农药的保管。液体农药有乳剂、水剂和原药三种。乳剂农药大都含甲苯、二甲苯等有机溶剂与乳化剂，这类物质接触明火易燃烧，有机溶剂还容易挥发。保管这类农药的仓库要严禁烟火，库房上要有避雷装置。要经常注意仓库内温度的变化，避免高温，在农药堆垛之间应留有一定空隙，让里面保持通风、阴凉、干燥。定期对农药包装进行检查与整理，发现瓶盖、瓶塞松动，包装物破损、渗漏应立即处理。

(2) 固体农药的保管。固体农药的主要种类有粉剂、可湿性粉剂、颗粒剂。这些农药含有湿润剂或填充料，一般以纸袋包装为主，容易受潮。因此，保管这类农药应以防潮为主，特别是在梅雨季节更应注意。梅雨季节过后应立即翻垛检查。如果农药受潮应立即移放到阴凉通风处摊开晾干，重新包装，但不能日晒。可湿性粉剂的含水量较高，在仓库内堆垛不能太高，一般垛高控制在15包以内，以免引起药剂结块而影响质量。硫黄粉和烟雾剂属易燃易爆品，在保管中不仅要注意仓库干燥，严防潮湿，还要注意避免高温和日晒，保持包装完整，防止农药与空气接触氧化，也不能把农药和其他易燃品存放在一起，保管室温度不能超过30℃（度）。固体农药应避免与碱性物质接触。

(3) 压缩性气体农药的保管。这类农药不多，常见的有溴甲烷等，它们通常用密封钢瓶包装。溴甲烷在一般情况下不易燃爆，但在高温、撞击、震动等外力影响下，溴甲烷分子会加剧活动，因而可能引起爆炸。所以，保管这类农药应将它们放在阴凉干燥的仓库里，并经常检查钢瓶是否完好，阀门有无松动。装卸搬运时要轻拿轻放，切忌用力过猛。

(4) 植物性农药的保管。植物性农药就是利用植物的根、茎、叶制成的农药。它们的化学性质很不稳定，容易受日光、空气、高温、潮湿等条件影响而分解失效；遇碱性物质也会加速分解。保管这类农药时，应将它们堆放在阴凉、干燥、通风的地方，避免高温、日照和潮湿。

(5) 微生物农药的保管。这种农药有两种剂型，一种是粉剂（又称菌粉），如苏云金杆菌、赤霉素等；一种是浓缩水剂，如井岗霉素、春雷霉素等。粉剂农药的特点是吸湿性强，在高温、高湿条件下易发酵霉变，在保管中应注意防湿、防高温，注意不要和碱性药物放在一起。微生物水剂农药都加有一定的防腐剂，但存放时间过长也容易被杂菌感染而变质。贮存时应注意包装面写的出厂批号和有效存放日期，尽量缩短储存时间，确保农药质量。

2. 农药的供应

为了方便农民选购和合理使用农药，供销社生资部门和其他农药经销单位首先要搞好农药知识的宣传，将经营的农药品种、用途和注意事项等内容以广告的方式张贴在药店门前；还可配合展出实物，如液体农药可用玻璃瓶装类似农药颜色的水代替，固体农药可用样品瓶装进成品放在橱柜中陈列。陈列的样品农药标志要完整清晰，瓶口封闭紧密。

为了便利农民购买，经销单位要根据农药销售规律，对大包装农药开展拆零供应。拆零的粉剂农药可用木桶、木盒、陶瓷缸盛装，并加木盖。装药的容器和盖子都要贴上标签，写上品名、规格、单价等标记。零售时盛药的工具如勺、铲等都要用木制品，不要用铁制品。每个容器中放一件，做到工具专用，不能在几种农药间通用，以免互相掺杂，影响质量。

农民来买散装农药，为了不出差错和便于携带，门市部应定做一些500克（1斤）装的牛皮纸袋，上面印好品种、规格、用途及使用方法，方便农民购买零星散装粉剂农药。对于液剂农药，还应准备一些100~250克（2~5两）装的干燥清洁的空瓶，农民需要多少就卖多少。散装液体农药，瓶子上要贴好农药标志以便识别，防止乱用农药和中毒事故发生，或由农药分装厂将大包装改为小包装再出售。

对剧毒农药不能拆零供应，以免中毒。对农药要实行专柜供应，不能与食品同柜销售。

（二）农户、植保专业户保管农药的方法

农村实行联产责任制后，千千万万的农户成了农药的用户和保管者，同时，也出现了植保专业户和植保服务公司。这些用户从供销社买回农药，不可能在短时间用完，有的甚至要放到来年或更长时间后才使用。因此，对农药要妥善保管好。

一般情况下，植保服务公司的农药存放得多一些，可以参照经销单位的保管方法；而植保专业户和农户家庭库存的农药数量不会太大，但品种可能较多，且又不是整包或整瓶的，有些还因农药流出来，使包装上的标志模糊不清，甚至脱落。因此，农户一定要分清农药的品种，分别保管；否则，农药到处乱丢，就容易造成环境污染，甚至出现农药中毒事故。

植保专业户和农户保管农药可以因地制宜，因陋就简，但要切实可行，安全可靠。在保管的方式上，一般可采取专仓和专柜两种。植保专业户用药面积大，农药的使用量比较多，备用药品和用后剩余的农药也很多，可以设置专仓贮存。例如可以在住房旁边腾

出一间旧房或另盖一间做农药专仓,单独进出,专门上锁。承包面积不太大、不需要用专门房间做农药专仓的,也可以利用家庭不再用的禽棚、畜栏修理加固后代做药仓。用药量较少的农户,可在放农具、柴火的房子里,设置一个专柜来保管农药。专柜可因陋就简,利用农药箱或是其他废旧材料做成柜橱,内有隔层,分别存放不同品种、规格的农药,并装门安锁;也可以在住房墙后角,用砖砌1个1米(3尺)左右高、1.7米(5尺)长、形状像鸡笼式的小隔间,上面加盖安锁,用这些简便易行的方法保管农药。

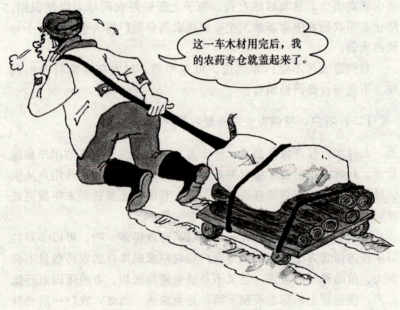

图45 农户保管农药的方法

植保专业户和农户在购买农药时,要注意选购包装无破损,标签不模糊的农药。没用完的农药要按品种分别存放,并用木片、竹片或纸张写好品种、规格等标志,插在农药包装上,便于查找,避免用错。粉剂农药在存放时要垫隔潮的物品,少量零星粉剂也可用塑料袋包扎好，悬挂在墙壁上等儿童触摸不到的地方。农药在贮存保管过程中，要经常检查，注意防潮湿，防渗漏，防止意外事故发生。

二、农药对作物的药害及其挽救措施

（一）农药对作物的药害

1. 产生药害的原因

植物产生药害主要原因有三方面：

（1）与药剂的关系。一般来讲，水溶性强的无机农药容易产生药害，水溶性弱的有机农药比较安全，植物性农药（又称土农药）最安全。不同剂型的农药药害也不同，乳剂容易产生药害，可湿性粉剂次之，粉剂及颗粒剂比较安全。按农药用途归类，除草剂和杀菌剂容易产生药害，而杀虫剂比较安全。这是因为杂草和作物同属高等植物，有的性质十分接近，既然药剂能杀死杂草，当然就可能伤害作物；杀菌剂的防治对象是病原菌，它们寄生在农作物体内，故防治时产生药害的可能性也较大。此外，产生药害还与施药次数与施药方式有直接关系，多次重复用药，喷出的雾点大，喷头过于靠近作物；农药质量差，沉淀过多，粘在叶面上不均匀或者农药混合使用不当等，都可能对作物产生药害。

（2）与植物本身的关系。各种植物的差别很大，禾本科作物和十字花科、百合科、茄科等蔬菜的耐药力较强；而豆科、高粱、桃、杏、李、梅、葡萄、柿树等易产生药害。品种之间也有差异，如粳稻对稻瘟净的耐药性比籼稻强；作物在不同生育阶段也有差异，生长期耐药力差，休眠期耐药力强。

（3）与气候环境的关系。一般来讲，温度高，阴天湿度大，雾露重，干旱以及大风造成的伤口等都易产生药害；沙质土有机质少，药剂淋溶到植物根部，也易造成药害。

2. 植物产生药害后的症状

药害一般可分为急性药害、慢性药害和残留药害三种。

(1) 急性药害。急性药害发生很快,症状最明显,一般表现为叶片上出现麻斑点、穿孔、焦灼、枯萎、黄化、失绿、畸形、厚叶、卷叶、落叶;果实上出现斑点、畸形、变小、落果、不结实;花瓣表现为枯焦、落花、落蕾;根部粗短肥大,缺少根毛,表面变厚发脆或变色腐烂;植株生长迟缓,株体矮化,茎秆扭曲,甚至全株枯死。

(2) 慢性药害。症状不明显,短时间不易判断。一般表现为光合作用缓慢,发育不良,结实偏迟,果形变小,早期落果,籽粒不饱满,品质下降,色淡,味差。

(3) 残留药害。人们在喷药时,约有一半以上的农药落于地面,如果是撒毒土,落在地面的农药就更多了。有的农药分解很慢,这样在土壤中慢慢积累,待残留药物积累到一定程度,就会影响作物生长。只有到下茬作物时才表现出症状。

(二) 出现药害后的挽救措施

如果由于农药质量差或由于使用不当而发生药害,应根据作物受害程度积极采取挽救措施,尽量减轻损失。一般应区别情况对待:

(1) 对幼芽、幼苗受害较轻的田块,应加强培育管理,可适当补施一些氮肥,促进幼苗早发,生长健壮。

(2) 对受害率达到30%以上的田块,要立即补种、补苗,保证基本苗数。

(3) 对叶片植株受害较重的,应及时灌水,增施磷、钾肥,中耕松土,促进根系发育,增强植株的恢复能力。

(4) 如果错喷了农药,应立即喷大量的清水淋洗作物;错用了土壤处理药剂,要进行田间排灌水洗药;还有的可用解药剂的方法,如对因喷波尔多液中的硫酸铜造成的药害,可喷浓度为0.5%～1%的石灰水解毒。

三、农药中毒与预防

（一）农药中毒的原因

经销部门和农户在运输、保管和施用过程中，由于没有采取有效的防护措施，造成中毒事故。一般分为生产性和非生产性两类。

1. 生产性中毒

在生产、销售、运输、搬运和保管过程中，如农药包装破损或封口不严，使药液漏出来，然后挥发；或者药物飞扬、从而被人体沾染或吸入而引起中毒。

在用药过程中，由以下原因引起：①配药不小心，农药溅入眼内或沾染手部皮肤及身体其他暴露部位，又没有及时洗净。②站在下风处配药，配制浓度过高，吸入农药蒸汽过多。③在喷洒时违反操作规程，如穿短袖短褂，不戴口罩，甚至赤足露背穿短裤喷药。④施药方法不当，如逆风喷药，不隔行喷药或前后左右转圈喷药，打湿衣裤。⑤喷雾器漏水、冒水，或发生故障时用手拧，甚至用嘴吹，使农药污染皮肤或进入体内。⑥喷药时或喷药后未洗手、脸就吃东西、喝水、抽烟等。⑦连续施药时间过长，或中午高温喷药等都易引起中毒。

另外，少年、老人、三期妇女（月经期、孕期、哺乳期），体弱多病、皮肤破损、精神失常及对农药敏感的人也易中毒。

2. 非生产性中毒

在日常生活中接触农药发生的中毒称非生产性中毒。主要有以下几种原因：①将农药与粮食、食品等存放在一起或混合装运。②滥用高毒农药灭蚊、虱，搽癣，治痢痢头、疥疮等。③用没洗干净的、装过农药的瓶子装酒、装油。④误食被农药毒死的家禽、家畜、鱼虾；食用近期施过高毒农药的瓜果、蔬菜，拌过药的种子。⑤施药后稻田水溢出或漏出，或者清洗药械、农药污染了饮用水源又被误饮等。

(二) 农药中毒的途径

农药进入体内导致中毒不外乎三条途径：一是呼吸道吸入剧毒蒸汽；二是直接通过口吃进去；三是毒液从皮肤毛孔钻进体内。

1. 呼吸道中毒

呼吸道是指鼻孔、气管和肺部。在夏天打药时，由于气温高，农药很容易挥发成气体，这时打药若不戴口罩，就容易通过呼吸道将农药吸入体内，从而引起中毒。一部分高毒的有机磷农药，如果包装破损，而又存放在不通风的或住人的房间内，也容易引起中毒。在容易挥发的剧毒农药中，要特别警惕那些无臭、无味、无刺激性的药剂引起的中毒，因为这类药剂往往容易被忽视。

2. 口服农药中毒

这类情况多见于误服、误食污染物，或悲观厌世、赌气吵嘴后一气之下寻短见，用嘴直接喝农药。此外，配药或喷药后不洗手就吃东西、喝水、抽烟等，都是通过口带进了较大剂量的农药进入体内，从而引起的中毒。如果是剧毒农药，很快被肠、胃吸收而引起严重中毒，危险性较大。

3. 通过皮肤毛孔中毒

农药可以在汗液和脂肪中溶解，如1605等有机磷农药，都可以通过皮肤进入人体。尤其是天热时，皮肤温度高，血液循环旺盛，更容易吸收药液。如果皮肤破伤，农药更易进入体内。大量出汗，也能加快人体对农药的吸收。农药通过皮肤毛孔进去，一般是因为喷雾器漏水，药液打湿了衣服，或是迎风打药，药液被吹到喷药者的身上，或者是药液溅入眼内等，农药通过皮肤吸收后而引起中毒。

(三) 农药中毒的预防

农药中毒主要是由于缺乏合理使用农药的知识，加上思想麻痹大意，管理不严等原因造成的。要避免农药中毒，可采取以下几项预防措施：

（1）施药人员身体要健康，并懂得一些必要的植保知识。凡体弱多病者，患皮肤病、农药中毒后还未恢复健康者，处于"三期"的妇女，皮肤损伤未愈者，不能喷药或应暂停喷药。

（2）打药时，必须戴口罩，穿长袖上衣、长裤和鞋、袜，禁止吸烟、喝水、吃东西。不能用手擦嘴、脸、眼睛，绝对不能互相喷药嬉闹。打药间隙或工作完后喝水、抽烟、吃东西，必须先用肥皂彻底清洗手、脸和漱口，有条件的应洗澡。打药时穿过的衣服要及时清洗。

（3）配药时，要戴胶皮手套，必须按规定剂量用药。严禁用手抓药。拌种要用工具搅拌，用多少拌多少。拌过药的种子最好用机具播种，如果用手撒或点种时，必须戴防护手套，以防通过皮肤中毒。没用完的毒种应销毁，千万不能用做口粮和饲料。配药和拌种应选择离水源和住房较远的地方，要有专人看管，严防农药、毒种丢失，或被人、畜、家禽误食。

（4）打药前应仔细检查喷雾器的开关、接头、喷头等处，看螺丝是否拧紧，药桶有无渗漏；喷药过程中如发生堵塞，应先用清水冲洗，再排除故障，绝对不能用嘴对喷头或滤网吹吸。

（5）使用手摇式喷雾器打药时应隔行施药；手摇式和机动喷雾器都不能左右两边同时喷；避免在中午高温时或刮大风时施药；药桶里面的药液不要装得太满，以免晃出桶外，致药液溅在人身体上。

（6）施药人员每天工作时间不得超过 6 小时。连续施药 3~5 天后应休息 1 天。打药期间如有头痛、头昏、恶心、呕吐等症状时，应立即停止打药，离开现场，脱去工作服，漱口，用肥皂擦洗手、脸和皮肤等暴露部位。症状轻者可在通风阴凉的地方静卧休息，症状重者应及时送医院治疗。

（7）打药工作全部结束，要及时将喷雾器清洗干净，连同剩余药剂一起集中保管。清洗药械的污水应选择安全地点妥善处理，不能随地泼洒，更不能让其流进饮用水源和养鱼池塘。装过农药的空箱、瓶、袋等物品要集中处理，不能用于装粮食、油、酒、水等食品或饲料。浸种用过的水缸要洗干净后集中保管,不能再用它装饮用水、食物或饲料。

(8)田间渠埂若施过高毒农药,要在田头竖立标志(在木棍上钉一个木牌),在药物有效期内禁止放牧、割草、挖野菜,以防人、畜中毒。

四、农药中毒症状与急救方法

农药中毒者的病情,多属急性发作,往往比较严重,因此,必须及时采取有效的救护措施,常用的方法一是急救处理,二是对症治疗。

(一)急救处理

急救处理是在医生未诊治之前,为了不让毒物继续存留人体内而采取的一项紧急措施。凡是口服中毒者,应尽早进行催吐、洗胃和清肠,使毒物尽快从人体排出。

1. 催吐

先给中毒者喝200~300毫升(4~6两)食盐水,然后用手指压住舌板,用筷子或匙把刺激咽喉引吐。如不见效或患者不配合时,可用1%硫酸铜,每5分钟一匙,连服3次,也可将肥皂水灌进去催吐。但应注意,如果患者处于昏迷状态,则不能用催吐方法,以免毒物进入气管引起其他危险。呕吐出来的东西应该保留,以备检查时用。

2. 洗胃

在催吐完毕后,用橡皮管洗胃,这是减少病人吸收毒物的一项有效措施。其方法是,用一段橡皮管,上端接一支漏斗,另一端抹一点甘油后,插入病人口内40~50厘米(1.2~1.5尺),橡皮管进入胃内,先抽干净胃内秽物,然后把漏斗提到胃的水平面以上,灌入温水洗胃,每次约灌500毫升(1斤)。这样先抽出,后注入……反复进行,直到出液与入液的性状相仿,嗅不到农药味为止。

3. 清肠

如果毒物已进入肠内，则需清洗肠内毒物。清肠一般不用油类作泻药，可用硫酸钠或硫酸镁 30 克加入 200 毫升水中，一次喝下，再多饮水，以达到清肠的目的。但如果是磷化锌中毒，就不能用硫酸镁。

此外，如因吸入农药蒸汽发生中毒，应立即把患者移到空气新鲜而又比较暖和的地方，松开患者衣扣，并避免受凉，同时立即请医生诊治。

（二）对症治疗

在农药中毒以后，如果不知道是什么农药引起的，或虽知道却没有解毒药品，就要果断地采取对症疗法。

1. 呼吸困难

如果患者呼吸微弱，间断或感到困难时，在有条件的地方，应马上进行输氧。也可以采用人工呼吸（但如果是氯化苦中毒，则禁忌人工呼吸）。

进行口对口人工呼吸时，先解开患者的裤带、领扣及胸、腹部衣服，让患者仰卧，施救者一手托起患者下颌，另一只手捏紧患者鼻孔。施救者先深吸一口气，再对准病人的口腔用力吹气。一口气吹完，立即放松患者的鼻孔，或者两手在患者胸廓两侧加压帮助呼吸。施救者这样用力吸气、吹气，如此反复进行，每分钟吹 16 次左右。吹气压力先大后小。

2. 心搏骤停

心搏骤停十分危险，必须尽快抢救。可以先进行心前区叩击，用拳头叩击心前区，力量中等，连续 3~5 次，这时可能会立即出现心跳；也可以用浓茶作为心脏的兴奋剂；必要时，可以考虑注射安息香酸钠、咖啡因等兴奋剂。

3. 休克

休克症状表现为精神呆滞，肢体软弱，四肢冰凉，脸色苍白而带青紫，脉搏快而细，血压降低等。如患者已处于休克状态，应使患

图 46 农药中毒后的对症治疗

者脚高头低,并注意保暖;必要时应采取输血、输氧或进行人工呼吸等抢救措施。

4. 昏迷

如果患者处于昏迷状态,应将患者放平,头部稍向下垂,使患者吸入氧气。也可以用针刺人中、内关、足三里、百会、涌泉等穴位。还应补充水分和营养,用氯酯醒、克脑迷等苏醒剂加 5% 或 10% 葡萄糖水,静脉滴注。

5. 痉挛

如发生痉挛,可用水合氯醛灌肠,或肌肉注射苯巴比妥钠,或让患者吸入乙醚、氯仿等药物。若是缺氧引起的痉挛,可以让患者吸入氧气。

6. 激动和不安

患者出现过度激动情况时，可用水合氯醛灌肠。服用醚缬草根滴剂 15～20 滴，也可以缓和患者的兴奋状态。

7. 疼痛难忍

如病人感到疼痛不已，可以使用镇痛剂，以使患者安适。

8. 肺水肿

患者发生中毒性肺水肿，除立即输氧外，可用较大剂量的肾上腺皮质激素、利尿剂、钙剂、抗菌素和小剂量镇静剂等。

（三）常用农药中毒的急救方法

1. 有机磷类

高毒农药有1605、甲基1605、甲胺磷、甲拌磷（3911）、氧化乐果等。

中等毒性农药有敌敌畏、乐果、乙硫磷、倍硫磷、杀螟松等。

中毒症状分为三类：

（1）轻度：有头晕、头痛、恶心、呕吐、多汗、无力、胃口不好、胸闷、视力模糊等。

（2）中度：除以上症状外，还出现轻度呼吸困难、肌肉跳动、瞳孔缩小、精神恍惚、走路不稳、大汗淋漓、流涎、腹疼、腹泻等。

（3）重度：除上述症状加重外，还会出现昏迷、抽搐、呼吸极度困难、口吐白沫、肺水肿、瞳孔小如针尖、大小便失禁、惊厥或呼吸麻痹等。如不及时抢救，即有生命危险。

急救方法：

（1）立即将患者抬离中毒现场，清除毒物，阻止毒物的继续吸收。如皮肤染毒，立即用微温的肥皂水或2%碱水彻底清洗（不能用热水）。如误服中毒，应尽快催吐和洗胃。

（2）及时服用解毒药物。有机磷解毒剂目前有两类，一类是抗胆碱剂，主要是阿托品；另一类是胆碱酯酶复能剂，主要有解磷定、氯磷定、双复磷等。

(3) 中医中药治疗：用绿豆 1 两，甘草 1 两煮水服；或用曼陀罗 0.5~0.9 克煎汤服用；或用金鸡尾、金银花各 4 两，甘草 2 两煮水服，一次灌服两碗。

(4) 对症治疗：呼吸困难者，要给予输氧，必要时进行人工呼吸；发生脑水肿时，应迅速让患者脱水利尿，同时服用保护脑细胞的药物以及苏醒药物，并给予输液；大量出汗，脱水严重者，要补充盐水，并注意水与电解质平衡。

2. 有机氮类

有机氮杀虫剂在生产上应用较广泛的是杀虫脒等，属于高毒农药。虽禁止，但仍有使用。在使用中，主要是污染皮肤而引起中毒。

中毒症状：

(1) 误服中毒：表现为精神萎靡不振，反应迟钝，四肢无力，肌肉松弛；皮肤发紫，尤以口唇、耳郭、指端明显；呼吸浅而短，药物进入体内 1 小时后，可出现神志不清，血压下降，尿频，尿急，尿痛和血尿等。部分患者多汗，血压偏低，中毒严重者出现昏迷。

(2) 经皮肤接触而引起的中毒，其手、足皮肤接触部位像火烧一样疼痛，随后出现头痛、头晕、嗜睡、乏力、恶心、呕吐、尿频、尿痛、血尿等。

急救方法：

(1) 立即离开现场，去除毒物。皮肤染毒时，用清水或肥皂水彻底清洗。误食引起的中毒，应立即进行催吐、洗胃和清肠。洗胃液一般用 2% 碳酸氢钠或 1∶5 000 倍高锰酸钾溶液。

(2) 服用解毒剂：中毒者出现紫绀，一般病情，可用 5% 葡萄糖注射液 40~60 毫升加维生素 C 1~2 克静脉注射；病情较重的，可用 1% 美蓝，按 1~2 毫克/公斤体重加入 50% 葡萄糖注射液内，进行静脉缓慢注射，成人一般每次静脉注射 40~60 毫克，必要时可以重复。

(3) 输液：在心脏功能良好的情况下，大量输注葡萄糖液，必要时使用利尿剂，以促进毒物的排泄。

（4）对症治疗：对于化学性膀胱炎，应大量输液，并服用小苏打，使尿液碱化；病情较重者，加用激素；血尿明显时，给予安络血、维生素 K 等止血药物；必要时给予抗菌素，预防感染。对意识障碍患者，服用保护脑细胞，促进苏醒的药物，如克脑迷、氯醋醒等。对心肌和肝脏损伤患者，服用保护心肌或护肝的药物。

3. 氨基甲酸酯类

在氨基甲酸酯类农药中，目前常用的有西维因、速灭威、混灭威等，属于中等毒性农药，一般通过皮肤、呼吸道和消化道吸收后引起中毒。

中毒症状：与有机磷农药中毒的症状相似，中毒者一般会头痛、头昏、无力、面色苍白，继之恶心、呕吐、多汗、流涎、瞳孔缩小、视力模糊等，严重者可出现血压降低，意识不清等。

氨基甲酸酯在体内代谢迅速，排泄快，自出现症状至完全恢复不超过 24 小时。

急救方法：

（1）因误食引起的中毒，应立即催吐、洗胃，这是抢救病人生命的关键。洗胃液可选用清水或 4% 碳酸氢钠溶液。由呼吸道或皮肤接触吸收后引起的中毒，应立即将患者转移到空气新鲜的地方，脱去污染的衣服，用肥皂水彻底清洗皮肤。

（2）服用解毒药品：阿托品为较好的解毒剂，用 0.5~1 毫克口服或肌肉注射，但要严格掌握剂量，不要任意加大。

（3）输液：输液可以促进毒物的排泄，但要根据病人的实际情况，防止肺水肿发生。

（4）对症治疗：发生肺水肿时，以阿托品治疗为主，病情严重者，可加用肾上腺皮质激素。呼吸道出现障碍时，应设法使呼吸道畅通，注意维护呼吸功能。

4. 拟除虫菊酯类

拟除虫菊酯类农药都是中等毒性。一般对人、畜比较安全，但如果使用不当或误食，也会引起中毒。

中毒症状：表现为头晕、头痛、恶心、流涎、胸闷、心里发慌、心跳加快、四肢痉挛无力，有时想吐又吐不出来；皮肤沾染药水时，表现为皮肤发红、发辣、发痒、发麻等症状。

急救方法：

(1) 立即将中毒者从污染现场移至温暖而空气新鲜的地方，脱掉工作服，洗净身体染药部分，另换干净衣服。注意不要让患者着凉。

(2) 若误食溴氰菊酯，应立即用食盐水催吐、洗胃，然后口服活性炭，进一步吸收毒液。若吸入溴氰菊酯的毒气，可用半胱氨酸衍生物雾化吸入治疗15分钟。

(3) 对症治疗：若眼睛受到污染，可用大量清水冲洗；皮肤受到污染刺激时，应在阴凉地方，用清水冲洗干净后，涂抹润肤膏。如果中毒严重并伴有神经系统症状者，可肌肉注射异戊巴比妥1支；若病人严重呼吸困难，应立即输氧，并采取措施保障呼吸通畅。

(4) 对有机磷农药和溴氰菊酯混用而引起的中毒患者，应先按有机磷农药中毒处理，可先服用阿托品解毒，在紧急情况下，也可肌肉注射磺甲基吡啶乙醛肟200～400毫克。

5. 氰化物

氰化物属于剧毒类农药，常用的品种有氰化钾、氰化钠、氢氰酸等。

中毒症状：氰化物中毒后十分危险，特别是误食或吸入高浓度氰化物，可立即引起死亡。中毒类型可分为三类。

(1) 严重中毒：吸入高浓度氰化氢，在中毒后1分钟内，没有任何预兆地突然发生昏倒，呼吸困难，出现强直性、阵发性痉挛，2～3分钟内呼吸停止，这种情况难于抢救。

(2) 中等中毒：患者首先感到口内有苦杏仁味和烧灼感，同时伴有头痛、头晕、恶心、呕吐、心跳加速等；随后患者感到胸闷及胸痛，额动脉跳动，呼吸加速，并从呼出的气中可闻到苦杏仁味；头痛、头昏加重，听力、视力均减退，走路不稳，意识模糊等,以至昏倒并发生痉挛。

(3) 慢性中毒:患者头痛、头晕、颜面虚肿,脉搏缓慢,全身无力、多汗,视物不清,胸部和胃部有压迫感,胃灼热,恶心呕吐,食欲减退,体重下降,尿频,甲状腺肿大,口内有苦杏仁味,皮肤血流量增加等。

急救方法:氰化物毒性大,病情发展极快。发生急性中毒后,必须争分夺秒地进行就地抢救。

(1) 尽快清除毒物:如误服中毒,立即用 0.1% ~ 0.2% 的高锰酸钾溶液洗胃;如皮肤污染,应迅速脱去被污染的衣服,先用清水冲洗皮肤,再用大苏打溶液清洗。

(2) 亚硝酸盐-硫代硫酸钠盐疗法:这是目前治疗氰化物中毒最常用而效果又较好的一种方法。先给患者吸入亚硝酸异戊酯1安瓿(0.2毫升),每5分钟1次,每次3分钟,可连续用3~6安瓿;立即再用3%亚硝酸钠溶液10~20毫升静脉注射,速度要慢,每分钟2.5~5毫升;然后再以同样速度静脉注射15%~20%硫代硫酸钠50~100毫升,如病情未见好转,可再重复注射1次。

(3) 对症治疗:氰化物中毒主要是由组织内缺氧引起的,因此,应及时给予输氧。为有利于毒物及时排泄和预防脑水肿,可静脉注射高渗葡萄糖溶液并加入适量胰岛素;呼吸麻痹者,可进行膈神经针刺或按摩。

6. 有机硫类

目前常用的有机硫农药,有中等毒性和低毒性两类。属于中等毒性的农药有:代森铵、代森环、敌锈钠、敌克松等。中毒时,先使神经系统产生兴奋,然后转入抑制,严重的可导致呼吸及循环衰竭,对肝、肾也有一定的损害作用。

中毒症状:

(1) 急性中毒:误食中毒者,如剂量较大,可发生神经系统症状,轻者如头痛头晕;严重者可出现心率及呼吸加快,血压下降,循环衰竭,直至中枢神经麻痹而死亡。经消化道吸收引起的中毒者,可有恶心、呕吐、腹痛、腹泻等症状。经皮肤吸收引起的中毒者，接触部位的皮肤可发生类似湿疹的接触性皮炎；鼻、咽喉、眼结膜等有明显的刺激症状。

（2）慢性中毒：接触者的皮肤瘙痒、潮红及长斑丘疹，少数患者还有水疱、糜烂等炎症，还会有慢性咽炎、眼结膜炎、慢性鼻炎等。

急救方法：

（1）误服中毒者，应立即进行催吐，并立即用温水或1∶5 000倍高锰酸钾溶液洗胃，再用50%硫酸镁40毫升清肠。

（2）输液可以防止循环衰竭，并加快排毒。可用5%葡萄糖2 000～3 000毫升加维生素C 500毫克静脉点滴。并注意体内水电解质的平衡。

（3）对于经皮肤或黏膜中毒者，应立即用大量温水冲洗，并换去被污染的衣服。发生皮炎时，可用5%硫代硫酸钠水溶液湿敷。

7. 有机胂类

有机胂农药属杀菌剂，目前使用的有稻脚青、福美胂、稻宁、苏化911，毒性中等或偏低。

中毒症状：

（1）急性中毒：误食后由消化道吸收引起急性中毒，刚开始自觉上腹部不适，随后恶心呕吐，接着发生腹痛、腹泻、稀脓样大便，同时出现口渴、肌肉抽搐等。严重时，可因呕吐、腹泻和脱水而出现休克，同时可发生中毒性心肌病、肝病等。

（2）慢性中毒：患者早期表现为虚弱、疲乏、食欲不振、恶心、呕吐、腹泻等，随着病情发展，可出现结膜、咽喉、鼻腔相继充血，不断打喷嚏、流泪、咳嗽、声嘶、流口水等，体内肝脏肿大、肝功能异常等。

急救方法：

（1）对误食急性中毒者，应及时催吐，用温水、生理盐水或1%碳酸氢钠溶液洗胃，然后给患者口服活性炭30克及氧化镁20～40克；或现配制氢氧化铁解毒剂，每10分钟喝10毫升，直至呕吐为止。

图 47 有机胂类误食后由消化道吸收引起急性中毒

(2) 对经皮肤吸收的中毒患者,应立即离开现场,脱去被污染的衣服,同时用氢氧化铁溶液清洗擦拭皮肤;如皮肤受到损害,可用 2.5% 二巯基丙醇油膏涂抹局部患处。

(3) 对症治疗:对脱水患者,可使用 5% 葡萄糖溶液或生理盐水 1 000~15 000 毫升静脉滴注,一直滴到排尿、血压正常及呕吐停止为止。对休克或肾功能衰竭患者,可服用保护心肌和肝脏的药物。对于多发性神经炎患者,可用维生素 B_1、维生素 B_6、维生素 B_{12}、地巴唑等治疗,如配合理疗,恢复较快。

8. 铜制剂

常用的铜制剂农药有硫酸铜、波尔多液等，属于中等毒性和低毒性农药。

中毒症状：

（1）接触性中毒：长期接触硫酸铜对局部皮肤可引起接触性皮炎或湿疹，引起皮肤坏死和溃烂；药剂溅入眼内，可引起浮肿，角膜溃疡及浑浊等。

（2）误服后中毒：患者出现头痛、头晕、全身无力，口腔黏膜呈蓝色，口内有金属味，流涎、恶心、呕吐（吐出的东西呈绿色），口腔、食道和胃部像火烧一样，牙齿，牙根和舌头都发青，随后出现腹泻，并伴有剧烈腹绞痛、呕血和黑便。

急救方法：

（1）误服中毒应立即用清水洗胃，或用 0.1% 黄血盐 500 毫升，每隔 15 分钟灌 1~3 汤匙，使毒物变成低毒不溶性沉淀物。

（2）口服氧化镁或骨炭（一杯水中加 1 汤匙）吸附，也可口服大量鸡蛋清，以保护胃黏膜。如无腹泻，可服用食盐水，排除肠内积存的铜制剂农药。

（3）对症治疗：剧烈腹痛时，可用热水袋热敷，皮下注射吗啡 10 毫克止痛；皮肤感染中毒者，局部用 0.5%~1% 依地酸钙溶液冲洗；其他症状亦采取对症治疗。

9. 磷化锌

磷化锌是常用杀鼠剂，属于高毒农药，它通过呼吸道或消化道进入体内后，遇水或在胃酸的作用下，放出磷化氢气体，对人产生毒害。

中毒症状：

磷化锌中毒后有一段时间的潜伏期，最短 1 天，最长要 3 天以后才出现症状。

（1）轻度中毒：表现为头痛、头晕、恶心、呕吐、食欲不振、全身虚弱无力、腹痛、腹泻、口渴、鼻咽发干、胸闷、咳嗽、心动徐缓等。

(2) 中度中毒：除上述症状外，还有呼吸困难、轻度心肌损害、肝脏损害和意识障碍等症状。

(3) 严重中毒：除上述症状外，还会出现昏迷、惊厥、肺水肿、呼吸衰竭、心肌明显损害等。

急救方法：

(1) 误服中毒者，应及时进行催吐、洗胃和清肠。催吐剂可选用1%硫酸铜溶液，每5～10分钟饮1茶匙，直到呕吐为止。呕吐后，再用1：5 000倍高锰酸钾溶液洗胃。洗胃完毕，服用硫酸钠20～30克清肠。但不能用硫酸镁清肠。

(2) 对症治疗：肝脏损害患者可服用大量维生素C、高渗葡萄糖、肌苷等保肝药物；心肌损害患者，可用三磷酸腺苷40毫克，每日2次，肌肉注射；对传导阻滞患者，可服用阿托品0.5～1毫克，皮下注射，必要时隔2小时后重复注射；防治肺水肿可注射肾上腺皮质激素、葡萄糖酸钙等。

(3) 注意纠正酸碱平衡失调和电解质紊乱，禁食油类、鸡蛋、牛奶、脂肪等，以免吸收磷化锌。

10. 敌鼠

敌鼠属于高毒农药，人误食后一般到第3天开始出现症状；但食入过多，也可以在数小时内出现症状。

中毒症状：

(1) 轻度中毒表现为恶心、呕吐、头昏、心慌、精神不振、全身无力等。

(2) 重度中毒出现症状早，除有上述症状外，患者还出现意识不清，陷入昏迷状态，甚至发生休克，同时伴有全身广泛性出血：鼻衄，齿龈出血，口腔黏膜出血，咳吐血痰或大口咯血，脑及蛛网膜下腔出血，尿血、便血，妇女还会出现子宫、阴道出血等。

急救措施：

(1) 误食者应立即催吐、洗胃、清肠。洗胃液可用1：5 000倍高锰酸钾溶液或生理盐水。洗胃后再用硫酸镁或硫酸钠等盐类作为泻药导泻，尽量减少毒物的吸收。

(2) 注射维生素 K_1,这是治疗敌鼠农药中毒的良好药剂。静脉注射或肌肉注射维生素 K_1 10 毫克,轻症患者每天 1 次,重症患者每天 2~3 次。等到出血现象消失,凝血酶原时间恢复正常后停止用药。

(3) 给予足量的维生素 C,必要时要给患者输血和使用激素治疗。运用激素治疗时,轻度中毒患者,口服强的松即可。对严重的广泛出血者,可用氢化可的松 100~300 毫克加入 10% 葡萄糖液内静脉注射;或用地塞米松 20~40 毫克,加入葡萄糖液内静脉注射。对于其他症状,也可以采取对症处理。

附录 1

农药企业名录

企业名称	通讯地址	邮政编码	电话	主要产品
德国拜耳作物科学公司	北京市朝阳区呼家楼京广中心34F	100020	010-65971810	10%高特克乳油, 6.9%骠马浓乳剂, 35%赛丹乳油, 32.8%保棉丹乳油, 6.9%威霸浓乳剂, 50%脱落宝可湿性粉剂, 2.5%敌杀死乳油, 20%康揣多浓可溶剂, 2%灭扫螺饵剂, 5%劲特悬浮剂, 5.7%百树得乳油, 25%百里通可湿性粉剂, 40%克温散乳油, 37.3%拉维因悬浮剂, 75%拉维因可湿性粉剂
德国巴斯夫公司 (BASF AG)	北京市朝阳区机场路丽都饭店商业楼706室	100004	010-64376710 010-64376774	50%快杀稗可湿性粉剂, 25%快杀稗悬浮剂, 48%排草丹液剂, 21.4%杂草焭水溶液

续表

企业名称	通讯地址	邮政编码	电话	主要产品
美国杜邦公司 (E. I. Du Pont de Nemours and Company)	北京市建国门外大街1号国贸大厦2座11层110室	100004	010-65058000-3073	10%新得力可湿性粉剂，90%万灵可溶性粉剂，25%农家益可湿性粉剂，72%克露可湿性粉剂，10%农得时可湿性粉剂，24%万灵水溶性液剂，75%巨星干悬浮剂，75%巨星可湿性粉剂
美国孟山都公司 (Monsanto Company)	北京市朝阳区工体北路甲2号盈科大厦A座916室	100027	010-65391515-5017	48%拉索乳油，41%农达水剂，90%禾耐乳油，74.7%农民乐可溶性粒剂
美国富美实公司 (FMC Corporation)	北京市建国门外大街19号国际大厦604室	100004	010-65002255-3640 010-65002251	3%呋喃丹颗粒剂，20%好年冬乳油，10%安绿宝乳油，35%呋喃丹种子处理剂，10%天王星乳油，2.5%天王星乳油
美国陶氏益农公司 (DowElanco Company)	北京市东长安街1号东方广场经贸城西3号办公楼	100738	010-85185599	10.8%高效盖草能乳油，52.25%农地乐乳油，40.7%乐斯本乳油，20%使它隆乳油，20%比艳可湿性粉剂，24%米满悬浮剂，2.5%来喜悬浮剂，80%大生可湿性粉剂，24%果尔乳油
美国有利来化学工业公司	北京市朝阳区东三环北路8号亮马大厦708号	100004	010-65006068 010-65023341	57%克螨特乳油，40%卫福悬浮剂，25%敌灭灵可湿性粉剂，73%克螨特乳油

续表

企业名称	通讯地址	邮政编码	电话	主要产品
日本曹达株式会社（Nippon soda Co. Ltd.）	北京市朝阳区建国门内大街18号恒基中心办公楼二座	100004	010-65053411	5%尼索朗乳油，50%甲基托布津悬浮剂，20%拿捕净乳油，12.5%拿捕净机油乳油，70%甲基托布津可湿性粉剂
日本农药株式会社（Nihon Nohyaku Co.Ltd.）	北京市建国门外大街1号国贸大厦19层	100004	010-65053030	20%望佳多可湿性粉剂，25%优乐得可湿性粉剂，40%富士一号乳油，40%富士一号可湿性粉剂
日本日产化学工业株式会社（Nissan Chemical Industries）	北京市建国门外大街1号国贸大厦19层	100004	010-65053030	10%禾草克乳油，10%草克星可湿性粉剂，5%精禾草克乳油
日本三菱化学株式会社（Mitsubishi Chemical Corporation）	北京市建国门外大街长富宫办公楼	100022	010-65130 6956	10%必螨立克可湿性粉剂，10%马扑立克乳油，3%大扶农颗粒剂，35%大扶农种子处理剂，50%巴沙乳油

续表

企业名称	通讯地址	邮政编码	电话	主要产品
安徽省合肥农药厂	安徽省合肥市淮溪路254号	230041	0551-5617445	40%久·敌乳油，25%辛·甲氰乳油，25%乙·苯甲可湿性粉剂，50%硫磺悬浮剂
安徽华星化工有限公司（原安徽和县农药厂）	安徽省和县乌江镇	238251	0565-5391978	18%杀虫双水剂，18%杀虫螨滴剂，40%久·敌乳油，灭多威原药，20%灭多威乳油，杀虫单原药，28%乙·嚓可湿性粉剂，40%敌·丙磷乳油
安徽省桐城市高新农业科技有限公司	安徽桐城市新安渡	231470	0556-6810477	19%乙·甲可湿性粉剂，18%乙·苯·甲可湿性粉剂
北京华戎生物激素厂	北京市安定门外黄寺大街3号	100011	010-64212829	25.9%络氨铜·锌水剂，45%腐霉利烟剂，20%菊·杀乳油，15%腐霉利烟剂，4.5%高效顺反氯氰菊酯乳油
福建省福安市农药厂	福建省福安市溪口	355000	0591-6632309	3%呋喃丹颗粒剂，20%三唑磷乳油，17.5%增效水胺硫磷乳油，2.5%甲羧异柳磷颗粒剂，20%异丙威乳油，40%甲基异柳磷乳油

续表

企业名称	通讯地址	邮政编码	电话	主要产品
北京市怀柔植物激素厂	北京市怀柔工业小区	101407	010-69623632	40％甲霜铜可湿性粉剂，5％丁草胺颗粒剂，35％辛·丹乳油，25％辛·氯氰乳油，30％固体石硫合剂
福建省福州农药厂	福州市福新路尾	350011	0591-7661869	杀虫单原药，18％杀虫双水剂，80％敌畏乳油，20％异丙威乳油
甘肃省兰州农药厂	兰州市西固区福利东路3号	730060	0931-8655413	40％野麦畏乳油
广东省广州农药厂	广州市工业大道南821号	510280	020-87446405	35％丁·滴乳油，20％、40％乐·氰乳油，50％乙草胺乳油，5％、10％氯氰菊酯乳油，3％克百威颗粒剂，5％丁草胺颗粒剂，50％甲胺磷乳油，80％敌敌畏乳油，40％乐果乳油，2.5％鱼藤酮乳油，60％丁草胺乳油

续表

企业名称	通讯地址	邮政编码	电话	主要产品
广东省广州市天河区东陂化工厂	广州市东圃东陂广氮路口	510660	020-87277582	5%、10%氯氰菊酯乳油,30%辛·氯乳油,20%增效氯·马乳油,27%杀·氯乳油,4.5%高效顺反氯氰菊酯乳油,10%草甘膦铵盐水剂
广东省化州市第一农药厂	广东省化州市河东桔城26号	525100	0668-7222799	40%辛·氯乳油,40%乐·氯乳油,30%辛·甲·高氯乳油,30%辛·胺·高氯乳油
广东省江门市农药厂	广东省江门市立会路69号	529000	0750-3532825	15%乐·氧乳油,45%硫三环唑悬浮剂,20%灭多威乳油,50%硫·三唑铜悬浮剂35%甲氧·甲基对硫磷乳油,敌百虫原粉,40%氧乐果乳油,40%多菌灵悬浮剂,10%氯氰菊酯乳油,20%异丙威乳油,40%乙酰甲胺磷乳油
广西平南县安泰化工实业公司	广西壮族自治区平南县城区	537300	0775-7828300	10%敌敌畏·氯氧乳油

续表

企业名称	通讯地址	邮政编码	电话	主要产品
中国农业大学涿州种衣剂实验厂	河北省涿州市农大教学实验场	072750	0312-3636797	20%呋·福种衣剂
河北省辛集市化工三厂	河北省辛集市辛和公路东段	052360	0311-3221695	35%碱式硫酸铜悬浮剂,50%辛·氰乳油,40%多硫悬浮剂,30%代森锰悬浮剂,50%、70%代森锰锌可湿性粉剂,30%百菌清烟剂
湖南省东永农药厂	湖南省浏阳市永安镇	410323	0731-3600520	20%三环异稻可湿性粉剂,50%硫·福·甲可湿性粉剂,25%噻·异·异丙·甲可湿性粉剂,14%乙·苄可湿性粉剂,22%苄·二氯可湿性粉剂,25%增效·氰乳油,50%多·硫可湿性粉剂,34%柴油·呋螨灵乳油
江苏省常州农药厂	江苏省常州市新区龙虎塘	213031	0519-5481235	25%唑蚜威乳油,80%、90%丰啶醇乳油,25%噻嗪酮可湿性粉剂,10%绿黄隆可湿性粉剂,10%甲黄隆可湿性粉剂,18%乙·苄·甲可湿性粉剂,20%灭多威乳油,10%吡虫啉可湿性粉剂,50%混灭威乳油,20%异丙威乳油,20%速灭威乳油,20%氰戊菊酯乳油

续表

企业名称	通讯地址	邮政编码	电话	主要产品
江苏省大丰市农药厂	江苏省大丰市西团镇城乡北路1号	224124	0515-3692011 3692108	40%久·敌乳油,25%乐·氰乳油,30灭·马乳油
江苏省南京第一农药厂	南京市高淳县宝塔路269号 南京市江苏商厦15楼(总部)	211300	025-7886868 3315888-3218	20%三唑酮乳油,50%辛·氧化油,10%氯氰菊酯乳油,26%氟氯氰·辛乳油,2.5%功夫乳油,4.5%高效顺反氯氰菊酯乳油,2.5%溴氰菊酯乳油,20%甲氰菊酯乳油,40%辛硫磷乳油,10%吡虫啉可湿性粉剂
江苏省通州正大农药厂	江苏省通州市金沙镇北路10号	226300	0513-6513992 0513-6542868	20%多·井·唑可湿性粉剂,46%多菌灵·三唑酮可湿性粉剂,22%增效多菌灵可湿性粉剂
江苏省丰山集团有限公司	江苏省大丰市草庙镇	224134	0515-3372129 0515-3372088	25%辛·氰乳油,3%甲拌磷颗粒剂,30%噻酮可湿性粉剂,40%甲·久乳油,48%氟乐灵乳油,25%硫·氰乳油,40%辛硫磷乳油

续表

企业名称	通讯地址	邮政编码	电话	主要产品
江苏省扬州农药厂	江苏省扬州市文峰路39号	225001	0514-6232243	4.5%高效顺反氯菊酯乳油，10%氯氰菊酯乳油，10%苯磺隆可湿性粉剂，20%哒螨灵可湿性粉剂，10%吡嘧黄隆可湿性粉剂，20%三氯杀螨醇乳油，20%甲醚菊酯乳油
辽宁省旅顺农药厂	辽宁省大连市旅顺口区五一路422号	116041	0411-6613875 0411-6233101	20%菊-马乳油，13%农思它乳油，36%乙·恶乳油，40%乐果乳油，20%三氯杀螨醇乳油，20%灭扫利乳油
山东省青岛农药厂	山东省青岛市杭州支路1号	266021	0532-6643788	15%哒螨灵乳油，20%灭多威乳油，25%甲哌翁水剂，40%丙溴磷乳油

续表

企业名称	通讯地址	邮政编码	电话	主要产品
河北省冀州市农药厂	河北省冀州市飞机场	053200	0317-8691387	80%敌敌畏乳油,20%三唑磷乳油,4.5%高效顺反氯氰菊酯乳油,10%氯氰菊酯乳油,33%辛硫乳油,35%硫丹乳油,40%甲·丙磷乳油,50%辛·对·溴氰乳油
上海中西药业股份有限公司	上海市交通路1515号	200061	021-66638200	10%氟氯氰菊酯乳油,20%克螨氯菊酯乳油,20%甲氰菊酯乳油,10%溴氰菊酯乳油,15%唑蚜威乳油,5%氯氰菊酯乳油,10%氯氰菊酯乳油,乳油,5%高效顺式氯氰菊酯乳油,20%氧氰皮菊酯乳油,40%辛硫磷乳油
亚太农用化学(集团)公司上海农药厂	上海市浦东江心沙路9号	200137	021-65481045	15%达螨灵乳油,50%敌噻乳油,25%,50%二氯噻儿咪酸可湿性粉剂,30%莎禅磷乳油,50%甲胺磷乳油,敌百虫原粉,40%,50%异稻瘟净乳油,20%氰戊菊酯乳油,25%喹硫磷乳油,30%乙酰甲胺磷乳油

续表

企业名称	通讯地址	邮政编码	电话	主要产品
四川省化工研究所仁寿农药厂	四川省仁寿县城南沙子湾	612560	028-85551620	18%高渗氧乐果乳油
天津农药股份有限公司	天津市北辰区北仓车站东	300400	022-8590616	4.5%高效顺反氯氰菊酯乳油,25%高渗对硫磷乳油,40%甲基辛硫磷乳油,85%甲黄隆钠盐,5%高效顺反氯氰菊酯乳油,20%、40%丙溴磷乳油,80%敌敌畏乳油,40%辛硫磷乳油
天津市人民农药厂	天津市北郊区引河桥	300400	022-8590459	20%双甲脒乳油,70%代森锰锌可湿性粉剂,25%单甲脒盐酸盐水剂,40%氧乐果乳油,50%、80%代森锌可湿性粉剂,40%代森铵水剂,20%三氯杀螨醇乳油,90%三乙磷酸铝可溶性粉剂

续表

企业名称	通讯地址	邮政编码	电话	主要产品
浙江省杭州农药总厂	浙江省杭州市机场路177号	310021	0571-6543101	20%四螨嗪悬浮剂，3%克百威颗粒剂，50%乙草胺乳油，5%丁草胺颗粒剂，敌百虫原粉，40%氧乐果乳油，20%氰戊菊酯乳油，50%、60%丁草胺乳油
浙江乐吉化工厂	浙江省乐清市虹桥镇南阳	325608	0577-2355148	40%丁·苯·甲黄隆颗粒剂，5.3%丁·西颗粒剂，15%苯·乙·甲可湿性粉剂，36%丁·苯可湿性粉剂，25%丁·苯·甲可湿性粉剂
浙江省仙居农药厂	浙江省仙居县城北西路17号	317300	0576-7773780	20%、80%三唑磷乳油，20%乙·苯·甲颗粒剂
湖北仙隆化工股份有限公司	湖北省仙桃市沿江大道36号	433000	0728-3222226	20%虫胺磷乳油，17.5%增效水胺硫磷乳油，40%甲基增效磷乳油，20%西胺硫磷乳油，20%甲基异柳磷乳油，20%、40%水胺硫磷乳油

续表

企业名称	通讯地址	邮政编码	电话	主要产品
湖北沙隆达股份有限公司	湖北省荆州市北京东路1号	434001	0716-8311013 8314802	20%三唑酮乳油,12.5%烯唑醇可湿性粉剂,15%哒螨灵乳油,20%哒螨灵可湿性粉剂,40%毒死蜱乳油,41%草甘膦异丙胺盐水剂,80%50%二氯喹啉酸可湿性粉剂,敌百虫原粉,敌敌畏乳油,10%草甘膦铵盐水剂,40%甲基异柳磷乳油,30%乙酰甲胺磷乳油
湖北沙隆达股份有限公司江陵农药厂	湖北省荆州市荆州区西环路10号	434100	0716-8465932	20%三环唑可湿性粉剂,20%灭多威乳油,3%克百威颗粒剂,3%甲基异柳磷颗粒剂,5%甲拌磷颗粒剂,25%多菌灵可湿性粉剂,20%稻脚青可湿性粉剂,25%仲丁威可湿性粉剂,20%异威乳油
湖北沙隆达股份有限公司蕲春农药总厂	湖北省蕲春县蕲州镇南门街23号	436315	7504764	3.6%杀虫双大颗粒剂,20%三唑酮乳油,15%三唑酮可湿性粉剂,50%抗蚜威可湿性粉剂

续表

企业名称	通讯地址	邮政编码	电话	主要产品
武汉农药实业公司	武汉市汉阳区赫山新村38号	430051	010-84633716 010-84637656	三氯杀虫酯原粉,20%异丙威乳油,4.5%高效顺反氯氰菊酯乳油,30%克瘟散乳油,15%精稳杀得乳油
湖北省武汉市汉南同心化工总厂	武汉市汉南区汉南大道464号	430090	010-84851472	敌百虫原粉,80%敌敌畏乳油,20%三氯杀螨醇乳油,72% 2,4-滴丁酯乳油,25%除草醚可湿性粉剂,50%敌敌畏乳油
湖北省襄阳农药厂	湖北省襄州区高新区团山	441047	0710-3225447	40%氧乐果乳油,20%三氯杀螨醇乳油,50%敌敌畏乳油
湖北宜昌金达生化农药厂	湖北省宜昌市夷陵区小溪塔	443100	0717-7821835	2000IU/微升苏云金杆菌悬浮剂,95%机油乳油,8%喹·甲氰乳油,30%辛·久乳油

续表

企业名称	通讯地址	邮政编码	电话	主要产品
湖北省云梦县农药厂	湖北省云梦县城关建设路60号	432500	0712-4322254 0712-4322179	15%三唑酮可湿性粉剂,20%甲氰菊酯乳油,5%氯氰菊酯乳油,4.5%高效顺反氯氰菊酯乳油,18%丹氯乳油,25%多菌灵可湿性粉剂,20%异丙威乳油
湖北省枣阳市飞先农化公司	湖北省枣阳市襄阳路106号	441200	0710-6240151 0710-6223368	25%甲哌翁水剂,20%三唑酮·硫可湿性粉剂,40%多·硫悬浮剂,20%灭多威乳油,50%乙·西可湿性粉剂,20%三唑磷·氯氰菊酯乳油,20%甲氰菊酯乳油
湖北省钟祥市第二化工农药厂	湖北省钟祥市中心镇十字街北	431903	0724-4225680	4.5%高效顺反氯氰菊酯乳油,40%水胺硫磷乳油
湖北省钟祥市祥隆化工有限公司	湖北省钟祥市郢中镇河街15号	431900	0724-4421433	25%噻嗪酮可湿性粉剂,50%五氯·多可湿性粉剂,34%柴油哒螨灵乳油

附录 2

农药安全使用规定

施用化学农药,防治病、虫、草、鼠害,是夺取农业丰收的重要措施。如果施用不当,亦会污染环境和农畜产品,造成人、畜中毒或死亡。为了保证安全生产,特作如下规定:

一、农药分类

根据目前农业生产上常用农药(原药)的毒性综合评价(急性口服、经皮毒性、慢性毒性等),分为高毒、中等毒、低毒三类。

1. 高毒农药:有3911、苏化203、杀螟威、异丙磷、三硫磷、氧化乐果、磷化锌、磷化铝、氰化物、呋喃丹、氟乙酰胺、砒霜、西力生、赛力散、溃疡净、氯化苦、五氯酚、三溴氯丙烷、401等。

2. 中等毒农药:有杀螟松、乐果、稻丰散、乙硫磷、亚胺硫磷、皮蝇磷、毒杀芬、西维因、害扑威、叶蝉散、速灭威、混灭威、抗蚜威、倍硫磷、敌敌畏、拟除虫菊酯类、克瘟散、稻瘟净、敌克松、402、福美砷、稻脚青、退菌特、代森铵、代森环、2,4—滴丁酯、燕麦敌、毒草胺等。

3. 低毒农药:有敌百虫、马拉松、乙酰甲胺磷、辛硫磷、三氯杀螨醇、多菌灵、托布津、克菌丹、代森锌、福美双、萎锈灵、异稻瘟净、乙磷铝、百菌清、除草醚、敌稗、阿特拉津、去草胺、拉索、杀草丹、二甲四氯、绿麦隆、敌草隆、氟乐灵、苯达松、茅草枯、草甘膦等。

高毒农药只要接触极少量就会引起中毒或死亡。中、低毒农药虽较高毒农药毒性为低,但接触多,抢救不及时也会造成死亡。因此,使用农药必须注意经济和安全。

二、农药使用范围

凡已定出"农药安全使用标准"的品种,均按照"标准"的要求执行。尚未制定"标准"的品种,执行下列规定:

1. 高毒农药:不准用于蔬菜、茶、果树、中药材等作物,不准用于防治卫生害虫与人畜皮肤病。除杀鼠剂外,也不准用于毒鼠。氟乙酰胺禁止在农作物上使用,不准做杀鼠剂。"3911"乳油只准用于拌种,严禁喷雾使用;呋喃丹颗粒剂只准用于拌种,用工具沟施或戴手套撒毒土,不准浸水后喷雾。

2. 高残留农药:六六六、滴滴涕、乙六粉,禁止生产和使用,库存的农药应集中销毁处理。

3. 杀虫脒:现已禁止生产和使用。

4. 禁止用农药毒鱼、虾、青蛙和有益的鸟兽。

三、农药的购买、运输和保管

1. 农药由使用单位指定专人凭证购买。买农药时必须注意农药的包装,防止破漏。注意农药的品名、有效成分含量、出厂日期、使用说明等,鉴别不清和质量失效的农药不准使用。

2. 运输农药时,应先检查包装是否完整,发现有渗漏、破裂的,应用规定的材料重新包装后运输,并及时妥善处理被污染的地面、运输工具和包装材料。搬运农药时要轻拿轻放。

3. 农药不得与粮食、蔬菜、瓜果、食品、日用品等混载、混放。

4. 农药应集中在村、组,或作业组,或专业队,设专用库、专用柜和专人保管,不能分户保存。门窗要牢固,通风条件要好,门、柜要加锁。

5. 农药进出仓库应建立登记手续,不准随意存取。

四、农药使用中的注意事项

1. 配药时,配药人员要戴胶皮手套,必须用量具按照规定的剂量称取药液或药粉,不得任意增加用量。严禁用手拌药。

2. 拌种要用工具搅拌,用多少,拌多少,拌过药的种子应尽量用机具播种,如手撒或点种时,必须戴防护手套,以防皮肤吸入中毒。剩余的毒种应销毁,不准用做口粮或饲料。

3. 配药和拌种应选择远离饮用水源、居民点的安全地方,要用专人看管,严防农药、毒种丢失或被人、畜、家禽误食。

4. 使用手动喷雾器喷药时应隔行喷。手动和机动药械均不能左右两边同时喷。大风和中午高温时应停止喷药。药桶内药液不能装得过满,以免晃出桶外,污染施药人员身体。

5. 喷药前应仔细检查药械的开关、接头、喷头等处螺丝是否拧紧,药桶有无渗漏,以免漏药污染。喷药过程中如发生堵塞,应先用清水冲洗后再排除故障。绝对禁止用嘴吹吸喷头和滤网。

6. 施用过高毒农药的地方要竖立标志,在一定时间内禁止放牧、割草、挖野菜,以防人、畜中毒。

7. 用药工作结束后,要及时将喷雾器清洗干净,连同剩余药剂一起交回仓库保管,不得带回家去。清洗药械的污水应选择安全地点妥善处理,不准随地泼洒,防止污染饮用水源和养鱼池塘。盛过农药的包装物品,不准用于盛粮食、油、酒、水等食品和饲料。装过农药的空箱、瓶、袋等要集中处理。浸种用过的水缸要洗净集中保管。

五、施药人员的选择和个人防护

1. 施药人员由生产队选拔工作认真负责、身体健康的青壮年担任,并应经过一定的技术培训。

2. 凡体弱多病者,患皮肤病和农药中毒及因其他疾病尚未恢复健康者,哺乳期、孕期、经期的妇女及皮肤损伤未愈者不得喷药或暂停喷药。喷药时不准带小孩到作业地点。

3. 施药人员在打药期间不得饮酒。

4. 施药人员在打药时必须戴防毒口罩，穿长袖上衣、长裤和鞋袜。在操作时，禁止吸烟、喝水、吃东西，不能用手擦嘴、脸和眼睛，绝对不准互相喷射嬉闹。每日工作后喝水、抽烟、吃东西之前要用肥皂彻底清洗手、脸和漱口，有条件的应洗澡。被农药污染的工作服要及时换洗。

5. 施药人员每天喷药时间一般不得超过6小时。使用背负式机动药械，要两人轮换操作，连续施药3~5天后应休息1天。

6. 操作人员如有头痛、头昏、恶心、呕吐等症状时，应立即离开施药现场，脱去被污染的衣服，并漱口，擦洗手、脸和皮肤等暴露部位，及时送医院治疗。

附录 3

农药合理使用准则

表 1

杀虫剂/杀螨剂

农药			适用作物	主要防治对象	施用量(制剂)克、次或稀释倍数(有效成分浓度,毫克/升)	施药方法	每季作物使用最多次数	最后一次施药距收获的天数(安全间隔期)	实施要点说明	最高残留限量(MRL)参考值(毫克/公斤)
通用名	商品名	剂型及含量								
齐墩螨素 Abamectin	害极灭 Agrimec (爱福丁)	1.8%乳油	棉花	红蜘蛛	30~40毫升	喷雾	2	21		棉籽 0.01
			叶菜	小菜蛾	33~50毫升		1	7		0.05
			棉花	蚜虫	220~500克	沟施或随种撒施			播种时施	棉籽 0.1
涕灭威 Aldicarb	铁灭克 Temik	15%颗粒剂	花生	根结线虫	1 100~1 300克		1		播种时施入避免在多雨沙性土壤和地下水位高的地区使用	花生仁 0.05

续表

| 农药 | | 剂型及含量 | 适用作物 | 主要防治对象 | 施用量(制剂)(毫升/亩·次)或稀释倍数(有效成分浓度,克/升) | 施药方法 | 每季作物最多使用次数 | 最后一次施药距收获的天数(安全间隔期) | 实施要点说明 | 最高残留限量(MRL,毫克/公斤)参考值 |
通用名	商品名								
高效安绿宝 Bestox		5%乳油	棉花	棉蚜、棉铃虫、红铃虫	15~45毫升		3	14	防棉铃虫、红铃虫时用高剂量	棉籽 0.2
			茶叶	茶尺蠖、叶蝉	4 000~6 000倍液(8.3~12.5毫克/升)		1	7		20
顺式氯氰菊酯 Alpha-cyper-methrin	快杀敌 Fastac	10%乳油	柑橘	潜叶蛾、红蜡蚧	10 000~20 000倍液(5~10毫克/升)	喷雾	3	7		2
			棉花	棉蚜、棉铃虫、红铃虫	5~10毫升		3	7		棉籽 0.2
			黄瓜	蚜虫	5~10毫升		2	3		0.2
			叶菜	菜青虫、小菜蛾、菜蚜	5~10毫升		3	3		1
双甲脒 Amitraz	螨克 Mitac	20%乳油	苹果	红蜘蛛	1 000~1 500倍液(133~200毫克/升)	喷雾	3	20		0.5
			柑橘	螨类、介壳虫	1 000~1 500倍液(133~200毫克/升)		春梢3次夏梢2次	21		0.5
			棉花	红蜘蛛	20~40毫升		2	7		棉籽 0.5

续表

农药			适用作物	主要防治对象	施用量(制剂),克(毫升)/亩·次 或稀释倍数(有效成分浓度,毫克/升)	施药方法	每季作物最多使用次数	最后一次施药距收获的天数(安全间隔期)	实施要点说明	最高残留限量(MRL)参考值(毫克/公斤)
通用名	商品名	剂型及含量								
三唑锡 Azocyclotin	倍乐霸 Peropal	25%可湿性粉剂	苹果	红蜘蛛	1 000～1 300 倍液 (192～250 毫克/升)	喷雾	3	14		
	三唑锡	20%悬浮剂	柑橘	红蜘蛛	1 500～2 000 倍液 (125～166.7 毫克/升)		2	30		2
			棉花	棉蚜	2 000～2 500 克	沟施	1		播种时沟施	棉籽 0.1
丙硫克百威 Benfuracarb	安克力 Oncol	5%颗粒剂	水稻	螟虫	2 000～2 500 克	撒施	1	60	考虑到鱼毒和用药成本问题,一般只在秧田施1次,且注意安全	0.2

附录3 农药合理使用准则

续表

通用名	农药商品名	剂型及含量	适用作物	主要防治对象	施用量(制剂)/亩·次或稀释倍数(有效成分浓度,毫克/升)	施药方法	每季作物最多使用次数	最后一次施药距收获安全间隔期天数	实施要点说明	最高残留限量(MRL)参考值(毫克/公斤)
苯螨特 Benzoximate	西斗星 Citrastar	10%乳油	柑橘	红蜘蛛	1 500~2 000倍液 (50~66.7毫克/升)	喷雾	2	21		全果 5
			苹果	桃小食心虫、叶螨	3 000~5 000倍液 (20~33毫克/升)		3	10		1
			棉花	棉铃虫、红蜘蛛	30~40毫升		3	14		棉籽 0.5
联苯菊酯 Biphenthrin	天王星 Talstar	10%乳油	茶叶	尺蠖、茶毛虫、茶小绿叶蝉、黑刺粉虱、象甲	4 000~6 000倍液 (16.7~25毫克/升)	喷雾	1	7		5
			番茄(大棚)	白粉虱、螨类	5~10毫升		3	4		0.5
仲丁威 BPMC	巴沙 Bassa	50%乳油	水稻	稻飞虱、稻叶蝉、三化螟	80~120毫升	喷雾	4	21		糙米 0.3

续表

农药		剂型及含量	适用作物	主要防治对象	施用量(制剂)(毫升)/亩、次或稀释倍数或有效成分浓度,毫克/升	施药方法	每季作物使用最多次数	最后一次施药距收获(安全)天数间隔期	实施要点说明	最高残留限量(MRL)参考值(毫克/公斤)
通用名	商品名									
溴螨酯 Bromopropy-late	螨代治 Neoron	50%乳油	苹果	螨类	1 000~2 000倍液(250~500毫克/升)	喷雾	2	21		5
			柑橘	螨类	1 000~3 000倍液(167~500毫克/升)	喷雾	3	14		果肉0.25 全果5
噻嗪酮 Buprofezin	优乐得 Applaud (扑虱灵、稻虱净)	25%可湿性粉剂	柑橘	矢尖蚧	1 000~2 000倍液(125~250毫克/升)	喷雾	3	35		全果0.3
			水稻	稻飞虱、稻叶蝉、褐飞虱	25~35克		2	14		糙米0.3
			棉花	棉蚜、地下害虫	1 500~2 000克	沟施	1		播种前或播种时施	0.5
			花生	根结线虫、花生蚜	4 000~5 000克	沟施或条施	1		播种时沟施或条施	糙米0.3
克百威 Carbofuran	呋喃丹 Furadan	3%颗粒剂	水稻	稻螟、稻飞虱等	1 500~2 500克	撒施	2	60	考虑到鱼毒和用药成本问题,一般应在秧田施1次,且注意安全	糙米0.2

附录3 农药合理使用准则

续表

农药通用名	商品名	剂型及含量	适用作物	主要防治对象	施用量(制剂)，克(毫升)/亩 或 稀释倍数(有效成分浓度,毫克/升)	施药方法	每季作物最多使用次数	最后一次施药距收获天数(安全间隔期)	实施要点说明	最高残留限量(MRL)参考值(毫克/公斤)
克百威 Carbofuran		35%种子处理剂	棉花	棉花蚜虫	28克/公斤种子	种子处理	1		用硫酸将棉籽脱绒后包衣	棉籽 0.1
		3%颗粒剂	甜菜	甜菜苗期害虫	20~38克/公斤种子				播种时拌种	0.1
			甘蔗	蔗螟、金针虫、蓟马、线虫等	3 000~5 000克	沟施	1		甘蔗苗期沟施	甘蔗 0.1
			甜菜	苗期害虫	1 500~2 000克	沟施或条施	1		播种时沟施或条施	0.1
丁硫克百威 Carbofuran	好年冬 Marshal	20%乳油	柑橘	锈壁虱、潜叶蛾、蚜虫	1 500~2 000倍液 (100~200毫克/升)	喷雾	2	15		全果 2
			水稻	褐飞虱、三化螟	200~250毫升		1	30		糙米 0.05

续表

农药		剂型及含量	适用作物	主要防治对象	施用量(制剂)/亩(毫升、次或成有效度,分浓度,毫克/升)	施药方法	每季作物使用最多次数	最后一次施药距收获天数(安全间隔期)	实施要点说明	最高残留限量(MRL)参考值(毫克/公斤)
通用名	商品名									
杀螟丹 Cartap	巴丹 Padan	50%可溶性粉剂	水稻	螟虫	75~100毫升		3	21		糙米 0.1
		98%原粉	茶叶	茶小绿叶蝉	750~1 000倍液(500~667毫克/升)		2	7	每次喷药间隔7~10天	20
		98%可溶性粉剂	柑橘	潜叶蛾	1 500~2 000倍液(490~653毫克/升)		3	21		全果 1
定虫隆 Chlorfluazuron	抑太保 Atabron	5%乳油	甘蓝	菜青虫、小菜蛾	1 800~2 000倍液(500~550毫克/升)	喷雾	3	7		0.5
			棉花	棉铃虫、红铃虫	40~80毫升		3	21		棉籽 0.1
毒死蜱 Chlorpyrifos	乐斯本 Lorsban	40.7%乳油	棉花	棉蚜、棉铃虫、红铃虫、叶螨	60~140毫升	喷雾	4	21		棉籽 0.05
			叶菜	菜青虫、小菜蛾	65~125毫升		3	7		甘蓝 1
					50~75毫升					

续表

农药			适用作物	主要防治对象	施用量（毫升）/亩·次或稀释倍数（有效成分浓度，毫克/升）	施药方法	每季作物最多使用次数	最后一次施药距收获天数（安全间隔期）	实施要点说明	最高残留限量(MRL)参考值（毫克/公斤）
通用名	商品名	剂型及含量								
四螨嗪 Clofentezine	阿波罗 Apollo	50%悬浮剂	苹果	红蜘蛛	5 000~6 000倍液（83~100毫克/升）	喷雾	2	30		0.5
氟氯氰菊酯 Cyfluthrin	百树得 Baythroid	5.7%乳油	棉花	棉铃虫、红铃虫	28~44毫升		2	21		棉籽 0.05
			苹果	桃小食心虫	4 000~5 000倍液（5.0~6.2毫克/升）		2	21		0.2
			柑橘	潜叶蛾、介壳虫、螨类	4 000~6 000倍液（4.2~6.3毫克/升）		3	21		全果 0.2
氯氟氰菊酯 Cyhalothrin	功夫 Kung fu	2.5%乳油	棉花	棉铃虫、红铃虫	10~20毫升	喷雾	3	21		棉籽 0.1
			叶菜	小菜蛾、蚜虫、菜青虫	20~60毫升		3	7		0.2
			茶叶	茶尺蠖、绿叶蝉	25~50毫升 5 000~10 000倍液（2.5~5毫升/升）		1	5		3

续表

农药			剂型及含量	适用作物	主要防治对象	施用量(制剂)亩·次或稀释倍数(有效成分浓度,毫克/升)	施药方法	每季作物最多使用次数	最后一次施药距防收的天数(安全间隔期)	实施要点说明	最高残留限量(MRL)参考值(毫克/公斤)
通用名	商品名										
氯氰菊酯 Cypermethrin	安绿宝 Arrivo		10%乳油	柑橘	潜叶蛾	2 000~4 000倍液(25~50毫克/升)	喷雾	3	7		2
	兴棉宝 Cymbush			棉花	蚜虫、棉铃虫、红铃虫	20~40毫升		3	7		0.2
	赛波凯 Cyperkill			叶菜	菜青虫、小菜蛾	20~30毫升		3	青菜2,大白菜5	适用于南方青菜和北方大白菜	1
	灭百可 Ripcord			桃	桃蛀螟	2 000~4 000倍液(25~50毫克/升)		3	7		2
				茶叶	茶尺蠖、茶毛虫、茶小绿叶蝉	3 000~6 000倍液(17~33毫克/升)		1	7		20
				番茄	蚜虫、铃虫	20~30毫升		2	1		0.5
				苹果	桃小食心虫	4 000~5 000倍液(50~62毫克/升)		3	21		2
			25%乳油	棉花	蚜虫、棉铃虫、红铃虫	8~16毫升		3	14		棉籽0.2
				叶菜	菜青虫、小菜蛾	12~16毫升		3	3		1

续表

农药通用名	商品名	剂型及含量	适用作物	主要防治对象	施用量(制剂)/亩(毫升·次)，或稀释倍数(有效成分浓度,毫克/升)	施药方法	每季作物使用最多次数	最后一次施药距收获的天数(安全间隔期)	实施要点说明	最高残留限量(MRL)参考值(毫克/公斤)
溴氰菊酯 Deltamethrin	敌杀死 Decis	2.5%乳油	苹果	桃小食心虫	1 250~2 500倍液(10~20毫克/升)		3	5		0.1
			柑橘	潜叶蛾	1 250~2 500倍液(10~20毫克/升)		3	28		全果0.05
			棉花	棉蚜、棉铃虫、红铃虫、蓟马	20~40毫升		3	14	适用于南方青菜和北方大白菜	棉籽0.1
			叶菜	菜青虫、小菜蛾	20~40毫升	喷雾	3	2		0.2
			大豆	食心虫	(15~25毫升)		2	7		籽粒0.1
			茶叶	茶尺蠖、茶毛虫、茶小绿叶蝉、介壳虫	800~1 500倍液(20~31毫克/升)		1	5		10
			烟草	烟青虫	10~20毫升		3	15		2
			小麦	粘虫、蚜虫	10~15毫升		3	15		籽粒1
			棉花	棉蚜、红蜘蛛	100~150毫升	喷雾	4	41		棉籽0.1
二嗪农 地亚农 Diazinon		50%乳油	小麦	地下害虫	1~3毫升/公斤种子拌种	拌种			小麦播种前拌种	籽粒0.1

续表

农药			剂型及含量	适用作物	主要防治对象	施用量(制剂),克或毫升/亩·次或稀释倍数(有效成分浓度,毫克/升)	施药方法	每季作物使用最多次数	最后一次施药距收获的天数(安全间隔期)	实施要点说明	最高残留限量(MRL)参考值(毫克/公斤)
通用名	商品名										
醚菊酯 Ethofenprox	多来宝 Trebon		10%悬浮剂	甘蓝	菜青虫	30~40毫升	喷雾	3	7		2
			5%可湿性粉剂	水稻	褐飞虱、稻纵卷叶螟、稻象甲等	40~60毫升					
			4%油剂		稻象甲	80~120克					糙米0.5
						200~250毫升	喷雾或滴施	3	14	滴施时滴于稻田灌溉水中	
苯丁锡 Fenbutatinoxide	托尔克 Torque		50%可湿性粉剂	柑橘	红蜘蛛、锈螨	2 000~3 000倍液(167~250毫克/升)	喷雾	2	21		全果5
				番茄	红蜘蛛	20~40克	喷雾	3	7		1
杀螟硫磷 Fenitrothion	杀螟松 速灭松 Sumithion		50%乳油	水稻	稻螟虫、稻纵卷叶螟	75~100毫升	喷雾	3	21		糙米0.4
苯硫威 Fenothiocarb	排螨净 Panocon		35%乳油	柑橘	全爪螨	800~1 000倍液(350~438毫升/升)	喷雾	2	7		橘肉0.5

附录3 农药合理使用准则

续表

农药			适用作物	主要防治对象	施用量(制剂),克(毫升)/亩·次 或稀释倍数(有效成分浓度,毫克/升)	施药方法	每季作物使用最多次数	最后一次施药距收获的天数(安全间隔期)	实施要点说明	最高残留限量(MRL)参考值(毫克/公斤)
通用名	商品名	剂型及含量								
甲氰菊酯 Fenpropathrin	灭扫利 Meothrin	20%乳油	苹果	桃小食心虫	2 000~3 000倍液 (67~100毫克/升)			30		5
			柑橘	红蜘蛛	2 000~3 000倍液 (67~100毫克/升)			30		全果 5
				潜叶蛾	8 000~10 000倍液 (20~25毫克/升)					
			棉花	棉铃虫、红蜘蛛	25~40毫升	喷雾	3		不能与碱性物质混用	棉籽 0.1
			叶菜类	小菜蛾、菜青虫	25~30毫升			14		0.5
			茶叶	茶尺蠖、茶毛虫、绿叶蝉、茶小	8 000~10 000倍液 (20~25毫克/升)			3		成茶 1
唑螨酯 Fenproximate	霸螨灵 Danitron	5%悬浮剂	苹果	红蜘蛛	2 000~3 000倍液 (17~25毫克/升)	喷雾	1	7		
			柑橘	锈壁虱 红蜘蛛	1 000~2 000倍液 (25~50毫克/升)		2	15		全果 2

续表

农药通用名	商品名	剂型及含量	适用作物	主要防治对象	施用量(制剂)，克(毫升)/亩 或 稀释倍数(有效成分浓度，毫克/升)	施药方法	每季作物最多使用次数	最后一次施药距收获的天数(安全间隔期)	实施要点说明	最高残留限量(MRL)参考值(毫克/公斤)
氰戊菊酯 Fenvalerate	速灭杀丁 Sumicidin	20%乳油	苹果	桃小食心虫	1 600~4 000倍液(50~125毫克/升)	喷雾	3	14		2
			柑橘	红蜘蛛	8 000~12 000倍液(16.7~25毫克/升)			7		全果 2
			棉花	棉蚜、棉铃虫、红铃虫	20~50毫升					棉籽 0.2
			叶菜	菜青虫、小菜蛾	15~40毫升			夏季青菜 5天，秋冬季青菜、大白菜 12天		1
			大豆	蚜虫	10~20毫升					
				食心虫	20~30毫升					
				豆荚螟	20~40毫升					籽粒 0.1
			茶叶	茶尺蠖、茶毛虫、丽绿刺蛾、黑刺粉虱	6 000~8 000倍液(25~33毫克/升)			10		2

续表

农药 通用名	商品名	剂型及含量	适用作物	主要防治对象	施用量(制剂)/亩、克或稀释倍数(有效成分浓度,毫克/升)	施药方法	每季作物最多使用次数	最后一次施药距收获(安全)天数(间隔期)	实施要点说明	最高残留限量(MRL)参考值(毫克/公斤)
氟虫脲 Flufenoxuron	卡死克 Casade	5%乳油	苹果	红蜘蛛	667~1 000倍液(50~75毫克/升)	喷雾	2	30		0.2
			柑橘	全爪螨、锈螨	667~1 000倍液(50~75毫克/升)					全果0.3
				潜叶蛾	1 000~2 000倍液(25~50毫克/升)					
氟胺氰菊酯 Fluvalinate	马扑立克 Navrik	10%乳油	棉花	棉铃虫、叶螨、蚜虫	25~50毫升	喷雾	3	14		棉籽0.2
			叶菜	菜青虫	25~50毫升			7		1
地虫硫磷 Fonofos	大风雷 Dyfonate	5%颗粒剂	花生	蛴螬	2 000~3 000克	沟施	1		播种时掺沙土沟施	花生仁0.1
			甘蔗	蔗龟	4 000~6 000克				甘蔗苗期沟施	0.5
噻螨酮 Hexythiazox	尼索朗 Nissorun	5%乳油	苹果	红蜘蛛	1 500~2 000倍液(25~33毫克/升)	喷雾	2	30		全果0.5
		5%可湿性粉剂	柑橘		2 000~2 000倍液(25毫克/升)					
		5%乳油	棉花		50~66毫升					棉籽0.5

续表

农药			适用作物	主要防治对象	施用量(制剂),克(毫升)/亩·次或稀释倍数(有效成分浓度,毫克/升)	施药方法	每季作物最多使用次数	最后一次施药距收获天数(安全间隔期)	实施要点说明	最高残留限量(MRL)参考值(毫克/公斤)
通用名	商品名	剂型及含量								
氯唑磷 Isazophos	米乐尔 Miral	3%颗粒剂	水稻	稻瘿蚊、稻飞虱、二化螟	1 000克	撒施	3	28	拌毒土撒施	糙米 0.05
异丙威 Isoprocarb	叶蝉散 Mipcin	2%粉剂	甘蔗	全爪螨、锈螨	5 000~6 000克	沟施	1	60		0.05
			水稻	稻飞虱、叶蝉	2 000~3 000克	喷粉	3	14		糙米 0.2
杀扑磷 Methidathion	速扑杀 Supracide	40%乳油	柑橘	褐圆蚧、红蜡蚧	670~1 000倍液(400~600毫克/升)	喷雾	1	30	不能与碱性农药混用,高毒,预防中毒	全果 2
甲基异柳磷 Methyl-isofenphos		40%乳油	花生	蛴螬等地下害虫	250毫升	沟施	1			花生仁 0.05
		24%水溶性液剂 90%可溶性粉剂	甘蓝	蚜虫	2 000~3 000克		2	7		5
灭多威 Methomyl	万灵 Lanna-tel			蔗龟	4 000~6 000克		1		吸入毒性高,预防中毒	
			柑橘	柑橘蚜虫、潜叶蛾	1 000~2 000倍液(120~240毫克/升) 800~1 200倍液(200~300毫克/升)	喷雾	3	15		全果 1
		24%水溶性液剂	烟草	烟草虫	50~75毫升		3	5		3

附录3 农药合理使用准则

续表

农药通用名	商品名	剂型及含量	适用作物	主要防治对象	施用量(制剂)/亩(毫升、克)或稀释倍数·次(有效成分浓度,毫克/升)	施药方法	每季作物最多使用次数	最后一次施药距收获(安全间隔期)天数	实施要点说明	最高残留限量(MRL)参考值(毫克/公斤)
稻丰散 Phenthoate	爱乐散 Elsan	50%乳油	柑橘	介壳虫、蚜虫、蓟马、潜叶蛾、黑刺粉虱、角蜡蚧	1 000~1 500倍液 (333~500毫克/升)	喷雾	3	30		全果1
			水稻	螟虫、稻飞虱、叶蝉、负泥虫	100~150毫升	沟施	4	7		糙米0.05
甲拌磷 Phorate	3911	3%颗粒剂	甘蔗	蔗龟	5 000克		1	210	高毒,注意安全	
				蔗螟	5 000~6 667克	沟施				0.1
伏杀硫磷	佐罗纳	35%乳油	棉花	棉蚜、棉铃虫、红铃虫、红蜘蛛	130~200毫升	喷雾	4	14		棉籽0.1
			叶菜	蚜虫、菜青虫、小菜蛾	30~190毫升		2	7		甘蓝1

续表

农药 通用名	农药 商品名	剂型及含量	适用作物	主要防治对象	施用量(制剂),克(毫升)/亩·次或稀释倍数(有效成分浓度,毫克/升)	施药方法	每季作物最多使用次数	最后一次施药距收获的天数(安全间隔期)	实施要点说明	最高残留限量(MRL)参考值(毫克/公斤)
抗蚜威 Pirimicarb	辟蚜雾 Primor	50%可湿性粉剂	叶果	蚜虫	10～30 克			11	适用于甘蓝	1
			油菜		10～20 克			14		油菜籽 0.2
			大豆		10～16 克			10		籽粒 1
			烟草		16～22 克			7		
			小麦		10～20 克			14		籽粒 0.05
克螨特 Propargite	螨除净 Comite	73%乳油	苹果	螨类	2 000～3 000 倍液(244～365 毫克/升)	喷雾	3	30		全果 5
			柑橘				2	21		全果 3
			棉花		50～75 毫升		3	28		棉籽 0.1
喹硫磷 Quinalphos	爱卡士 Ekalux	25%乳油	柑橘	橘蚜、潜叶蛾、介壳虫	600～1 000 倍液(250～417 毫克/升)		3	25		全果 0.5
			棉花	棉蚜虫、棉铃虫	80～100 毫升		3			棉籽 0.5
			叶菜	菜青虫、夜蛾	60～100 毫升		2	24	适用于甘蓝和大白菜	0.2
			水稻	螟虫、稻纵卷叶螟、稻飞虱、蓟马、叶蝉	150～200 毫升	喷雾	3	14		糙米 0.2
			茶叶	茶尺蠖、叶蝉、介壳虫	800～1 000 倍液(250～313 毫克/升)		1	14		0.2

续表

农药		剂型及含量	适用作物	主要防治对象	施用量(制剂),亩(毫升、克)或稀释倍数(有效成分浓度,毫克/升)	施药方法	每季作物最多使用次数	最后一次施药距收获天数(安全间隔期)	实施要点说明	最高残留限量(MRL)参考值(毫克/公斤)
通用名	商品名									
吡螨胺 Tebufenpyrad	必螨立克 Pyranica MK-239	10%可湿性粉剂	苹果	红蜘蛛	2 000~3 000倍液(33~50毫克/升)	喷雾	3	30		全果0.9
			柑橘	潜叶蛾			2	14		全果0.5
伏虫隆 Teflubenzuron	农梦特 Nomolt	50%乳油	柑橘	潜叶蛾	2 000~3 000倍液(244~365毫克/升)	喷雾	3	30	避免污染水生生物栖息地	0.5
			叶菜	菜青虫、小菜蛾	45~60毫克/升		2	10		
硫双灭多威 Thiodicarb	拉维因 Larvin	75%可湿性粉剂	棉花	棉铃虫	45~90克	喷雾	4	14		棉籽0.5
杀虫环 Thiocyclamhydrogennoxalate	易卫杀 Evisect	50%可湿性粉剂	水稻	稻螟、稻苞虫、蓟马、叶蝉	100克	喷雾	3	15		糙米0.1
多噻烷		30%乳油	水稻	稻蓟马、稻纵卷叶螟、稻苞虫等	120~170毫升	喷雾	3	14		糙米0.1
水胺硫磷		40%乳油	柑橘	螨、锈壁虱、潜叶蛾	1 000~1 300倍液(308~400毫克/升)	喷雾	3	14	不可与碱性农药混用	全果0.3

续表

农药			适用作物	主要防治对象	施用量(制剂)、克或亩·次或稀释倍数(有效成分浓度,毫克/升)	施药方法	每季作物最多使用次数	最后一次施药距收获的天数(安全间隔期)	实施要点说明	最高残留限量(MRL)参考值(毫克/公斤)
通用名	商品名	剂型及含量								
灭幼脲 Buprofezin+异丙威 Isoprocarb	灭幼脲3号	25%悬浮剂	小麦	粘虫等	35~50毫升	喷雾	2	15		籽粒3
噻嗪酮+异丙威 Buprofezin+Isoprocarb	优佳安 Applaud Mipcin	25%可湿性粉剂	水稻	稻飞虱	100~150克	喷雾	2	21		糙米:噻嗪酮 0.3,异丙威 0.2
克虫磷+氯氰菊酯 Profenofos+Cypermethrin	多虫清 Polytrin	44%乳油	棉花	棉蚜	30~60毫升	喷雾	3	40		棉籽:克虫磷3,氯氰菊酯0.2
				棉铃虫、红铃虫	66~100毫升					

附录3 农药合理使用准则

表2 杀菌剂

农药通用名	商品名	剂型及含量	适用作物	主要防治对象	施用量(制剂),克(毫升)/亩·次或稀释倍数(有效成分浓度,毫克/升)	施药方法	每季作物最多使用次数	最后一次施药距收获的天数(安全间隔期)	实施要点说明	最高残留限量(MRL)参考值(毫克/公斤)
灭瘟素 Blasticidin-s	勃拉益斯 Bla-s	2%乳油	水稻	稻瘟病	75~100毫升	喷雾	3	7		糙米0.05
灭线磷 Ethoprophos	益收宝 Mocap	20%颗粒剂	花生	根结线虫	1 500~1 750克	沟施	1		播种时沟施,避免与种子接触	花生仁0.2
氯苯嘧啶醇 Fenarimol	乐必耕 Rubigan	6%可湿性粉剂	苹果 梨	黑星病、黑痘病、白粉病 黑星病	1 000~1 500倍液(40~60毫克/升)	喷雾	3	14		20
氟酰胺 Flutolanil	望佳多 Moncut	20%可湿性粉剂	水稻	纹枯病	100~125克	喷雾	2	21		糙米1
四氯苯酞 Fthalide	热必斯 Rabcide	50%可湿性粉剂	水稻	稻瘟病	65~100克	喷雾	4	21		糙米1
恶霉灵	土菌清 Tachi-garen	30%水剂	水稻		3~6毫升/米²(苗床)	浇施	3		水稻秧田播种前至苗期浇施	糙米0.5
		70%可湿性粉剂	甜菜	立枯病	4~7克/公斤(种子)	拌种			与福美双混用2~4克/公斤(种子有效成分)	0.5

续表

农药通用名	商品名	剂型及含量	适用作物	主要防治对象	施用量(制剂),克(毫升)/亩·次或稀释倍数,有效成分浓度,毫克/升	施药方法	每季作物最多使用次数	最后一次施药距收获的天数(安全间隔期)	实施要点说明	最高残留限量(MRL)参考值(毫克/公斤)
异菌脲 Iprodione	扑海因 Rovral	50%可湿性粉剂	苹果	轮斑病、褐斑病	1 000~1 500倍液(333~500毫克/升)	喷雾	3	7		10
		25%悬浮剂	香蕉	贮藏病害	167倍液(1 500毫克/升)	浸果	1	4	浸蕉2分钟后捞出凉干贮存	全果10
			油菜	菌核病	140~200毫升	喷雾	2	50		油菜籽0.2
稻瘟灵 Isoprothiolane	富士一号 Fuji-one	40%乳油或可湿性粉剂	中稻晚稻	稻瘟病	70~100毫升或70~100克	喷雾	2 3	14 28		糙米2
春雷霉素 Kasugamycin	加收米 Kasumin	2%水剂	水稻	稻瘟病	70~100毫升	喷雾	3	21		糙米0.04
灭锈胺 Mepronil	纹达克 Basitac	75%可湿性粉剂	水稻	纹枯病	65~75克	喷雾	2	30		糙米1
多氧霉素 Polyxin B	宝丽安 Polixin AL	10%可湿性粉剂	苹果	轮斑病、斑点落叶病	1 000~1 500倍液(67~100毫克/升)	喷雾	3	7	不能与酸性农药混用	
腐霉利 Procymidone	速克灵 Sumilex	50%可湿性粉剂	黄瓜 油菜	灰霉病、菌核病 油菜菌核病	40~50克 30~60克	喷雾 喷雾	3 2	1 25		2 籽粒2

附录3 农药合理使用准则 —————————————————— 351

续表

通用名	商品名	剂型及含量	适用作物	主要防治对象	施用量(制剂)(毫升/亩)·次,稀释倍数(倍),有效成分浓度(毫克/升)	施药方法	每季作物最多使用次数	最后一次施药距收获的天数(安全间隔期)	实施要点说明	最高残留限量(MRL)参考值(毫克/公斤)
氧环三唑 Propi-conazole	敌力脱 Tilt	25%乳油	小麦	锈病,白粉病,根腐病	35毫升	喷雾	2	28		籽粒 0.1
硫线磷 Cadusafos	克线丹 Rugby	10%颗粒剂	柑橘	根结线虫	4 000~6 000克	沟施	2	120	于树根周围根冬前冬后各1次(冬施)	0.05
			甘蔗	线虫	2 000~4 000克		1		苗期施土	0.1
		45%悬浮剂	香蕉		600~900倍液(500~750毫克/升)	浸果	1	10	浸蕉1分钟捞出原干贮存	全果 0.4
			柑橘	贮藏病害	300~450倍液(1 000~1 500毫克/升)				浸蕉1分钟取出贮存	全果 10
噻菌灵 Thiaben-dazole	特克多 Tecoto	60%可湿性粉剂			200~400毫克/公斤(木屑栽培法)	拌施	1	65	制包前将药均匀拌于木屑中	2
			蘑菇	真菌病害	400~667倍液(900~1 500毫克/升)(断木剖面栽培法)	喷雾	3	55	菌丝生长期喷施于断木剖面上施药间隔30天	

续表

农药			适用作物	主要防治对象	施用量(制剂),克(毫升)/亩、次或稀释倍数(有效成分浓度,毫克/升)	施药方法	每季作物最多使用次数	最后一次施药距收获的天数(安全间隔期)	实施要点说明	最高残留限量(MRL)参考值(毫克/公斤)
通用名	商品名	剂型及含量								
甲基硫菌灵 Thiophanate methyt	甲基托布津 Topsin-M	70%可湿性粉剂	水稻	稻瘟病、纹枯病	100～140克	喷雾	3	30		糙米0.1
			小麦	黑穗病、赤霉病	70～100克	喷雾	2	30	不能与铜制剂混用	籽粒0.1
		50%悬浮剂	水稻	稻瘟病、纹枯病	100～150毫升	喷雾	3	30		糙米0.1
			小麦	黑穗病、赤霉病			1			籽粒0.1
三唑酮 Triadmefon	百理通 Bayleton	25%可湿性粉剂	小麦	白粉病、锈病	25～33克	喷雾	2	20		籽粒0.5
三环唑 Tricyclazole	比艳 Beam	75%可湿性粉剂	水稻	稻瘟病	20～30克	喷雾	2	21	高剂量只施1次	糙米2
氟菌唑 Triflunizole	特富灵 Trifmine	30%可湿性粉剂	黄瓜	白粉病	15～20克	喷雾	2	2		2
乙烯菌核利 Vinclozolin	农利灵 ronilan	50%可湿性粉剂	黄瓜	灰霉病	75～100克	喷雾	2	4		5

续表

农药 通用名	商品名	剂型及含量	适用作物	主要防治对象	施用量(制剂),克(毫升)/亩;或稀释倍数,次(有效成分浓度,毫克/升)	施药方法	每季作物使用最多次数	最后一次施药距收获的天数(安全间隔期)	实施要点说明	最高残留限量(MRL)参考值(毫克/公斤)
萎锈灵 Carboxin + 福美双 Thiram	卫福 Vitavax	75%可湿性粉剂	小麦	黑穗病、根腐病、条纹病	2.5~2.8克/公斤				春小麦播种前拌种	籽粒:萎锈灵0.2,福美双0.2
		40%胶悬剂			2.7~3.3毫升/公斤					
丁、戊、己二酸酮 Copper Guccinate + Copper Glutarte + Copper adicate	琥胶肥酸铜(二元酸铜) DT	30%悬浮剂	黄瓜	角斑病	150~300毫升	喷雾	4	3		
			水稻	稻曲病	100~150毫升		2		稻穗破口前喷施	糙米铜含量20
春雷霉素 Kasugamycin + 氢氧化铜 Copper oxychloride	加瑞农 Kasumin bord eaux	50%可湿性粉剂	柑橘	溃疡病	500~800倍液(625~1 000毫克/升)	喷雾	5	21		全果0.5

续表

农药			适用作物	主要防治对象	施用量(制剂),克(毫升)/亩·次或稀释倍数(有效成分浓度,毫克/升)	施药方法	每季作物最多使用次数	最后一次施药距收获的天数(安全间隔期)	实施要点说明	最高残留限量(MRL)参考值(毫克/公斤)
通用名	商品名	剂型及含量								
甲霜灵 Metalaxyl+代森锰锌 Mancozeb	瑞毒霉锰锌 Ridomil MZ	58%可湿性粉剂	黄瓜	霜霉病	75~120克	喷雾	3	1		甲霜灵 0.5
			葡萄		500~800倍液(725~1 160毫克/升)		3	21		甲霜灵 1
恶霜灵 Oxadixyl+代森锰锌 Mancozeb	杀毒矾 Sanbofan	64%可湿性粉剂	黄瓜	霜霉病	170~200克	喷雾	3	3		恶霜灵 5
			烟草	黑胫病	200~250克		3	20		恶霜灵 30
辛硫磷 Phoxim+甲拌磷 Phorat	辛拌磷	10%粉粒剂	柑橘	根结线虫	4 000~5 000克	沟施	1	120	于柑橘树周围沟施	全果:辛硫磷 0.05,甲拌磷不得检出
络胺铜、锌+柠檬酸铜络合+氨络合+硫酸锌	抗枯灵	25.9%水剂	西瓜	枯萎病	500~600倍液 200毫升/株	灌根	3	40		铜 20 锌 50
					100 毫升	喷雾				

附录3 农药合理使用准则

表3 除草剂

通用名	农药商品名	剂型及含量	适用作物	主要防治对象	施用量(制剂)(毫升)用·次或稀释倍数(有效成分浓度,毫克/升)	施药方法	每季作物最多使用次数	最后一次施药距收获的天数(安全间隔期)	实施要点说明	最高残留限量(MRL)参考值(毫克/公斤)
三氟羧草醚 Acifluorfen sodium	杂草焚 Blazer	21.4%水剂	大豆	阔叶杂草	65~135毫升	喷雾	1		大豆1~3片复叶,杂草出齐5~10厘米高时喷施	籽粒 0.1
	达克尔 Tackle	24%水剂			60~100毫升					
甲草胺 Alachlor	拉索 Lasso	48%乳油	棉花		200~300毫升	土壤喷雾	1		播后芽前施于土壤,避雨多在沙和地下水位高的地区使用	籽粒 0.05
			玉米	一年生禾本科及部分阔叶杂草	200~400毫升					籽粒 0.2
			花生		150~250毫升					籽粒 0.05
			大豆		300~450毫升					籽粒 0.2
苄嘧黄隆 Bensulfuron methyl	农得时 Londax	10%可湿性粉剂	水稻	阔叶杂草及莎草	13~25毫升	撒毒土或喷雾	1		插秧后5~7天施药,保水1周	糙米 0.02

续表

农药通用名	商品名	剂型及含量	适用作物	主要防治对象	施用量(制剂)亩次或稀释倍数(有效成分浓度,毫克/升)	施药方法	每季作物使用最多次数	最后一次施药距收获的天数(安全间隔期)	实施要点说明	最高残留限量(MRL)参考值(毫克/公斤)
灭草松 Bentazon	排草丹 Basagran 苯达松	48%液剂	水稻	一年生阔叶杂草	150~200毫升	喷雾	1		插秧后20~30天,杂草3~5叶期,田间排水后喷施	糙米0.05
			大豆		160~200毫升				大豆2~3片复叶时喷施	籽粒0.05
禾草丹 Benthioncarb	杀草丹 Saturn	50%乳油	水稻	稗草,三棱草,牛毛毡等	330~500毫升	喷雾或撒毒土	2		播前或插秧后5~7天喷雾或撒毒土	糙米0.2
	禾大壮 Saturn104	90%乳油	水稻	稗草,一年生杂草	150~200毫升		1		施后保水一周	
溴苯腈	伴地农 Pardner	22.5%乳油	玉米	阔叶杂草	80~130毫升	喷雾	1		玉米3~8叶期、杂草4叶期喷施	籽粒0.1
			小麦		100~170毫升				小麦3~5叶期、杂草4叶期前喷施	

附录3 农药合理使用准则

续表

农药			适用作物	主要防治对象	施用量（制剂）克（毫升）/亩；或稀释倍数（有效成分浓度，毫克/升）	施药方法	每季作物最多使用次数	最后一次施药距收获的天数（安全间隔期）	实施要点说明	最高残留限量（MRL）参考值（毫克/公斤）
通用名	商品名	剂型及含量								
丁草胺 Butachlor	马歇特 Machete	60%乳油	水稻	一年生禾本科杂草、阔叶杂草、莎草等	85~140毫升	喷雾成撒毒土	1		插秧前2~3天或插秧后3~7天喷施	糙米0.5
		5%颗粒剂			1000~1600克	撒毒土				
卡草胺 Carbetamide	雷克拉 Legu-rame PM	70%可湿性粉剂	油菜	一年生禾本科及阔叶杂草	200~270克	喷雾	1		开春油菜转青初期至盘前期喷施	油菜籽0.05
烯草酮 Clethodim	赛乐特收乐通 Select	24%乳油	大豆	一年生禾本科杂草	25~50毫升	喷雾	1		大豆2~4片复叶时喷施	籽粒10
异噁草酮 Clomazone (dimethazon)	广灭灵 Command	48%乳油	大豆	一年生杂草	140~170毫升	喷雾	1		大豆播后芽前喷施	籽粒0.05
氰草津 Cyanazine	百得斯 Bladex	80%可湿性粉剂	玉米		175~250克	喷雾	1		播种后到玉米4叶期前喷施	籽粒0.05，青饲料0.2
		48%液剂			205~325克					

续表

农药		剂型及含量	适用作物	主要防治对象	施用量(制剂)克次或毫升/亩；稀释倍数(有效成分浓度,毫克/升)	施药方法	每季作物最多使用次数	最后一次施药距收获的天数(安全间隔期)	实施要点说明	最高残留限量(MRL)参考值(毫克/公斤)
通用名	商品名									
灭瘟素 Blasticidin-s	勃拉益斯 Bla-s	2%乳油	水稻	稻瘟病	75~100毫升	喷雾	3	7	全生育期	糙米0.05
麦草畏 Dicamba	百草敌 Banvel	48%水剂	玉米	阔叶杂草	25~40毫升	喷雾	1		玉米4~6叶期喷施	籽粒0.5
			小麦	一年生或多年生杂草	20~25毫升				小麦3叶期至分蘖末期兑水50升喷施	
禾草灵 Diclofop-methyl	伊洛克桑 Illoxan	36%乳油	甜菜	野燕麦、马唐草等	130~200毫升	喷雾	1		杂草2~4叶期喷施	0.1
			小麦		130~170毫升				野燕麦3~5叶期喷施	
双苯唑快 Difenzo-quat	野燕枯(燕麦枯) Avange	64%可溶性粉剂	小麦	野燕麦	75~150克	喷雾	1		野燕麦3~5叶期喷施	籽粒0.05
哌草丹 Dimepi-perate	优克稗 MY-93	50%乳油	水稻	稗草、马唐草等杂草	140~265毫升	撒施	1		播种后1~4天或播秧后3~7天拌细沙10公斤撒施	糙米0.03

附录3 农药合理使用准则

续表

农药			适用作物	主要防治对象	施用量(制剂)克(毫升)/亩;或稀释倍数(有效成分浓度,毫克/升)	施药方法	每季作物使用最多次数	最后一次施药距收获的天数(安全间隔期)	实施要点说明	最高残留限量(MRL)参考值(毫克/公斤)
通用名	商品名	剂型及含量								
吡氟禾草灵 Fluazi-fopbuty	稳杀得 Onecide	35%乳油	油菜		30~40毫升				油菜苗期杂草1~5叶期喷施	油菜籽0.1
			大豆	一年生禾本科杂草	50~65毫升	喷雾	1		大豆苗期,杂草3~5叶期,兑水50升喷施	籽粒0.1
			甜菜		50~65毫升				甜菜苗期,杂草3~5叶期兑水50升喷施	0.4
氟节胺 Flume-tralin	抑芽敏 Prime	25%乳油	烟草	抑制烟芽	60~70毫升或0.04毫升/株	喷雾或杯淋	1		烟草打顶后随即施药,不可与其他农药混用	干烟20

续表

农药									最高残留限量(MRL)参考值(毫克/公斤)
通用名	商品名	剂型及含量	适用作物	主要防治对象	施用量(制剂)克次(毫升)/亩;或稀释倍数(有效成分浓度,毫克/升)	施药方法	每季作物使用最多次数	最后一次施药距收获的天数(安全间隔期)	实施要点说明
伏草隆 Flumeturon	棉草伏 Cotoran	80%可湿性粉剂	棉花	一年生禾本科和阔叶杂草	130～150克	土壤喷雾	1		播后芽前喷施	棉籽 0.1
氟草烟 Fluroxypyr	使它隆 Starane	20%乳油	小麦	阔叶杂草	50～70毫升	喷雾	1		冬小麦春期、小麦2～4叶期喷施	籽粒 0.1
氟黄胺草醚 Fomesafen	虎威 Flex	25%水剂	大豆	阔叶杂草	65～130毫升	喷雾	1		大豆苗期,杂草2～3叶期兑水50升喷施	籽粒 0.05

续表

农药			适用作物	主要防治对象	施用量(毫升)/亩;依次或稀释倍数(有效成分浓度,毫克/升)	施药方法	每季作物最多使用次数	最后一次施药距收获的天数(安全间隔期)	实施要点说明	最高残留限量(MRL)参考值(毫克/公斤)
通用名	商品名	剂型及含量								
吡氟氯乙草灵 Haloxyfop	盖草能 Callant	12.5% 乳油	棉花	一年生禾本科杂草	40~65毫升	喷雾	1		棉花苗期,杂草3~5叶期兑水50升施	棉籽 3
			花生		60~80毫升				花生苗期,杂草3~5叶期兑水50升施	花生仁 0.5
			油菜		30~50毫升				油菜3叶期兑水50升喷施	油菜籽 1
			大豆		60~80毫升				大豆苗期,杂草2~5叶期兑水50升施	籽粒 0.5
咪草烟 Imazethapyr	普杀特 Prusuit	5% 水剂	大豆	一年生杂草	100~134毫升	土壤处理	1		大豆出苗前做土壤喷雾处理,避免在茬种植对咪草烟敏感作物(如甜菜、蔬菜、水稻等)	籽粒 小于0.1

续表

农药									
通用名	商品名	剂型及含量	适用作物	主要防治对象	施用量(制剂)；克或次稀释倍数（有效成分浓度,毫克/升)	施药方法	每季作物最多使用次数	最后一次施药距收获的天数（安全间隔期）	实施要点说明	最高残留限量(MRL)参考值(毫克/公斤)
乳氟禾草灵 Lactofen	克阔乐 Cobra	24%乳油	大豆	阔叶杂草	20～50毫升	喷雾	1		大豆2～4叶期兑水50升喷施	籽粒0.5
异丙甲草胺 Metolachlor	都尔 Dual	72%乳油	花生	一年生禾本科部分阔叶杂草	100～150毫升	土壤处理			苗前土壤喷雾	花生仁0.5
			大豆	一年生禾本科莎及阔叶杂草	90～180毫升		1		芽前喷施,避免在多雨、砂性土壤和地下水位高的地区使用	籽粒0.1
			甘蔗	一年生杂草	100～150毫升				甘蔗苗前喷施	0.1
嗪草酮 Metribuzin	赛克津 Sencor	70%可湿性粉剂	大豆	一年生阔叶杂草	25～75克	土壤处理	1		施后避免灌水和避开雨天	籽粒0.1

续表

农药 通用名	商品名	剂型及含量	适用作物	主要防治对象	施用量（制剂）克（毫升）/亩或稀释倍数；有效成分浓度,毫克/升	施药方法	每季作物使用最多次数	最后一次施药距收获的天数（安全间隔期）	实施要点说明	最高残留限量(MRL)参考值（毫克/公斤）
禾大壮 Molinate	Ordram	90.9%乳油	水稻	稗草、牛毛草等	100~200毫升	撒毒土	2		秧田和本田插秧后7~14天各施1次,施后保水1周	糙米 0.1
杀克尔	Sakkimol	70%乳油			130~260毫升	喷雾或撒毒土	1		播前或插秧后3~5天撒毒土,保水1周	
萘氧丙草胺 Napropamide	大惠利 Devrinol	50%可湿性粉剂	烟草	一年生禾本科及部分阔叶杂草	100~260毫升	土壤处理	1		烟草移栽后,杂草出土前喷施	干烟 0.1

续表

农药 通用名	商品名	剂型及含量	适用作物	主要防治对象	施用量(制剂)(克(毫升)/亩);或稀释倍数(有效成分浓度,毫克/升)	施药方法	每季作物使用最多次数	最后一次施药距收获的天数(安全间隔期)	实施要点说明	最高残留限量(MRL)参考值(毫克/公斤)
恶草酮 Oxadiazon	农思它 Ronstar	12%乳油	水稻	一年生杂草	200~270毫升	喷雾或毒土	1		插秧前或插秧后2~3天施,用25%乳油北方旱田、直播田每亩165~230毫升,南方插秧田每亩65~100毫升	糙米0.05,稻草0.2
		25%乳油	花生		70~170毫升	撒			苗前喷施	花生仁0.3
氟硝草醚 Oxyflu-orfen	果尔 Goal	23.5%乳油	水稻	阔叶草、莎草、稗草等	100~150毫升	喷雾	1			
					10~35毫升	毒土			插秧后5~7天,拌细土10~15公斤撒施	糙米0.05

续表

农药			适用作物	主要防治对象	施用量(制剂)克次(毫升)/亩;或稀释倍数(有效成分浓度,毫克/升)	施药方法	每季作物最多使用次数	最后一次施药距收获的天数(安全间隔期)	实施要点说明	最高残留限量(MRL)参考值(毫克/公斤)
通用名	商品名	剂型及含量								
百草枯 Parapuat	克无踪 Gramoxne	20%水剂	柑橘	杂草	200~300毫升	低压喷雾	1~3		杂草生长旺盛期喷雾,避免喷到橘树上	全果 1
二甲戊乐灵 pendi-mehalin	施田补除草通 Stomp	33%乳油	玉米	一年生杂草及禾本科杂草	150~200毫升				播后或苗前5天土壤喷雾	籽粒 0.1
			叶菜		100~150毫升				移栽前或苗后喷雾,土壤耙匀	0.2
除芽通 Accotab			烟草	抑制腋芽	100倍液(3 300毫克/升)20~25毫升倍液/株	杯淋	1	10		5
甜菜宁 Phenme-dipham	凯米生 Kemifan	16%乳油	甜菜	阔叶杂草	331~406毫升	喷雾	1		杂草2~4叶期,甜菜苗期喷施	0.1
酚硫杀 Phenothiol	芳米大 Herbit	20%乳油	小麦	阔叶杂草	135~200毫升	喷雾	1		小麦分蘖末期喷施	籽粒 0.01

续表

农药通用名	商品名	剂型及含量	适用作物	主要防治对象	施用量（制剂）（毫升）/亩；或有效稀释成分浓度，毫克/升	施药方法	每季作物使用最多次数	最后一次施药距收获的天数（安全间隔期）	实施要点说明	最高残留限量(MRL)参考值（毫克/公斤）
丙草胺 Pretilachlor	扫弗特 Sofit	30%乳油	水稻	一年生杂草	100~115毫升	喷雾或撒毒土	1		水稻直播田或秧田播后1~4天喷雾或撒毒土	糙米丙草胺0.1，安全剂0.05
吡嘧黄隆 Pyrazosulfuronethyl	草克星 NC-311	10%可湿性粉剂	水稻	阔叶草、莎草、稗草	10~20克（移栽田）10~17克（直播田）	喷雾	1		移栽后1周喷施；直播水稻1~3叶期喷施	糙米0.1
		45%乳油	花生	阔叶草及一年生杂草	130~200毫升	喷雾				花生仁0.5
哒草特 Pyridate	达克兰 Lentagram	45%可湿性粉剂	小麦	一叶杂生草	130~200克	喷雾	1		小麦、花生4叶期、杂草2~4叶期兑水50升喷施	籽粒0.5

附录3 农药合理使用准则

续表

农药			适用作物	主要防治对象	施用量(制剂)(毫升/亩)或稀释倍数(有效成分浓度,毫克/升)	施药方法	每季作物最多使用次数	最后一次施药距收获的天数(安全间隔期)	实施要点说明	最高残留限量(MRL)参考值(毫克/公斤)
通用名	商品名	剂型及含量								
二氯喹啉酸 Puinclorac	快杀稗 Facet	50%可湿性粉剂	水稻	稗草等	26～55克	喷雾	1		水稻移栽后5～20天喷施	糙米0.5
喹禾灵 Quizalofope-thyl	禾草克 NC-302	10%乳油	棉花		50～65毫升	喷雾	1		棉花4叶期兑水50升喷施	棉籽0.2
			大豆	一年生禾本科单子叶杂草					大豆1～4复叶期兑水50升喷施	籽粒0.2
			甜菜						甜菜4～5叶期兑水50升喷施	
精喹禾灵 Quizaiofip Dethyl	精禾草克	5%乳油	棉花	一年生禾本科杂草	50～80毫升	喷雾	1		杂草3～6叶期喷施	棉籽0.2
			花生							花生仁0.2
			油菜							油菜籽0.2
			大豆							籽粒0.2

续表

农药通用名	商品名	剂型及含量	适用作物	主要防治对象	施用量(制剂)/亩；克或毫升/亩；稀释倍数（有效成分浓度，毫克/升）	施药方法	每季作物使用最多次数	最后一次施药距收获的天数（安全间隔期）	实施要点说明	最高残留限量(MRL)参考值(毫克/公斤)
稀禾定 Sethoxydim	拿捕净 Nabu	20%乳油	棉花	一年生禾本科杂草	85~100 毫升	喷雾	1		杂草 3~5 叶期、作物苗期喷施	棉籽 5
			亚麻		65~85 毫升					1
			花生		70~100 毫升					籽粒 2
			油菜		65~120 毫升					油菜籽 1
			大豆		65~100 毫升					籽粒 2
			甜菜		100~150 毫升					0.5
		12.5%机油乳剂	棉花		65~100 毫升					棉籽 5
			花生							花生仁 2
			油菜							油菜籽 1
			大豆							籽粒 2
			甜菜							0.5
野麦畏 Triavlate	阿畏达 Avadex	40%乳油	小麦	野燕麦	150~200 毫升	土壤喷雾	1		春小麦播种前 5~7 天喷施	籽粒 0.05

续表

农药			适用作物	主要防治对象	施用量(制剂)克、次(毫升)/亩；或稀释倍数或有效成分浓度,毫克/升)	施药方法	每季作物最多使用次数	最后一次施药距收获的天数(安全间隔期)	实施要点说明	最高残留限量(MRL)参考值(毫克/公斤)
通用名	商品名	剂型及含量								
苯黄隆 Tribenuronm ethyl	巨星 Express	75%可湿性粉剂 75%干悬剂	小麦	阔叶杂草	0.9~1.7克	喷雾	1		小麦拔节期或小麦2~3叶期喷施	籽粒0.05
氟乐灵 Trifluralin	特福力 Treflan 氟特力 Flutrix	48%乳油	小麦 大豆	一年生禾本科杂草和阔叶杂草	75~100毫升 125~175毫升	土壤喷雾	1		播种前喷,施后耙匀	籽粒0.05 籽粒0.01
灭草灵 Vernolate	卫农 Vernam	88.5%乳油	大豆	一年生禾本科杂草	170~225毫升	土壤喷雾	1		播种前土壤喷施,覆土7~10厘米	籽粒0.1
禾草丹+西草净 Benthiocarb+Simetryn	杀草丹	57.5%乳油	水稻	稗草眼子菜等杂草	200~270毫升	喷雾或撒毒土	1		施后保水1周,防眼子莱用高剂量	糙米:禾草丹0.2,西草净0.02

续表

农药			适用作物	主要防治对象	施用量(制剂)/亩；次或稀释倍数(有效成分浓度,毫克/升)	施药方法	每季作物最多使用次数	最后一次施药距收获的天数(安全间隔期)	实施要点说明	最高残留限量(MRL)参考值(毫克/公斤)
通用名	商品名	剂型及含量								
净喋磷混剂(二甲丙乙净 Dimethametryn+喋草磷 Piperophos)	威罗生 Avirosan	50%乳油	水稻	一年生禾本科和莎草科杂草	100~150毫升	撒毒土	1		插秧后半个月内拌土撒施	糙米:二甲丙乙净0.05,喋草磷0.05
禾草特 Molinate+西草净 Simetryn+二甲四氯 MCPB	禾田净 Ordram SM	78.4%乳油	水稻	一年生单子叶及双子叶杂草	200~250毫升	撒毒土	1		插秧后15~18天内,拌细沙10公斤撒施	糙米:禾草特0.1,西草净0.02
甜安宁 Desmedipham+甜菜宁 Phenmedipham	甜安宁 Betanal AMⅡ 凯米双 Kemifams	16%乳油	甜菜	一年生阔叶杂草	330~400毫升	喷雾	1		甜菜苗期杂草2~4叶期喷施	甜菜安0.1,甜菜宁0.1

附录 4

湖北省主要农作物病虫防治月历表

月份	作物名称	病虫害名称	农药种类与方法
一、二月	小麦 油菜	白粉病 蚜虫	用粉锈宁挑治初发病田
三月	小麦 玉米 棉花	条锈病 丝黑穗病 蜗牛	用粉锈宁挑治初发病田 鄂西南山地区用粉锈宁拌种防治 用蜗牛敌毒饵诱杀，或喷施1 000倍灭蛭灵防治
四月	小麦 小麦 小麦 棉花 棉花 玉米 油菜	白粉病 条锈病 赤霉病 小地老虎 苗病 丝黑穗病 菌核病	四月上旬，用粉锈宁喷雾防治 同上 四月中、下旬，小麦剑叶期、小麦盛花期，用灭病威、多菌灵类农药喷雾防治 用菊酯类农药种或用敌百虫毒饵诱杀 用多菌灵拌种或用种衣剂包衣预防 丘陵、平原与低山区，用粉锈宁拌种防治 用速克灵、灭病灵、多菌灵等于花期喷雾防治

续表

月份	作物名称	病虫害名称	农药种类与方法
五月	水稻	二化螟	用杀虫双、杀螟松或康宽农药防治枯稍群
	水稻	三化螟	用杀虫双、杀螟松或康宽农药防治假枯心苗
	小麦	赤霉病	五月初、多雨年，迟熟小麦增喷一次农药防治
	小麦	叶锈病	感病品种、重病田，用粉锈宁喷雾防治1次
	玉米	玉米螟	春玉米用敌百虫或康宽农药制成颗粒，撒入喇叭口
	棉花	棉蚜	用氧化乐果、百树菊酯等农药喷雾防治
	棉花	苗病	用波尔多液、多菌灵等农药喷雾防治
六月	水稻	三化螟	六月初，用杀螟松等喷雾防治早稻枯心苗
	水稻	纵卷叶螟	用杀虫双或康宽喷雾防治二代纵卷叶螟
	水稻	白叶枯病	用叶枯宁防治早稻大田初发病株
	水稻	纹枯病	用井岗霉素喷雾或撒毒土防治
	水稻	稻瘟病	早稻破口期对感病品种用三环唑等喷雾防治
	玉米	玉米螟	夏玉米撒颗粒农药防治，用药同春玉米
	棉花	棉蚜	用药与五月防治棉蚜同
	棉花	棉红蜘蛛	用克螨特或三氯杀螨醇等喷雾防治
	棉花	红铃虫、棉铃虫、盲蝽象	用菊酯类与辛硫磷、尽打等交替使用

附录4　湖北省主要农作物病虫防治月历表

续表

月份	作物名称	病虫害名称	农药种类与方法
七月	水稻	二代三化螟	七月初，迟熟早稻用杀虫双或康宽防白穗
	水稻	二代二化螟	七月中旬，中稻防治虫伤株等，用药同二代三化螟
	水稻	稻飞虱	早稻百兜有虫1 500头的田，用扑虱灵等喷雾防治
	水稻	纵卷叶螟	七月中旬，用杀虫双或康宽防治两次
	水稻	白叶枯病	晚稻秧田用叶枯宁喷雾防治1~2次
	水稻	纹枯病	中稻田用井岗霉素防治两次
	水稻	稻瘟病	鄂西山区，在中稻破口期用三环唑，加收热必等防治
	水稻	穗期病害	杂交稻穗期喷施1次粉锈宁，兼治多种病害
	玉米	大、小斑病	感病品种，用多菌灵、克瘟散、灭病威等喷雾防治
	棉花	红蜘蛛	农药同前
八月	棉花	伏蚜	农药同前
	棉花	红铃虫	用上达农药防治二代红铃虫
	棉花	棉铃虫	用上达农药防治三代棉铃虫，兼治盲蝽象等
八月	水稻	三代三化螟	八月上旬，用前述农药，迟中稻防白穗，早插晚稻防枯心
	水稻	稻纵卷叶螟	用前述农药防治迟中稻和早双晚大田
	水稻	褐稻虱	八月初迟中稻每百兜有虫1 500头时，用扑虱灵等病田
	水稻	白叶枯病	早插晚稻用叶枯宁防治初发病田
	水稻	稻瘟病	鄂西山区迟熟稻，用三环唑等农药防治穗瘟
	水稻	纹枯病	迟中稻和晚稻一类苗用井岗霉素防治1次
	棉花	三代红铃虫	农药同前
	棉花	四代棉铃虫	农药同前
月	棉花	棉叶蝉	用叶蝉散或速灭威等喷雾防治
	棉花	棉红蜘蛛	迟熟田，三类苗仍需用克螨特防治

续表

月份	作物名称	病虫害名称	农药种类与方法
九月	水稻	三代三化螟	九月下旬，晚稻末齐穗田，用杀虫双、或康宽等农药防治
	水稻	褐稻虱	九月下旬，二晚百兜有虫1 500~2 000头田，用扑虱灵等农药防治
	水稻	纵卷叶螟	九月中旬左右，迟发田，生长过盛田，注意用杀虫双等农药防治
	水稻	稻瘟病	九月下旬，寒露风明显，晚稻感病品种，用粉锈宁拌种，防治条锈病、黑穗病等；或用种衣剂包衣
	小麦	麦病	高山区开始播种，用粉锈宁拌种，防治条锈病、黑穗病等；或用种衣剂包衣
	棉花	三代三化螟	迟熟田，有3个以上成桃时，用菊酯类农药防治
	油菜	蚜虫	油菜苗床用前述农药防治
	蔬菜	美洲斑潜蝇	蔬菜地豆类用阿巴丁、爱福丁等防治
十月	水稻	褐稻虱	十月初，迟晚稻田，每百兜有虫2 000头以上，用扑虱灵等药防治
	水稻	小粒菌核病	迟熟、多肥、平原、低山麦区，用稻温净、克黑散等喷雾防治
	小麦	麦病	丘陵、平原及低山麦区，用粉锈宁拌种防治病害，或用种衣剂包衣预防
	小麦	地下害虫	用辛硫磷等农药防治
	油菜	蚜虫	苗床继续防治蚜虫
	蔬菜	美洲斑潜蝇	蔬菜地用药同九月份蔬菜地用药
十一、十二月	小麦	条锈病	常发、重病区，用粉锈宁挑治发病中心
	小麦	白粉病	同上
	小麦	蚜虫	用前述农药喷雾防治
	油菜	蚜虫	用前述农药喷雾防治

附录 5 常用成品农药喷雾加水稀释折算表

稀释倍数 农药:水	25 公斤水中需加成药的数量		稀释倍数 农药:水	25 公斤水中需加成药的数量	
	(两)	毫升或克		(两)	毫升或克
1:150	3.3	165	1:1 000	0.5	25
1:200	2.5	125	1:1 200	0.4	20
1:250	2	100	1:1 400	0.36	18
1:300	1.7	85	1:1 500	0.33	16.5
1:350	1.4	70	1:2 000	0.25	12.5
1:450	1.1	55	1:2 500	0.2	10
1:500	1	50	1:3 000	0.17	8.5
1:550	0.9	45	1:4 000	0.13	6.5
1:600	0.8	40	1:5 000	0.1	5
1:750	0.7	35	1:6 000	—	4.5
1:800	0.6	30	1:8 000	—	3.3
1:900	0.56	28	1:10 000	—	2.5

注：表中所列"两"和"毫升"数是近似数量，按常用水桶每桶装水 25 公斤计算。

附录 6

有关计量单位换算表

容 量

1 升 = 10 市合 = 100 市勺　　1 分升 = 1 市合 = 10 市勺
1 厘升 = 1 市勺 = 10 市撮　　1 毫升 = 1 市撮
10 毫升 ≈ 1 药瓶盖*　　　　15 毫升 ≈ 1 酒杯*

重 量

0.5 公担 = 1 市担 = 100 市斤　0.5 公斤 = 1 市斤 = 10 市两
500 克 = 1 市斤 = 10 市两
50 克 = 1 市两 = 10 市钱　　5 克 = 1 市钱 = 10 市分
0.5 克 = 1 市分 = 10 市厘　　50 毫克 = 1 市厘 = 10 市毫

长 度

1 米 = 3 市尺　　　　　1 分米 = 3 市寸
1 厘米 = 3 市分　　　　1 毫米 = 3 市厘

注：*表示为方便农民用药提出的近似值。